Kawasaki

ZX-6R Ninja
ab Baujahr 1995

Ein Wort zuvor

AF811118

Mit der Präsentation der KAWASAKI ZX-6R Ninja ist die Szene der supersportlichen 600er um einen echten Leckerbissen bereichert. Bis dahin hatte KAWASAKI den prestigeträchtigen und technisch anspruchsvollen Markt den mehr oder weniger sportlichen Hummeln der Konkurrenz überlassen.
Zwar mühte sich die für einen breiteren Einsatzbereich ausgelegte ZZ-R 600 als braver Platzhalter ab, aber mehr als Achtungserfolge sprangen dabei nicht heraus (zumindest auf europäischer Ebene).
Mit der Ninja wurden die Karten ganz neu gemischt. Die KAWASAKI-Techniker gaben ihr genügend Tugenden mit auf den Weg, um die neidischen Blicke der Konkurrenz mit gesundem Selbstvertrauen zu ertragen. Sie kann sich rühmen, die erste 600er mit Leichtmetall-Rahmen zu sein. Der Motor, der das geringe Gewicht von 206 kg bewegt, mit zwei obenliegenden Nockenwellen, Tassenstösseln und extrem steil angestellten Gleichdruck-Vergasern auf flotten Gasdurchsatz ausgelegt, ist vom ZZ-R 600 Aggregat abgeleitet. Wesentliche Änderungen erfuhren vor allem die Kurbelwelle und die Gaswechselsteuerung. Um die richtige Drehfreude aufkommen zu lassen, wurde die Zylinderbohrung um 2 mm erhöht und der Hub um 2,8 mm verringert, was grössere Ventiltellerdurchmesser und höhere Drehzahlen bei gleicher Kolbengeschwindigkeit erlaubt. Der enge Ventilwinkel von 25° ergibt einen fast idealen linsenförmigen Brennraum.
Fahrwerkseitig steht die Ninja ebenfalls in der ersten Reihe. Zwar wurde aus Kosten- und Gewichtsgründen auf eine Upside-down-Gabel verzichtet, aber die straff abgestimmten Federelemente brauchen keinen Vergleich zu scheuen.
Kurz: Die Fahrleistungen halten, was das Erscheinungsbild verspricht.

IN EIGENER SACHE: Dieser Band kann keine dreijährige Motorradmechaniker-Ausibildung ersetzen, setzt aber geübten Umgang mit Werkzeug und Materie voraus. Für einzelne Arbeitsgänge, zu deren Durchführung spezielle Sonderwerkzeuge und ein ebenso umfangreicher Maschinenpark (spezielle Dorne, Hülsen und Pressen) benötigt werden, empfehlen wir den Besuch der nächsten KAWASAKI-Werkstatt.
Um sich und andere nicht zu gefährden, sind Arbeiten an der Bremsanlage ebenfalls versierten Fachkräften vorbehalten!

1 Werkzeug

Das mit der Maschine gelieferte Bordwerkzeug können wir für umfangreichere Wartungsarbeiten oder gar Motorüberholungen vergessen.
Also muss passendes Qualitätswerkzeug selbst besorgt werden, mit dem der Freizeit-Mechaniker seine Maschine mit Spass bei der Arbeit in Schuss halten kann.
Hier eine Aufstellung von Werkzeugen, über die der engagierte Hobby-Schrauber verfügen sollte:

1 Gabelschlüssel
(kompletter Satz ab 6/7 bis 30/32)
2 Ringschlüssel
(abgekröpft, kompletter Satz ab 6/7)
3 Steckschlüssel
(kompletter Satz ab 8/9 bis 20/22 und SW 30, 32)
4 Innensechskantschlüssel
(kompletter Satz 2 – 8 mm, abgewinkelt)
5 Schraubendreher für Schlitzschrauben
(ein kompletter Satz)
6 Schraubendreher für Kreuzschlitzschrauben
(ein kompletter Satz)
7 Schlosserhämmer
(200 g, 500 g, 1000 g)
8 Meissel
(ein Satz = Meissel, Durchtreiber, Körner)
9 Stroboskoplampe
(Zündungskontrolle)
10 Feilen und Ölstein
(je ein Satz)
11 Flachschaber
(verschiedene Klingenbreiten, im Durchschnitt 23 mm)
12 Dreikant-Schaber
13 Zangen
(Kombi-, Wasserpumpen-, kleine Flachspitz,- Rundspitz-, Innen- und Aussenseegerring- und Grip-Zange)
14 Isolierter Seitenschneider
15 Schlagschraubendreher
(mit Schlitz- und Kreuzschlitz-Einsätzen)
16 Knarre
(komplett mit allen Einsätzen)
17 Drehmomentschlüssel
(5 – 60 Nm / 60 – 300 Nm,
dazu alle nötigen Werkzeuge und Nüsse)
18 Gewindeschneid-Ausrüstung
(komplett mit Lehre und Schneider)
19 Helicoil-Ausrüstung
20 Elektrische Bohrmaschine
(komplett mit Ausrüstung, inklusive Ständer)
21 Schraubstock
22 Werkbank

Das könnte genügen, aber der sichere Mann treibt die Freude noch weiter und gönnt sich noch andere gute Sachen:

23 Verschiedene Abzieher, von denen der wichtigste ein einfacher zweiarmiger ist
24 Lötlampe mit verschiedener Ausrüstung
25 Elektrische Heizplatte
(ca. 25 cm Durchmesser)
26 Schiebelehre (Messschieber) und Messuhr
(letztere komplett mit Halter)
27 Schraubzwingen zum Festhalten von Teilen
28 Ventilfeder-Spanner
29 Kolbenring-Spannzange
30 Lötkolben
(verschiedene Grössen – 30, 80, 150 Watt)
31 Für die Elektrik: Prüflampe, Ohm-Meter, Volt-Meter, Säureprüfer

Ausserdem muss der ernsthafte Freizeitmechaniker über bestimmte Verbrauchsstoffe verfügen, als da wären:

32 Spiritus oder Bremsenreiniger
zum Entfetten von Dichtflächen
(und natürlich Bremsscheiben reinigen)
33 Flüssige Silikon-Dichtmasse (Drei-Bond o.ä.)
34 Montage-Fett mit MoS_2-Anteil
35 Kupferpaste
36 Polfett oder Vaseline (säurefrei)
37 Schraubensicherung (Loctite 221 o.ä.)

Dermassen ausgerüstet, bereitet es auch keine Schwierigkeiten, sich aus den Beständen des nächstgelegenen Schrotthändlers Abzieher, Abdrücker oder Spezialdorne und -halter zu konstruieren. Nützlich ist in dem Fall auch noch ein Schleifbock.
Eine Motorradhebebühne stellt ebenfalls eine nicht zu unterschätzende Arbeitserleichterung dar. Auf die Reifenmontage wird hier nicht eingegangen, da der Reifenhändler erstens die Räder Ihrer KAWASAKI schonender behandelt, als dies bei einem Reifenwechsel in Eigenregie vonstatten geht, und er zweitens auch für die richtige Auswuchtung (dynamisch) zuständig ist.

1.1 KAWASAKI-Spezialwerkzeug

- Folgende Arbeiten erfordern **KAWASAKI-** oder **«Universal»-Spezialwerkzeug:**
  - → Ventilfederspanner KAWASAKI-Nr. 57001-241 (Bild 1) zum Ausbau der Ventile/Ventilfedern.
  - → Rotorabdrücker KAWASAKI-Nr. 57001-1216 (Bild 2) und Rotorhalter KAWASAKI-Nr. 57001-1313 (Bild 3) zum Ausbau des Generatorrotors.
  - → Kupplungsnabenhalter KAWASAKI-Nr. 57001-1243 (Bild 4) zum Ausbau des Kupplungskorbs (nicht erforderlich zum Wechseln von Kupplungsfedern oder -belägen).
  - → Ölfilterschlüssel KAWASAKI-Nr. 57001-1249 (Bild 5) zur Ölfiltermontage.
- TIP Diese Werkzeuge («KAWASAKI-» und «Universal-») sind zum Teil auch bei Hein Gericke o.ä. Anbietern erhältlich.

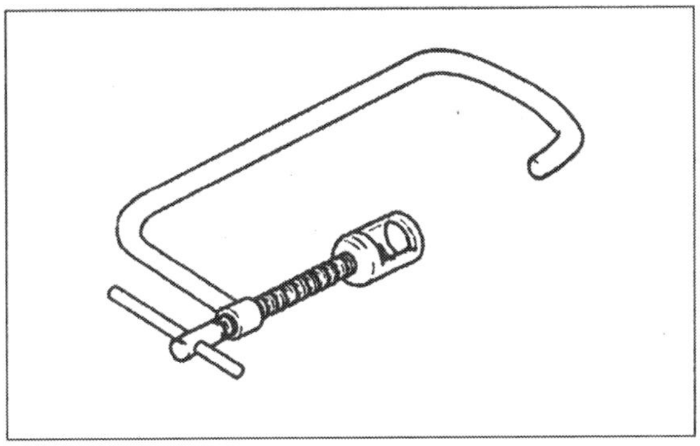

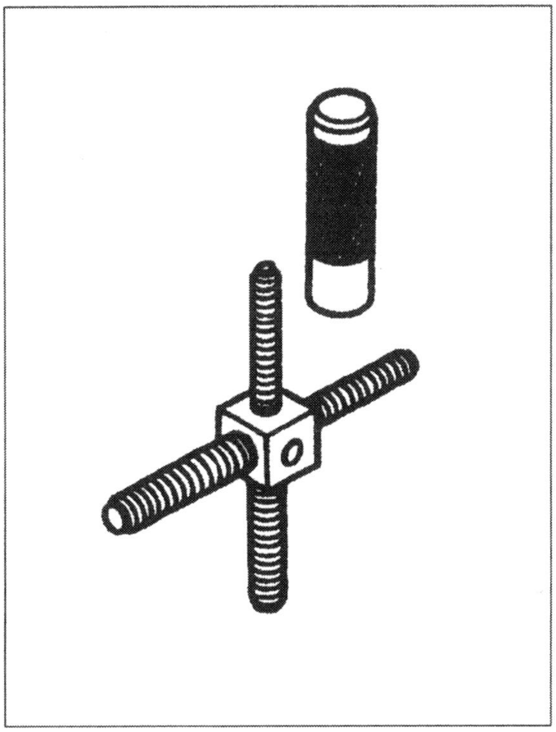

◄ **Bild 1**
Ventilfederspanner
mit passendem Mundstück
KAWASAKI-Nr. 57001-241

Bild 2
Rotorabdrücker
mit Handstück
KAWASAKI-Nr. 57001-1216

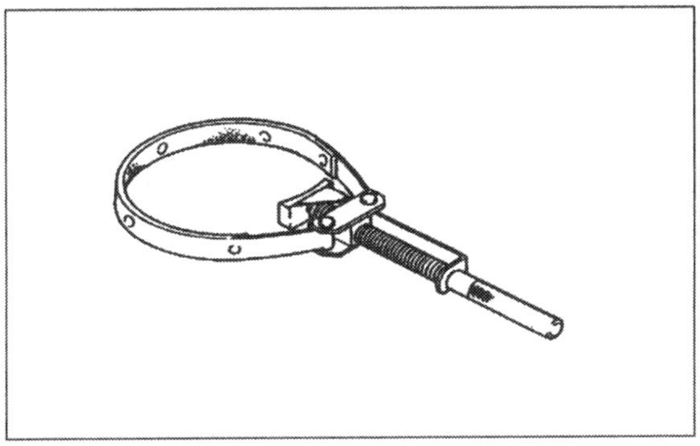

◄ **Bild 3**
Rotorhalter
KAWASAKI-Nr. 57001-1313

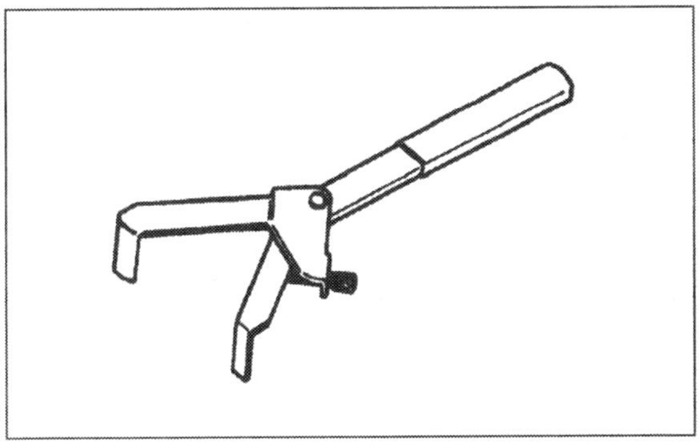

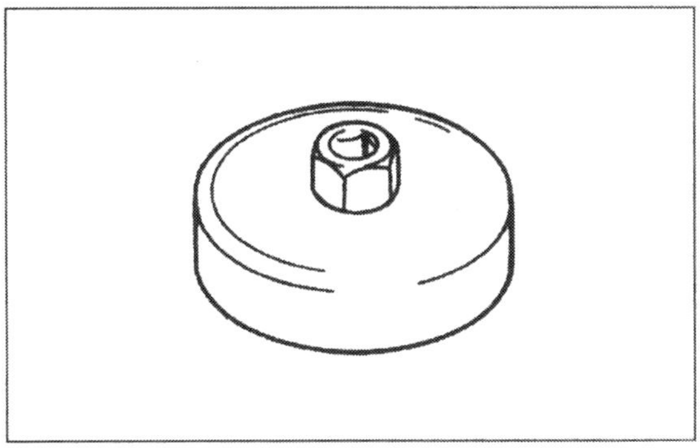

◄ **Bild 4**
Kupplungsnabenhalter
KAWASAKI-Nr. 57001-1243

Bild 5
Ölfilterschlüssel
KAWASAKI-Nr. 57001-1249

2 Störungssuche

KAWASAKIS Reihenvierzylinder gehören wohl zum zuverlässigsten und kräftigsten, was zum Antrieb eines schnellen Motorrads zur Verfügung steht. Störungen sind bei richtiger Pflege nicht zu erwarten, kommen aber natürlich dennoch gelegentlich vor.
Die folgende Liste soll helfen, Fehler zu lokalisieren. Jedoch ist die Liste nicht erschöpfend (leider!), da nicht jede mögliche Ursache für die aufgeführten Störungen angegeben werden kann. Sie kann lediglich als Hilfe zur Erleichterung der Störungssuche bei häufiger vorkommenden Störungen dienen.

2.1 Schmiersystem

2.1.1 Ölstand zu niedrig, hoher Ölverbrauch

- Öl läuft aus, Dichtungen lassen durch
- Kolbenringe verschlissen
- Ventilführungen abgenutzt

2.1.2 Öl verschmutzt

- Öl oder Ölfilter nicht rechtzeitig gewechselt
- Kolbenringe verschlissen

2.1.3 Öldruck zu niedrig

- Ölstand zu niedrig
- Überdruckventil geöffnet oder festgeklemmt
- Ölpumpe verschlissen/Öl läuft aus

2.1.4 Öldruck zu hoch

- Überdruckventil geschlossen oder festgeklemmt
- Ölfilter/Öltunnel verstopft
- Falsche Ölviskosität

2.1.5 Kein Öldruck

- Ölstand zu niedrig
- Ölpumpe defekt
- Internes Ölleck

2.2 Kraftstoffsystem

2.2.1 Motor wird durchgedreht, springt aber nicht an

- Kein Kraftstoff im Tank
- Kraftstoff gelangt nicht zum Vergaser
- Benzinhahn defekt
- Unterdruck- und/oder Benzinschlauch abgeklemmt
- Motor mit Benzin überflutet («abgesoffen»)
- Kein Funke an den Zündkerzen
- Benzinfilter verstopft
- Luftfilter zugesetzt
- Falsche Choke/Gasdrehgriff-Betätigung
- Benzinpumpe oder Pumpenrelais defekt

2.2.2 Motor springt schlecht an oder geht sofort wieder aus

- Falsche Choke-Betätigung
- Versagen der Zündanlage
- Vergaser defekt
- Ansaugen von Nebenluft
- Leerlaufdrehzahl falsch eingestellt

2.2.3 Unruhiger Leerlauf

- Zündsystem/Vergaser-Einheit defekt
- Leerlaufdrehzahl falsch eingestellt
- Vergaser nicht synchronisiert
- Benzin verschmutzt

2.2.4 Zündaussetzer beim Beschleunigen

- Zündsystem defekt
- Falscher Elektroden-Abstand der Zündkerzen

2.2.5 Fehlzündungen

- Zündsystem defekt
- Vergaser-Einheit oder Vergaser defekt
- Falscher Abstand der Zündkerzen-Elektroden
- Vergaser-Einheit zieht Neben-(Falsch-)Luft

2.2.6 Schlechte Leistung und hoher Verbrauch

- Kraftstoffsystem verstopft
- Schwimmerstand zu hoch
- Zündsystem defekt
- Luftfilter verschmutzt

2.2.7 Zu mageres Gemisch

- Düsen verstopft
- Tank-Belüftung verstopft oder Belüftungsschlauch eingeklemmt
- Benzinschlauch eingeklemmt
- Ansaugen von Nebenluft
- Schwimmerstand zu niedrig

2.2.8 Zu fettes Gemisch

- Choke bei warmem Motor betätigt
- Luftfilter verschmutzt

2.3 Zylinderkopf, Ventile und Zylinder

2.3.1 Zu niedrige oder ungleichmässige Kompression

- Ventile falsch eingestellt
- Ventile verbrannt oder verbogen
- Falsche Ventilsteuerzeiten (Montagefehler)
- Ventilfeder gebrochen
- Zylinderkopfdichtung bläst durch
- Zylinderkopf verzogen oder gerissen
- Zylinder oder Kolbenringe verschlissen

2.3.2 Zu hohe Kompression

- Übermässige Ölkohlebildung im Brennraum

2.3.3 Starke Geräuschentwicklung

- Ventile falsch eingestellt
- Klemmendes Ventil oder gebrochene Ventilfeder
- Steuerkette zu locker oder verschlissen
- Steuerkettenspanner verschlissen oder beschädigt
- Kolben oder Zylinder verschlissen
- Übermässige Ölkohlebildung im Brennraum

2.3.4 Starke Rauchentwicklung

Weisser Qualm
- Starkes Weiss → Kühlmittel gelangt in Verbrennungsraum (Kopfdichtung defekt)
- Zylinder oder Kolben verschlissen
- Kolbenringe falsch montiert/gebrochen
- Kolben oder Zylinderwand mit Riefen oder Schrammen
- Ventilschaft/-führung verschlissen
- Zuviel Motoröl

Schwarzer Qualm
- Luftfilter verstopft
- Hauptdüse zu gross oder herausgefallen
- Chokekolben klemmt geöffnet
- Schwimmerstand zu hoch

Brauner Qualm
- Hauptdüse zu klein
- Schwimmerstand zu niedrig
- Luft- und Ansaugwege undicht (Falschluft)
- Luftfilter undicht, beschädigt oder fehlend

2.3.5 Überhitzen

- Übermässige Ölkohlebildung im Brennraum

2.4 Kupplung, Schaltgestänge und Getriebe

2.4.1 Kupplung rutscht beim Beschleunigen

- Zuwenig Spiel in der Betätigung
- Feder erlahmt oder zu schwach
- Kupplungsbeläge verschlissen

2.4.2 Kupplung rückt nicht aus

- Zuviel Spiel im Seilzug
- Scheibe verzogen
- Druckmechanismus defekt

2.4.3 Kupplung rupft

- Kupplungskorb/-Nabe riefig (eingeschlagene Nuten)

2.4.4 Übermässig starker Hebeldruck

- Kupplungszug falsch verlegt, beschädigt oder verschmutzt
- Druckmechanismus beschädigt

2.4.5 Getriebe schwer schaltbar

- Falsche Kupplungseinstellung, zuviel Spiel in Betätigung
- Schaltgabeln/Schaltwelle verbogen
- Schaltwalze beschädigt

2.4.6 Gänge springen heraus

- Schaltklauen verschlissen oder verbogen
- Schaltwelle verbogen
- Schaltwalzen-Anschlag defekt

2.5 Kurbelgehäuse und Kurbelwelle

2.5.1 Übermässig starkes Geräusch

- Kurbelwellenhauptlagerzapfen oder Lager verschlissen (Rumpeln)
- Pleuellager verschlissen (Klopfen)

2.6 Vorderbau

2.6.1 Lenkung schwergängig

- Lenksäulenmutter zu fest angezogen
- Lenkkopflager beschädigt
- Lenkkopflager defekt
- Reifenluftdruck zu niedrig

2.6.2 Motorrad zieht nach einer Seite

- Gabelbeine falsch mit Öl befüllt
- Standrohr verbogen
- Vorderachse verbogen
- Rad falsch eingebaut

2.6.3 Vorderrad flattert

- Rad verzogen
- Vorderradlager ausgeschlagen
- Reifen falsch montiert oder defekt
- Reifen unwuchtig
- Achsmutter und/oder Achsklemmschrauben lose

2.6.4 Federung zu weich

- Gabelfedern ermüdet
- Zu wenig Gabelöl
- Falsche Gabelöl-Viskosität

2.6.5 Federung zu hart

- Zu viel Gabelöl
- Falsche Gabelöl-Viskosität

2.6.6 Geräusche beim Einfedern

- Gleitrohr abgenutzt
- Führungsbuchsen abgenutzt
- Zu wenig Gabelöl
- Vorderradgabel-Befestigungsteile lose

2.7 Vorderradbremse

2.7.1 Schlechte Bremsleistung

- Luft im Hydrauliksystem
- Abgenutzte Bremsklötze
- Bremsklötze verschmutzt oder verglast
- Hydrauliksystem undicht

2.7.2 Handbremse rubbelt

- Bremsscheibe mit unzulässig hohem Schlag

2.7.3 Schlechte Bremsleistung

- Bremsbeläge abgefahren
- Bremsbeläge verglast

2.7.4 Nachlassende Bremswirkung unter starker Belastung

- Bremsflüssigkeit überaltert

2.8 Hinterrad, Bremse und Aufhängung

2.8.1 Trommeln oder seitliches Flattern des Rades

- Rad verzogen
- Radlager lose
- Reifen falsch montiert
- Reifen defekt oder unwuchtig
- Rad nicht festgezogen
- Schwingen-Lagerung zu viel Spiel/defekt

2.8.2 Bremshebel wippt

- Bremsscheibe verzogen oder ungleichmässig dick

2.8.3 Federung zu weich

- Federn ermüdet
- Stossdämpfer falsch eingestellt oder defekt

2.8.4 Geräusche beim Einfedern

- Stossdämpfergehäuse klemmt
- Befestigungsteile lose
- Schwingenlagerung verschlissen

2.8.5 Schlechte Bremsleistung

- Bremsbeläge verölt, verglast oder abgefahren

2.9 Batterie und Ladesystem

2.9.1 Kein Strom bei eingeschalteter Zündung

- Batterie leer/zu niedriger Säurestand
- Zu geringe spezifische Dichte
- Störung im Ladekreis
- Batteriekabel abgetrennt
- Hauptsicherung durchgebrannt
- Zündschloss defekt

2.9.2 Schwacher Strom bei eingeschalteter Zündung

- Batterie nicht aufgeladen
- Zu niedriger Säurestand
- Zu geringe spezifische Dichte
- Störung im Ladesystem
- Batterieanschluss lose

2.9.3 Schwacher Strom bei laufendem Motor

- Batterie nicht ausreichend geladen
- Zu niedriger Säurestand
- Eine oder mehrere tote Zellen
- Störung im Ladekreis

2.9.4 Zeitweilig aussetzender Strom

- Lose Kabelanschlüsse (Wackelkontakte)
- Kurzschluss in der Anlage

2.9.5 Störung im Ladekreis

- Kabel oder Anschluss lose, gerissen oder kurzgeschlossen
- Regler/Generator defekt

2.10 Zündsystem

2.10.1 Motor wird durchgedreht und springt nicht an

- Kein Funke an den Zündkerzen
- Zündgeberspulen defekt
- Kabel zwischen Zündkerzen oder Zündgeberspulen und Zündbox bzw. -Spule ungenügend angeschlossen, gerissen oder kurzgeschlossen

2.10.2 Kein Funke an den Zündkerzen

- Kurzschlussschalter auf OFF
- Kabel schlecht angeschlossen, gerissen oder kurzgeschlossen zwischen Generator und Zündspule, Zündgeberspule und Kurzschluss-Schalter, Zündgeberspule und Zündspule, Zündgeberspule und Zündschloss oder zwischen Zündspule und Zündkerze
- Zündschloss defekt
- Zündspule/Zündgeberspule defekt

2.10.3 Motor springt an, läuft aber stotternd oder dreht nicht hoch

- Defekt im Primärzündstromkreis
- Zündspule/Zündkerze defekt
- Loses oder blankes Kabel
- Wackelkontakt oder loses Kabel in einem Schalter
- Defekt im Sekundärzündstromkreis
- Hochspannungskabel defekt
- Falscher Zündzeitpunkt
- Zündgeberspule defekt
- Defekt im Kraftstoffsystem

2.11 Starter

2.11.1 Startermotor dreht sich nicht

- Batterie entladen
- Zündschalter defekt
- Startknopf/Leerlaufschalter defekt
- Starter-Relaisschalter defekt
- Kabel lose oder abgetrennt

2.11.2 Startermotor dreht den Motor nur langsam durch

- Zu schwache Batterie
- Hoher Widerstand im Schaltkreis
- Startermotor klemmt, defekt

2.11.3 Startermotor läuft, ohne den Motor durchzudrehen

- Freilauf/Zwischenzahnrad defekt
- Zahnräder des Startermotors defekt

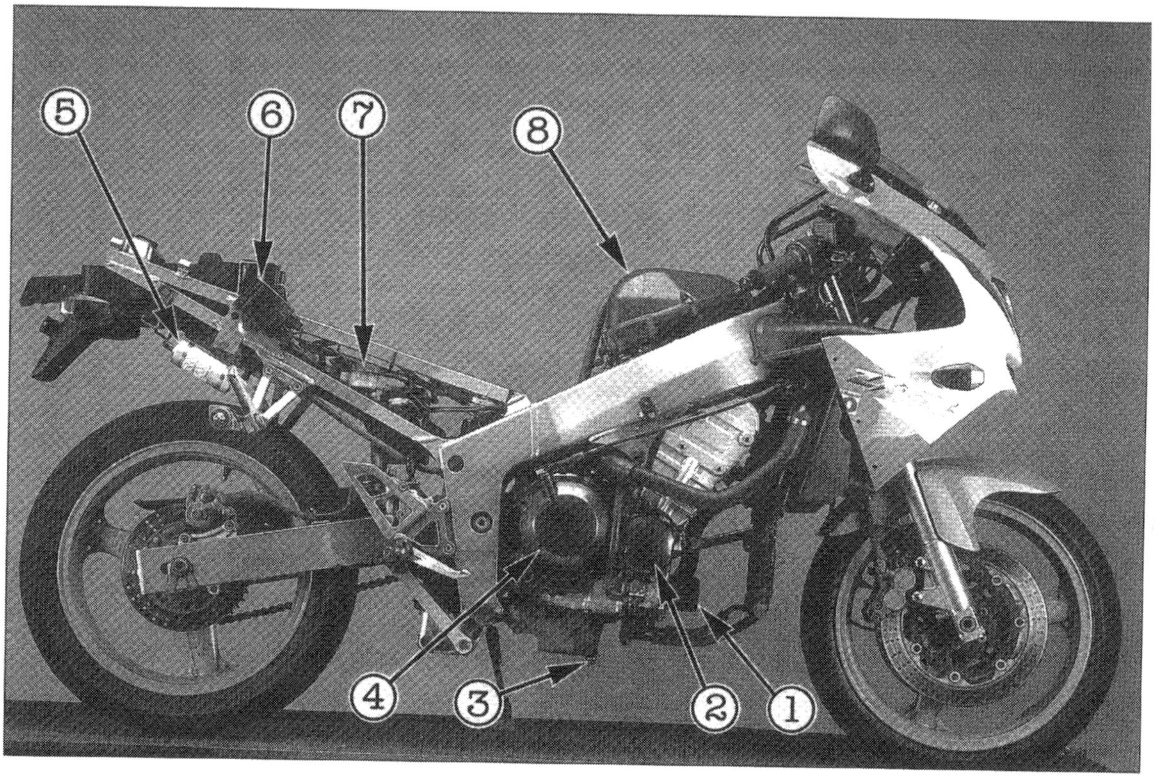

Bild 6
Seitenansicht von rechts
1 Ölfilter
2 Pickup (Zündimpulsgeber)
3 Ölablass
4 Kupplung
5 Ausgleichsbehälter des Federbeins
6 Zündbox
7 Bremsflüssigkeit-Ausgleichsbehälter der Hinterradbremse
8 Luftfiltergehäuse

3 Wartung

Wer lange Freude am zuverlässigen Funktionieren seiner Maschine haben will, kommt um regelmässige Wartungsarbeiten nicht herum. Die ZX-6 ist jedoch einfach im Grundaufbau (das haben Verbrennungsmotoren mittlerweile eben allgemein an sich), so dass die Pflegedienste keinen grossen Werkzeug- und Zeitaufwand erfordern, jedoch erfordert zum Beispiel schon das Korrigieren des Ventilspiels den Ausbau der Nockenwellen.

Der 600er Treibsatz ist mithin alles andere als ein «Bauernmotor». Was nicht heissen soll, dass er auf irgendeine Art und Weise kapriziös wäre, sondern diese Eigenheit teilt sich das grundsolide Aggregat mit den ähnlich potenten Klassenkameraden Honda CBR 600 oder Yamaha YZF 600, die diesen Stand der Technik ebenso anwenden, um eben solche immensen Literleistungen zu realisieren. Und wer seine 600er Ninja auf abgesperrter Strecke bewegt, wird ohnehin darauf bedacht sein, dass die Motorleistung nicht etwa von einer schlecht gewarteten und verschmutzten Antriebskette aufgezehrt wird oder die Vergaser wegen eines zugesetzten Luftfilters unter Atemnot leiden. Sondern dass das Baby frei die Zielgerade hinunterbläst. (Der hier abgehandelte Bautyp ZX 600-F1 hat zwar seine ruhmreichsten Tage schon eine ganze Weile hinter sich, wer aber auch heute noch die F1-Ninja auf freien «Trainings» oder bei Serienmaschinen-Rennen bewegt, hat davon ganz bestimmt nicht nur das Nachsehen.)

Die Wartungsintervalle 3.1 müssen bei normaler Fahrweise nicht sklavisch eingehalten werden. Während einer Urlaubsfahrt kann die fällige Inspektion auch einmal um 500 Kilometer hinausgeschoben werden. Der Rennfan ist sowieso um erstklassigen Wartungszustand bemüht.

Entsprechend erfordert häufiger Kurzstreckenverkehr oder dauernde Regenfahrt kürzere Wartungsintervalle. Eine Fahrerin oder ein Fahrer mit Durchblick werden erkennen, ob sie ihre Maschine erschwerten Bedingungen aussetzen und die höher beanspruchten Baugruppen deshalb vorzeitig überprüfen.

Auch bei Wartungsarbeiten gilt: Ohne gutes Werkzeug in den benötigten Grössen fängt man mit dem Schrauben gar nicht erst an.

Arbeiten an der hydraulischen Scheibenbremse sollten allerdings aus Sicherheitsgründen nur bei entsprechenden Vorkenntnissen selbst durchgeführt werden, ansonsten ist das Motorrad in einer Fachwerkstatt besser aufgehoben.

● Bilder 6 und 7 zeigen Seitenansichten der «nackten» ZX-6, die letzte Unklarheiten darüber ausräumen, wo sich was befindet.

⚠
Wenn besondere Vorsicht angezeigt ist

TIP
Wenn ein Fingerzeig gegeben wird

Wenn genaues Sichtprüfen erforderlich ist

Wenn genaues Messen erforderlich ist

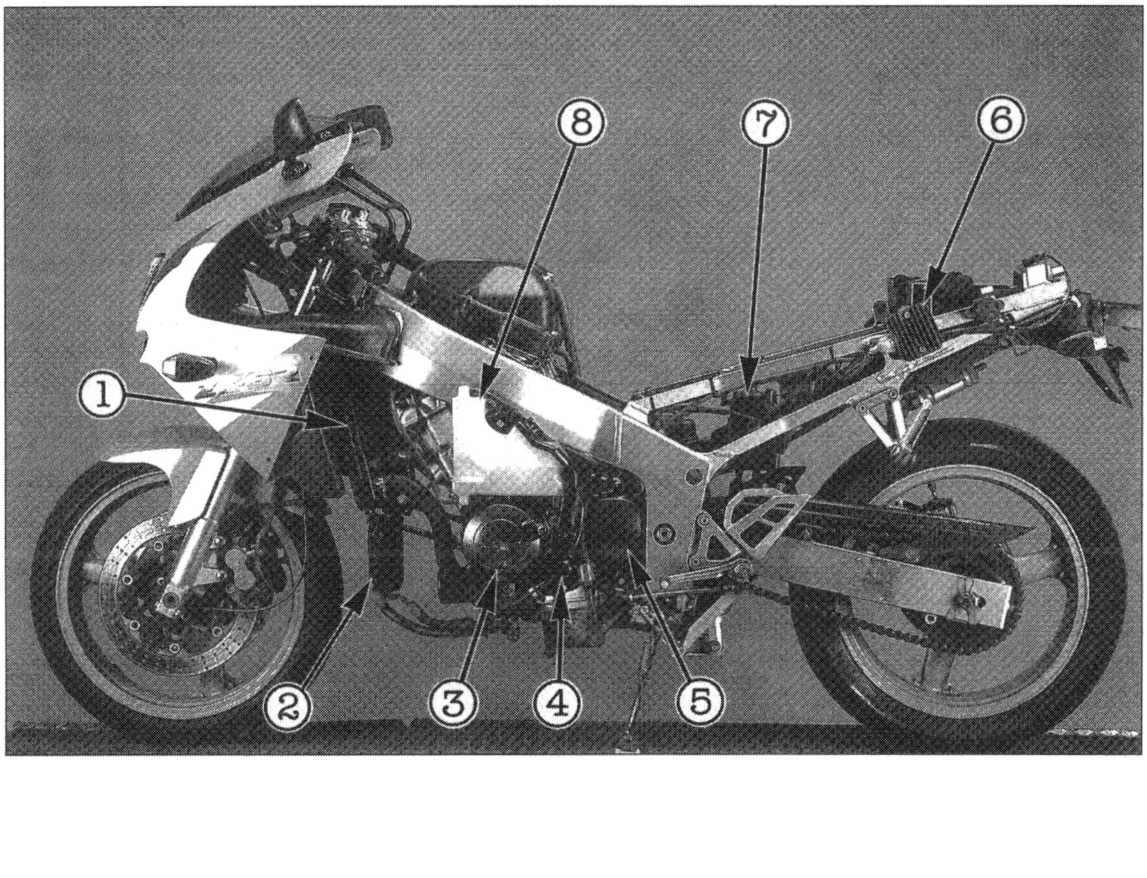

Bild 7
Seitenansicht von links
1 Wasserkühler
2 Ölkühler
3 Generator
4 Wasserpumpe
5 Ritzeldeckel
6 Regler/Gleichrichter
7 Batterie
8 Kühlmittel-Ausgleichsbehälter

3.1 Tabelle für periodische Wartung

A: Anziehen
E: Erneuern
P: Prüfen und ggf. einstellen, reinigen, schmieren bzw. erneuern
S: Schmieren
R: Reinigen

Bezeichnung ▾ / Intervall ➤	km / Zeit	800	5000	10 000	15 000	20 000
Auspuffkrümmermuttern		A	A	A	A	A
Luftfilter		–	–	R	–	E/R
Ventilspiel		P	–	P	–	P
Zündkerzen		–	R	R/E	R	R/E
Motoröl	jährlich E	E	–	E	–	E
Motorölfilter		E	–	E	–	E
Benzinschläuche	4 Jahre E	–	P	P	P	P
Luftansaugventil		–	P	P	P	P
Benzinfilter		–	E	–	E	–
Motorleerlaufdrehzahl		P	P	P	P	P
Gasseilzugspiel		P	P	P	P	P
Kupplungsseilzugspiel		P	P	P	P	P
Antriebskette (alle 300 km S/alle 800 km P)		–	P	P	P	P
Bremsflüssigkeitsstand	monatlich P	P	P	P	P	P
Bremsflüssigkeit	2 Jahre E	–	–	–	–	E
Gabelöl		–	–	–	–	E
Kühlerschläuche & Anschlüsse	jährlich P	P	–	P	–	P
Kühlflüssigkeit	2 Jahre E	–	–	–	–	E
Bremsleitungen	4 Jahre E	–	P	P	P	P
Staubmanschette & Dichtring der Bremssättel	2 Jahre E	–	–	–	–	–
Staubmanschette & Dichtring der Hand- & Fusspumpe	2 Jahre E	–	–	–	–	–
Bremsbeläge		P	P	P	P	P
Reifen		–	P	P	P	P
Batterie		–	P	P	P	P
Lenkung & Lenkkopflager	2 Jahre S	P	P	P	P	P
Teleskopgabel		–	–	P	–	P
Gabelöl alle 30 000 km E		–	–	–	–	–
Hinterradaufhängung		–	–	P	–	P
Fahrgestellschrauben		A	A	A	A	A

3.2 Verkleidungs- und Tankausbau

● ⚠ Ausbau dieser Teile ist nicht grundsätzliche Voraussetzung zu jeder Wartungsarbeit. Die betreffenden Abschnitte enthalten einen Verweis auf dieses Kapitel.

● Demontageanweisungen gelten sinngemäss für linke und rechte Seite.

Heck- und Seitenverkleidung

● Rücksitz mit Zündschlüssel entriegeln und abnehmen.

● Mittelstück ① (Bild 8) der Verkleidung nach Lösen der Federclipse ② abnehmen.

● Schraube (Bild 9) ausdrehen und Fahrersitz abnehmen.

● Haltegriffe nach Ausdrehen der vier Befestigungsschrauben (Bild 10) abnehmen.

● Seitenverkleidung am Tank von Hand ausclipsen und nach Ausdrehen der sechs Befestigungsschrauben (Bild 11) abnehmen (Verkleidungshälften dabei vorsichtig auseinanderziehen).

Innenverkleidung

● Die Innenverkleidung nach Ausdrehen der Schraube (Bild 12) nach oben abnehmen (Verkleidung ist am Rahmen noch eingeclipst).

Bauchverkleidung

● Kreuzschlitzschrauben A, B und D (Bild 13) ausdrehen. Klemmstück C (Bild 13) abnehmen.

● Verkleidung von Hand nach aussen ziehen, damit Arretierungen E freikommen.

● TIP Wenn die Verkleidungshälften gemeinsam abgenommen werden, Pappe o.ä. als Lackschutz unterlegen. Schraube D und Klemmstück C dann nicht ausdrehen bzw. entfernen.

Frontverkleidung

● Innenverkleidung abnehmen (siehe oben).

● Schrauben A (Bild 13) ausdrehen.

● Befestigungsmuttern der Spiegel ausdrehen (Bild 14).

● Standlicht- und Blinkerstecker trennen.

● Halterungsmuttern ausdrehen (Bild 15).

● Frontverkleidung nach vorn abnehmen.

Tank

● Benzinhahn auf OFF drehen.

● Benzinschlauch ① (Bild 16) abnehmen und Befestigungsschrauben des Benzinhahns ausdrehen.

● Falls Heck-/Seitenverkleidung noch montiert ist, deren zwei vordere Befestigungsschrauben ausdrehen und Tankbefestigungen ausclipsen. Befestigungsschrauben (Bild 17) ausdrehen.

● Tank vorsichtig nach oben abnehmen.

● Tank und Verkleidung in umgekehrter Reihenfolge montieren.

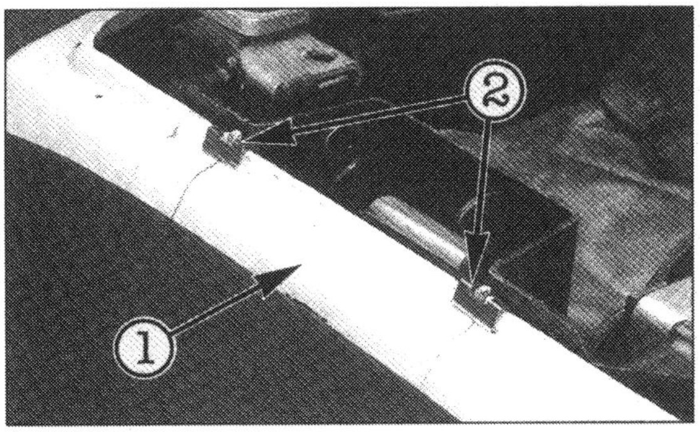

Bild 8
Verkleidung aus-/einbauen
1 Mittelstück
2 Federclipse

Bild 9
Befestigungsschraube des Fahrersitzes

Bild 10
Befestigungsschrauben der Haltegriffe

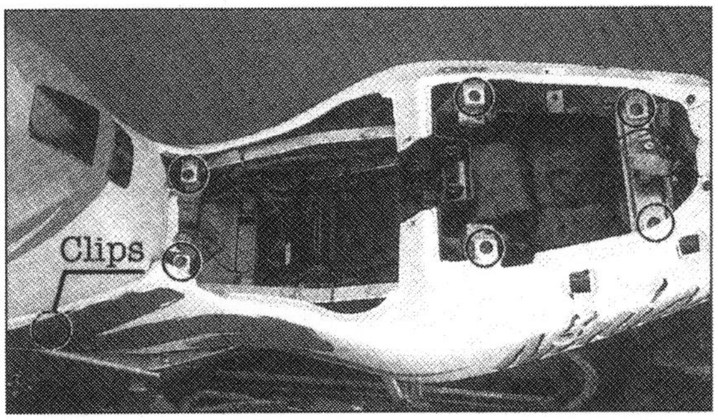

Bild 11
Befestigungsschrauben der Seiten- und Heckverkleidung

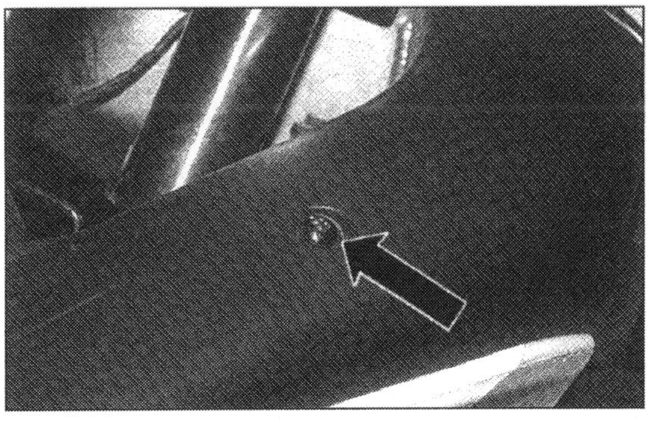

Bild 12
Befestigungsschraube der Innenverkleidung

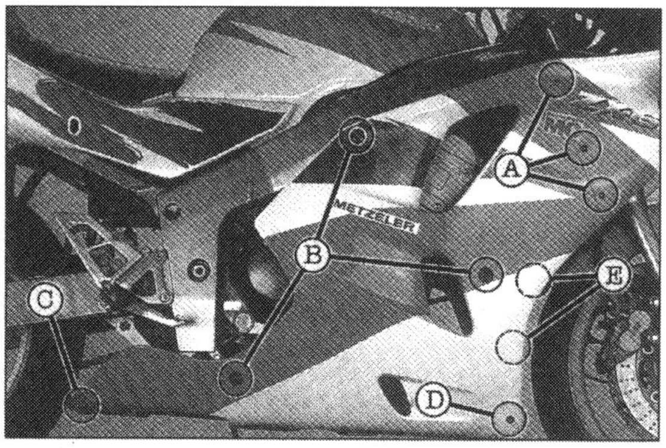

Bild 13
Befestigungsschrauben der Bauchverkleidung
A Kreuzschlitzschrauben
B Innensechskantschrauben
C Klemmstück
D Verbindungsschraube
E Arretierungen

Bild 14
Befestigungsmuttern der Rückblickspiegel

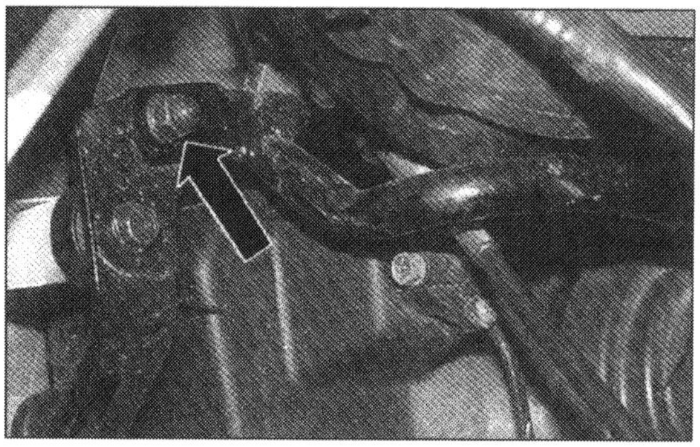

Bild 15
Halterungsmutter der Frontverkleidung (1 von 2)

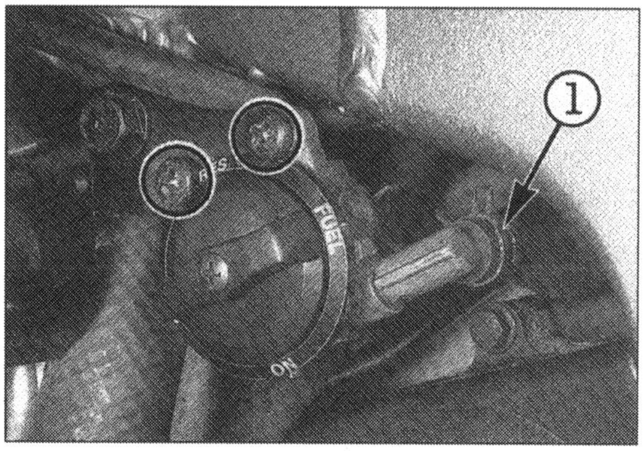

Bild 16
Benzinhahn
1 Benzinschlauch zu Filter/Pumpe

- Auf sauberen Sitz der Federschellen an den Schläuchen achten.
- Bei Tankeinbau Massekabel ① (Bild 17) nicht vergessen.
- TIP Zur Montage-Erleichterung vordere Gummiaugen der Seitenverkleidung leicht fetten.
- Bei laufendem Motor Schlauchverbindungen auf Dichtheit kontrollieren. Siehe auch folgendes Kapitel 3.3.

3.3 Kraftstoffschläuche

Kraftstoffschläuche haben die unangenehme Eigenschaft, im Laufe der Zeit zu verhärten und dann einzureissen. Die Schläuche (auch der Motorgehäuse-Entlüftung usw.!) lassen sich jedoch bei gelegentlicher Verkleidungs- oder Tankdemontage auf Beschädigung und Undichtheit kontrollieren.

- TIP Im Zweifelsfall einen angefressenen Schlauch lieber auswechseln, denn das Gummiröhrchen platzt garantiert während der nächsten Nachtfahrt auf der Autobahn.

Kraftstoff-Filter

Wenn die knackige Ninja plötzlich unsauber am Gas hängt oder bei höheren Drehzahlen aussetzt, kann das am zugesetzten Benzinfilter liegen. Im Tankinneren abgeplatzte Lackpartikelchen oder Verunreinigungen im Sprit sammeln sich im feinen Geflecht.

Im Regelfall die Filter im Tank (Bild 18) alle 30 000 km reinigen; bei ungünstigen Spritverhältnissen alle 15 000 km. Der externe Filter (Bild 19) wird in den selben Intervallen erneuert.

- Tank abbauen (Kapitel 3.2) und Benzin in geeignetes Gefäss ablassen oder Tank so plazieren, dass beim Ausbau der Stutzen kein Kraftstoff auslaufen kann.
- Stutzen am Sechskant ausdrehen (Bild 18) und vom Tank abnehmen.
- Filtersieb mit weichem Pinsel auswischen oder mit Druckluft ausblasen.
- Filter auf altersbedingte Sprödigkeit oder Beschädigung untersuchen. Gegebenenfalls erneuern (ein lächerlich geringer Aufwand im Vergleich zur vorzeitigen Motorüberholung wegen mangelnder Spritfilterfunktion).
- Bei starker Verschmutzung Tank mit Lösungsmittel ausschwenken.
- Beide Stutzen mit einwandfreiem, leicht gefettetem O-Ring wieder anbringen.
- Externen Filter (Bild 19) aus Gummiaufnahme herausnehmen, Federschellen lösen und Schläuche abziehen.
- Neue Filterpatrone mit Pfeilrichtung (auf Patrone angebracht) auf Benzinpumpe weisend montieren (schwarzer Absatz ② Bild 19 weist zur Pumpe ③).
- Tank in umgekehrter Ausbaureihenfolge montieren.
- Schläuche anschliessen und korrekten Sitz der Federschellen kontrollieren.
- Benzinhahn öffnen und Stutzen sowie Anschlüsse und Schläuche auf Dichtheit kontrollieren.

3.4 Luftfilter

Die Luftfilterreinigung steht laut Wartungsplan alle 6000 Kilometer an (Erneuerung bei Beschädigung).

Bei bestimmten Wartungsarbeiten ist es sinnvoll, einen schnellen Zugriff auf die Vergaser zu haben. Was zum Beispiel wünschenswert ist zwischen zwei Renntrainingseinheiten, wenn die Bedüsung schnell an geänderte Witterungsbedingungen angepasst werden muss. Für den «normalen» Fahrbetrieb erhalten wir damit schnellen Zugriff auf die Seilzugspiel-Einsteller und Unterdruckanschlüsse zum Drosselklappenabgleich (Vergasersychronisation).

- Sitzbank und Tank ausbauen (Kapitel 3.2).
- Schläuche ①, ③ und ④ (Bild 20) abnehmen.

Luftfilter-Wartung

- Deckelschrauben (Kreise in Bild 20) ausdrehen und Deckel abnehmen.
- Filterelement (Bild 21) entnehmen und in Reinigungsflüssigkeit mit hohem Flammpunkt reinigen.
- ⚠ Falls Benzin verwendet wird, Arbeit im Freien durchführen. Unbedingt die einschlägigen Sicherheitsmassnahmen im Umgang mit Benzin beachten: Rauchen und offenenes Feuer sowie Funkenbildung vermeiden!
- Filterelement trockenschütteln oder mit Druckluft trockenblasen. Filterelement nicht auswringen – Beschädigungsgefahr!
- 👁 Filterelement auf Beschädigung und Risse kontrollieren.
- Falls beschädigt, Neuteil verwenden.
- Sauberen, fusselfreien Lappen mit Motoröl der SE-, SF- oder SG-Klasse SAE 30 tränken.
- Öl mit Lappen aussen auf Filterelement auftragen.
- Filterelement in umgekehrter Reihenfolge montieren.

Gehäuse-Ausbau

- TIP Falls sich beim Einbau das korrekte Einfädeln der Gehäuseöffnungen in die Ram-Air-Kanäle als schwierig erweist, bleibt leider nichts anderes übrig, als das Filterelement doch auszubauen.
- Gummistopfen aushebeln, um obere Schrauben ② (Bild 20) freizulegen.
- Sämtliche ②er-Schrauben ausdrehen.
- Gehäuse an Rückseite nach oben ziehen und vorn aus Ram-Air-Kanälen herausziehen.

Gehäuse-Einbau

- Innenabdeckung (Bild 12) abnehmen und Ram-Air-Kanäle so weit aus Rahmen herausziehen, bis sie innen im Rahmen mit Rahmenholm bündig abschliessen.

Bild 17
Tankbefestigungsschrauben
1 Massekabel an Befestigungsschraube

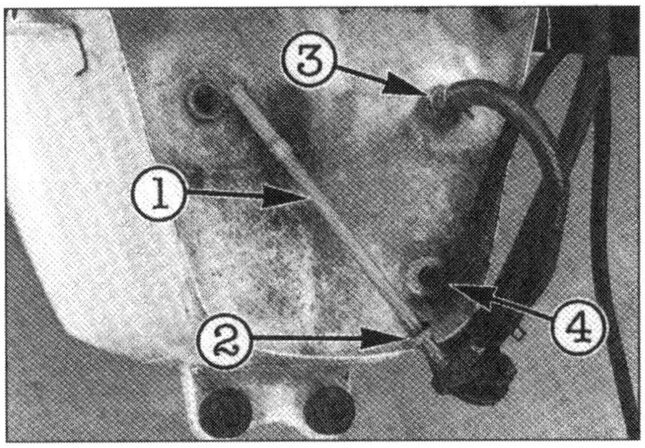

Bild 18
Benzintank von unten
1 ON-Stutzen (langes Filtersieb)
2 O-Ring
3 RES-Stutzen (kurzes Filtersieb)
4 Belüftungs-/Überlaufschlauch

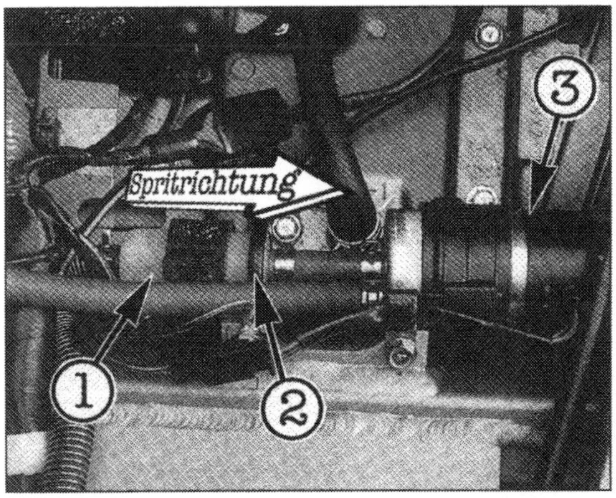

Bild 19
Externer Spritfilter (hier die eng verwandte KAWASAKI ZZR 600)
1 Filterpatrone
2 Schwarzer Absatz weist zur Pumpe
3 Benzinpumpe

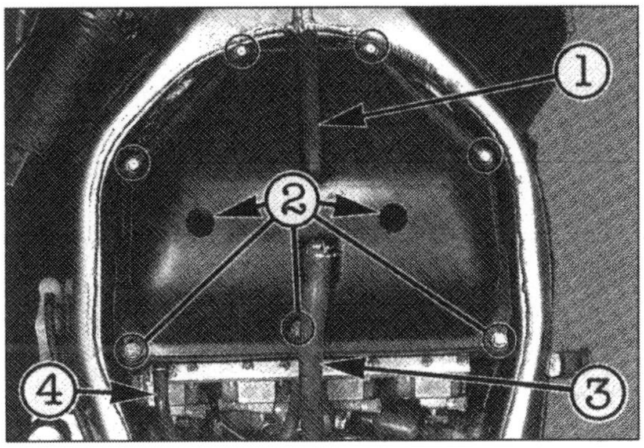

Bild 20
Luftfilter-Wartung und Gehäuse-Ausbau
1 Schlauch zum Vakuumschaltventil des Sekundärluft-Systems
2 Gehäuse-Befestigungsschrauben
3 Motorgehäuse-Belüftungsschlauch
4 Kondensat-Ablaufschlauch
Kreise – Deckelschrauben

- Vorderseite des Gehäuses nach unten drücken und Lufteinlasskanäle vorsichtig auf Ram-Air-Kanäle ausrichten.

Gehäuse an Rückseite nach unten drücken und Schrauben ② eindrehen.

Bild 21
Filterelement:
Graue Schaumgummiseite A weist nach oben

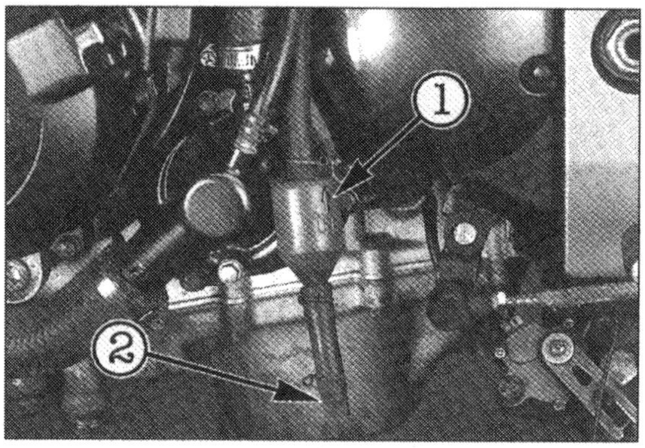

Bild 22
Kondensat-Auffangbehälter (Öl und Wasser aus Luftfiltergehäuse zu Schlauch ④ Bild 19)
1 Pfeil weist nach oben
2 Verschluss-Stopfen

● TIP Falls sich beim Einbau das korrekte Einfädeln der Gehäuseöffnungen in die Ram-Air-Kanäle als schwierig erweist, bleibt leider nichts anderes übrig, als das Filterelement doch auszubauen.

Gehäuse-Kondensat
Am Boden des Luftfiltergehäuses sammeln sich die Öldämpfe aus dem Motorgehäuse und Wasser aus der Luftfeuchtigkeit. Dieses Kondensat läuft aus dem Gehäuse über Schlauch ④ (Bild 20) ab und sammelt sich im Auffangbehälter (Bild 22), der an der Verkleidung festgeklemmt ist.

● Sobald Rückstände im Auffangbehälter (Bild 22) sichtbar werden, Federsicherung des Stopfens abnehmen und Kondensat in geeignetes Auffanggefäss ablassen.

● ⚠ Stopfen wieder anbringen und sauberen Sitz der Federsicherung kontrollieren.

3.5 Zündkerzen

Die vier Funkenspender unterziehen sich alle 6000 km einer Inspektion und werden alle 12 000 km erneuert.
Um das Kerzenbild aussagefähig beurteilen zu können:

● Motor 10 km im mittleren Drehzahlbereich warmfahren.

● Motor schon beim Ausrollen des Motorrads abschalten.

● ⚠ Längeres Laufen des Motors im Standgas vor Abstellen des Motors macht eine richtige Kerzenbild-Beurteilung unmöglich (→ Kerze russt ein)!

● Tank und Luftfiltergehäuse abnehmen (Kapitel 3.2 und 3.4).

● ⚠ Zündkerzentaschen vor Ausdrehen der Zündkerzen mit Druckluft ausblasen, damit kein Schmutz in Brennraum gelangen kann.

● Zündkerzen mit Bordwerkzeug ausdrehen.

● ⚠ Bei der empfohlenen Standard-Zündkerze bleiben die Elektroden so heiss, dass Russablagerungen stets verbrennen, jedoch so kühl, dass Motor und Kerze selbst nicht beschädigt werden. Diese Temperatur liegt im Bereich von 400 – 800° C. Sie kann nach Zustand und Farbe der Keramikisolation am Umfang der Mittelelektrode beurteilt werden. Wenn die Keramikisolation sauber ist und rehbraunen Farbton zeigt, ist Kerze mit richtigem Wärmewert im Einsatz.

● Bei weissem bis aschgrauem Bild ist Kraftstoffluftgemisch zu mager, der Motor läuft zu heiss. Bei dunkelbraunem bis schwarzem Kerzenbild ist das Gemisch zu fett (was auch vom zugesetzten Luftfilter herrühren kann).

● Schwarz verrusste, feuchtglänzende Kerzen deuten auf verschlissene Ventilführungen oder abgenutzte Kolbenringe, durch die Öl in den Verbrennungsraum gelangen kann.

● ⚠ Die Zündkerzen wirken quasi wie ein Thermostat: Bei Zündkerzen mit falschem Wärmewert kann der Motor zu heiss werden (was zu Beschädigung führen kann → Loch im Kolben) oder zu kalt bleiben (verbunden mit schlechter Leistung → keine Selbstreinigung und Verrussen).

● Bei den entsprechenden Russablagerungen springt auch kein Funke mehr am Spalt über, und es entsteht eine Kurzschlussbrücke zwischen den Elektroden oder auf der Keramikisolation. Durch trockene Russablagerungen auf der Kerze können ausserdem die Elektroden rotglühend werden, wodurch unkontrollierte Frühzündungen entstehen. Diese machen sich durch Klopfen (bei niedrigen Drehzahlen und hoher Motorbelastung gut zu hören) oder Klingeln (bei hoher Drehzahl und leider kaum zu hören) bemerkbar und führen dazu, dass schliesslich ein Loch in den Kolben gebrannt wird.

● Mit Messingdrahtbürste Kerze reinigen und Isolator auf Risse oder Absplitterungen untersuchen. Dichtring muss einwandfreie Planflächen aufweisen, bei Beschädigung Dichtring erneuern.

● Elektrodenabstand mit Fühlerlehre messen, Sollwert: 0,7 – 0,8 mm (Bild 23).

● ⚠ Elektrode möglichst wenig nachbiegen, Bruchgefahr im Betrieb!

Standardzündkerzen	
NGK	CR9E
NIPPON DENSO	U27ESR-N

● ⚠ Zündkerze gefühlvoll von Hand einschrauben. Unbedingt darauf achten, dass schon der erste Gewindegang richtig greift. Eine schräg angesetzte Kerze ruiniert mit ihrem harten Stahlgewinde das weiche Gewinde im Aluminium-Zylinderkopf schon nach halber Umdrehung.

● Erst bei richtigem Sitz Kerze mit Kerzenschlüssel anziehen (18 Nm).

● Die alte Kerze (alter Dichtring) nach Aufsitzen ⅛ Umdrehung anziehen.

● Neue Kerze (neuer Dichtring) nach Aufsitzen ¼ Umdrehung anziehen.

● Kerzenstecker aufsetzen (gemäss Zündkabelbeschriftung).

● Luftfiltergehäuse und Tank wieder anbringen (Kapitel 3.2 und 3.4).

3.6 Kühlsystem

Die Wartung des Kühlsystems beinhaltet die «regelmässige» Kontrolle des Flüssigkeitsstands im Ausgleichbehälter (keine Intervallangabe von KAWASAKI) und den Wechsel der Kühlflüssigkeit alle zwei Jahre.

● Wartung des Kühlmittelfilters der Vergaserheizung ist im Vergaserwartungskapitel 3.9.4 Seite 24 abgehandelt.

● Kühlmittelstand muss bei kalter Maschine mindestens bis zur «L»-Marke reichen (bei warmer Maschine maximal bis zur «F»-Marke; Bild 24). Dabei muss Maschine genau senkrecht stehen.

● Gegebenenfalls mit Mischung aus weichem (entionisiertes/destilliertes) Wasser und handelsüblichem Frostschutzmittel für Leichtmetallmotoren und -kühler auffüllen.

● ⚠ Falls unterwegs «Notbefüllung» mit Leitungswasser (Trinkwasser) vorgenommen werden muss, so bald wie möglich komplettes System mit geeigneter Kühlwasser-Mischung durchspülen und neu befüllen.

● ⚠ Leitungswasser verursacht Ablagerungen (Kesselstein) und Aufblühen der Leichtmetall-Kühlkanäle.

● ⚠ Verschüttete Kühlflüssigkeit darf keinesfalls auf Reifen gelangen (Rutschgefahr)! Aus diesem Grund darf auch im Rennsport Kühlflüssigkeit kein Frostschutzmittel enthalten, um bei Kühlmittelverlust (kommt eben öfter vor als Ölverlust) die Piste nicht in eine Rutschbahn zu verwandeln! Der Dauerhaltbarkeitseffekt der Frostschutzbeimischung tritt dort verständlicherweise in den Hintergrund.

● Die Pumpe hat an der Unterseite eine Ablaufbohrung für das Kühlmittel (Bild 25), die bei einem Defekt der mechanischen Dichtung das Kühlmittel ins Freie leitet und so nicht in das

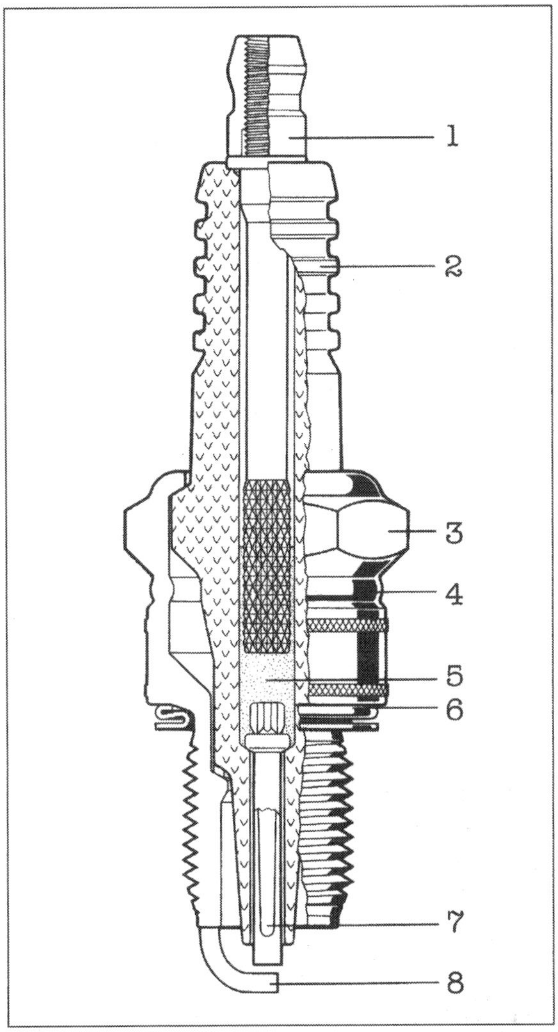

Bild 23
Zündkerze
1 Anschlussbolzen mit Anschlussmutter (Mutter entfernen)
2 Isolator (Al_2O_3-Keramik)
3 Gehäuse
4 Warmschrumpfzone
5 Leitendes Glas
6 Dichtring
7 Mittelelektrode
8 Masseelektrode

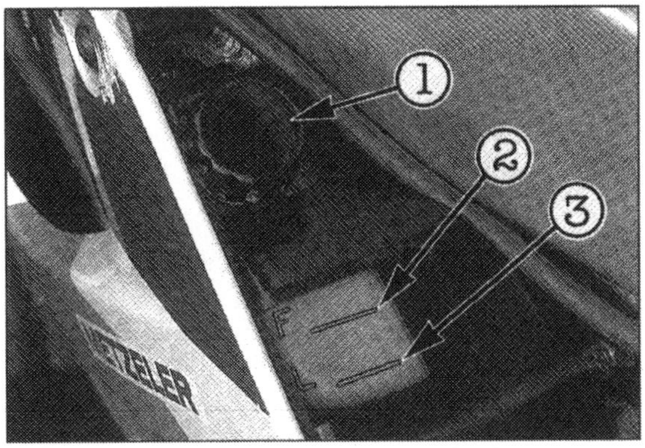

Bild 24
Kühlmittel-Service
1 Einfüllstutzen
2 F-Marke/Maximum
3 L-Marke/Minimum

Bild 25
Ausgebaute Kühlmittelpumpe mit Ablaufbohrung (Pfeil)

Motorgehäuse gelangt und das Motoröl verdünnt. Bei entsprechendem Kühlmittelaustritt Pumpe komplett ersetzen.

Bild 26
Kühlmittelpumpe
1 Zum Zylinderblock
2 Zur Vergaserheizung
3 Ablass
4 Vom Kühler

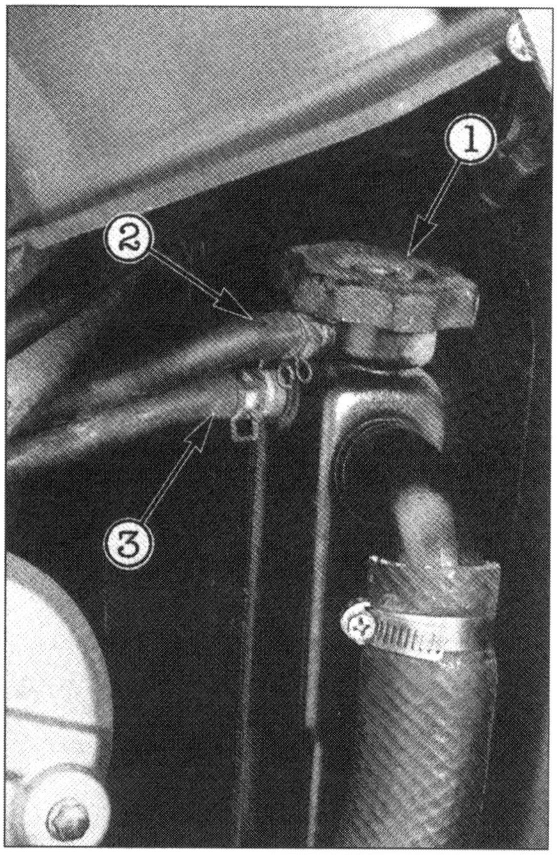

Bild 27
Kühlmittel-Service
1 Kühlerdeckel
2 Zum Ausgleichsbehälter
3 Von Vergaserheizung

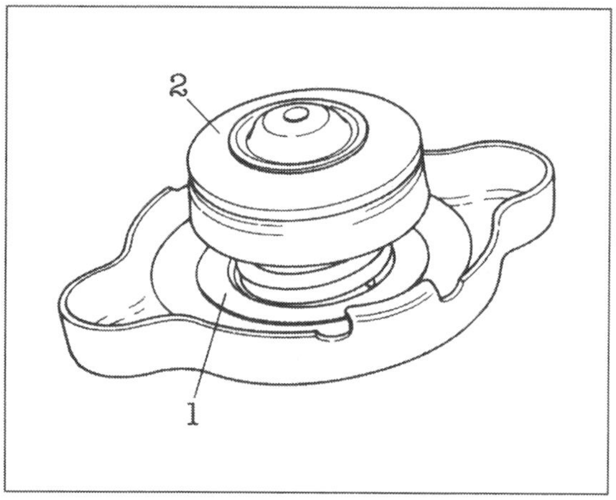

Bild 28
Kühlerdeckel
1 Äusserer Gummidichtring
2 Innerer Gummidichtring

Kühlmittel-Wechsel

- ⚠ Kühlerdeckel nur bei kaltem Motor (unter 35°C/handwarm) öffnen (Verbrühgefahr bei warmem Motor)!
- Auffanggefäss unter Kühlmittelpumpe (Bild 26) stellen und Ablassschraube ③ ausdrehen.
- Kühlerdeckel (Bild 27) vorsichtig in zwei Schritten öffnen (Deckel im Gegenuhrzeigersinn bis zum Anschlag drehen, einige Sekunden warten, dann nach unten drücken und weiterdrehen) und so Abfluss der Kühlflüssigkeit regulieren.
- Bei dieser Gelegenheit auch Zustand der Gummidichtringe des Kühlerdeckels (Bild 28) kontrollieren. Bei Beschädigung oder Versprödung der Dichtgummis, Deckel komplett ersetzen.
- Kühlmittel-Ablassschraube wieder eindrehen (12 Nm; mit perfektem Dichtring) und Kühlmittel (komplett 2,7 Liter) am Einfüllstutzen einfüllen.
- Kühlkreislauf entlüften: Motor starten und Kühlmittel auffüllen, bis Pegel im Kühler nicht mehr sinkt und bis zur Unterkante des Einfüllstutzens reicht.
- Kühlmittelstand im Ausgleichsbehälter wie oben beschrieben bei abgekühlter Maschine prüfen und gegebenenfalls bis «F» auffüllen.
- Komplettes System bei betriebswarmer Maschine und laufendem Motor (Leerlauf-Drehzahl) auf Dichtheit sichtprüfen.

3.7 Ventilspieleinstellung

Ein gewisses Spiel zwischen Nocken und Ventil ist nötig, damit die Ventile den Brennraum bei allen Betriebstemperaturen dicht abschliessen. Das Ventilspiel wird mittels Einstellplättchen zwischen Ventilschaft und Tassenstössel eingestellt. Das bedeutet, dass zur Korrektur des Ventilspiels die Nockenwelle(n) und Tassenstössel ausgebaut werden müssen.

Dieser vergleichsweise hohe Bauaufwand ist der Preis für die «schnelle» und direkte Ventilbetätigung. Wegen der direkten und effizienten Fallstrom-Ansaugwegführung muss die Vergaserbatterie ausgebaut werden.

- Ventilspiel alle 10 000 km kontrollieren und gegebenenfalls einstellen.
- ⚠ Ventilspiel bei kaltem Motor (unter 35°C/handwarm) kontrollieren und einstellen!
- Bauchverkleidung, Sitzbank und Tank abbauen (Kapitel 3.2).
- Luftfiltergehäuse abnehmen (Kapitel 3.4).
- ⚠ Die folgenden Fotos sind zum Teil bei ausgebautem Motor aufgenommen worden, weil so bessere Aufnahmebedingungen geschaffen werden können. Der Motor muss zur Ventilspielkontrolle bzw. Ventilspieleinstellung nicht ausgebaut werden!

Bild 29
Vergaser- und Sekundärluftsystem-Schläuche
1 Vergaser-Belüftungsschlauch
2 Frischluftschlauch zum Vakuumschaltventil
3 Frischluftschlauch zum Vakuumventil von Oberseite des Luftfiltergehäuses
4 Vakuumventil
5 Haltestrebe
6 Vakuumschaltventil
7 Benzinschlauch

- Folgende Schläuche abnehmen: ①, ② und ⑦ (Bild 29).
- Vakuumventil ④ mit Haltestrebe ⑤ abnehmen.
- Widerlagerschraube des Chokeseilzugs (Bild 30) lockern und Seilzug aushängen (Gasseilzüge können montiert bleiben).
- Kühlmittelschlauch ② (Bild 26) abnehmen.
- Vier Vergaser-Schlauchschellen lockern (Bild 31) und Vergaserbatterie abnehmen.
- Zündkerzenstecker abziehen und Zündkerzen ausdrehen.

Bild 30
Widerlagerschraube des Chokeseilzugs

Bild 31
Vergaserschlauchschellen lockern (4 Stück)

● Motorseitendeckel (Bild 32) nach Ausdrehen der sechs Befestigungsschrauben abnehmen.

● Vakuumschaltventil ① (Bild 33) mit Rohren abnehmen.

● Kunststoffabdeckung (Luftleitung) nach Ausdrehen der sechs Befestigungsschrauben abnehmen (Bild 33).

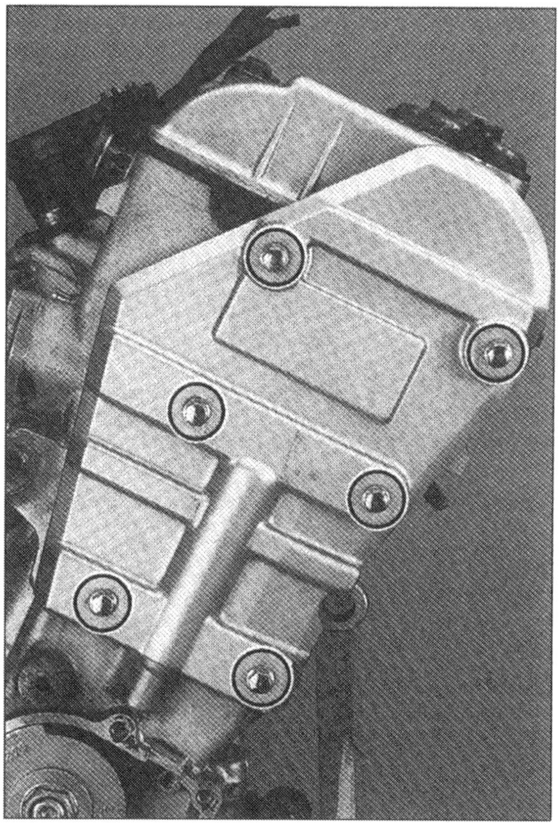

Bild 32
Motorseitendeckel (Funktion: Geräuschdämpfung)

● Sechs Zylinderkopfdeckelschrauben (Bild 34) schrittweise ausdrehen und Deckel abnehmen. (Membrandeckel ① können montiert bleiben).

● Links Zündkontrolldeckel (Bild 35) abnehmen und Kurbelwelle am Sechskant (nicht am Innensechskant!) im Uhrzeigersinn auf OT (oberer Totpunkt) des Arbeits- oder Kompressionstakts drehen (T-Marke ① fluchtet mit Gehäusetrennlinie ② Bild 36).

● In OT-Stellung des Arbeits- oder Kompressionstakts weisen Nocken weg vom Stössel.

● ⚠ Kolben steht nur jede zweite Umdrehung im Kompressions-OT!

● ⚠ Kolben steht im Verbrennungs- oder Kompressions-OT, wenn an beiden Ventilen des betreffenden Zylinders Spiel spürbar ist (Tassenstössel lassen sich von Hand leicht drehen).

● Mit Fühlerlehre Spiel zwischen Nocken und Tassenstössel «erfühlen» (Bild 37; Fühlerlehrenblatt muss satt passen).

Ventilspiel-Sollwert	
Einlass	0,15 – 0,24 mm
Auslass	0,22 – 0,31 mm

● Falls Ventilspiel nicht korrekt, d.h. es ist kein fester Schiebesitz spürbar, Ventil und dazugehörigen Messwert notieren.

● Zur Spielmessung von Zylinder #4 Kurbelwelle eine Umdrehung (360°) im Uhrzeigersinn weiterdrehen, bis Markierungen (Bild 36) wieder fluchten und wie oben beschrieben verfahren (Spielwerte gegebenenfalls notieren).

● Die Zylinder #2 und #3 genauso messen

Bild 33
Vakuumschaltventil ① und Befestigungsschrauben der Kunststoffabdeckung

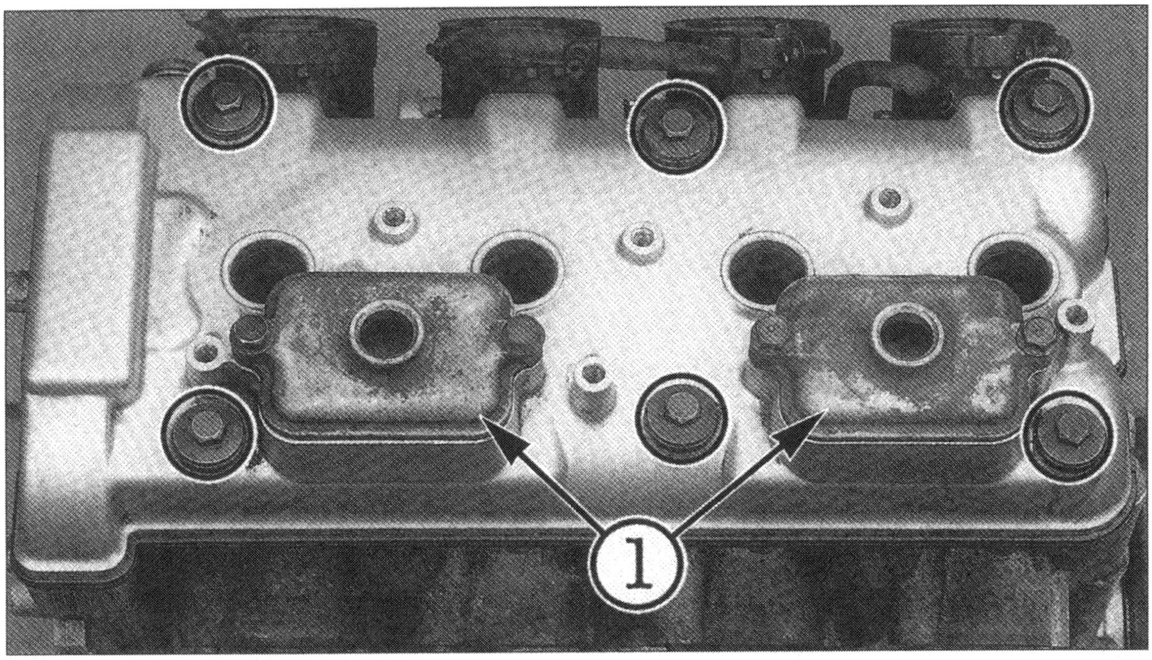

Bild 34
Befestigungsschrauben des Zylinderkopfdeckels
1 Membrandeckel des Sekundärluftsystems

(«T»-Markierung mit Kennzeichnung «2▪3» auf Zündrotor ist zuständig).

● Ventilspiel mittels entsprechend dickerem oder dünnerem Einstellplättchen auf Sollwert einstellen. Dazu müssen der Steuerkettenspanner, der Nockenwellenlagerdeckel und die Nockenwellen ausgebaut werden.

Nockenwelle ausbauen
Kurbelwelle am Sechskant (nicht am Innensechskant!) im Uhrzeigersinn auf OT von Zylinder #1 und #4 drehen (T-Marke ① fluchtet mit Gehäusetrennlinie ② Bild 36).

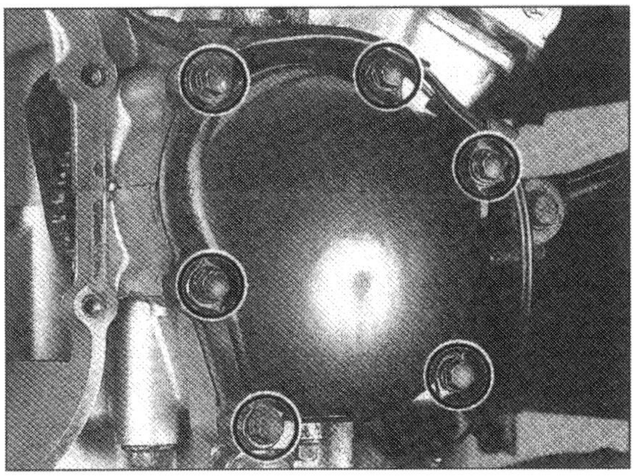

Bild 35
Befestigungsschrauben des Zündkontrolldeckels

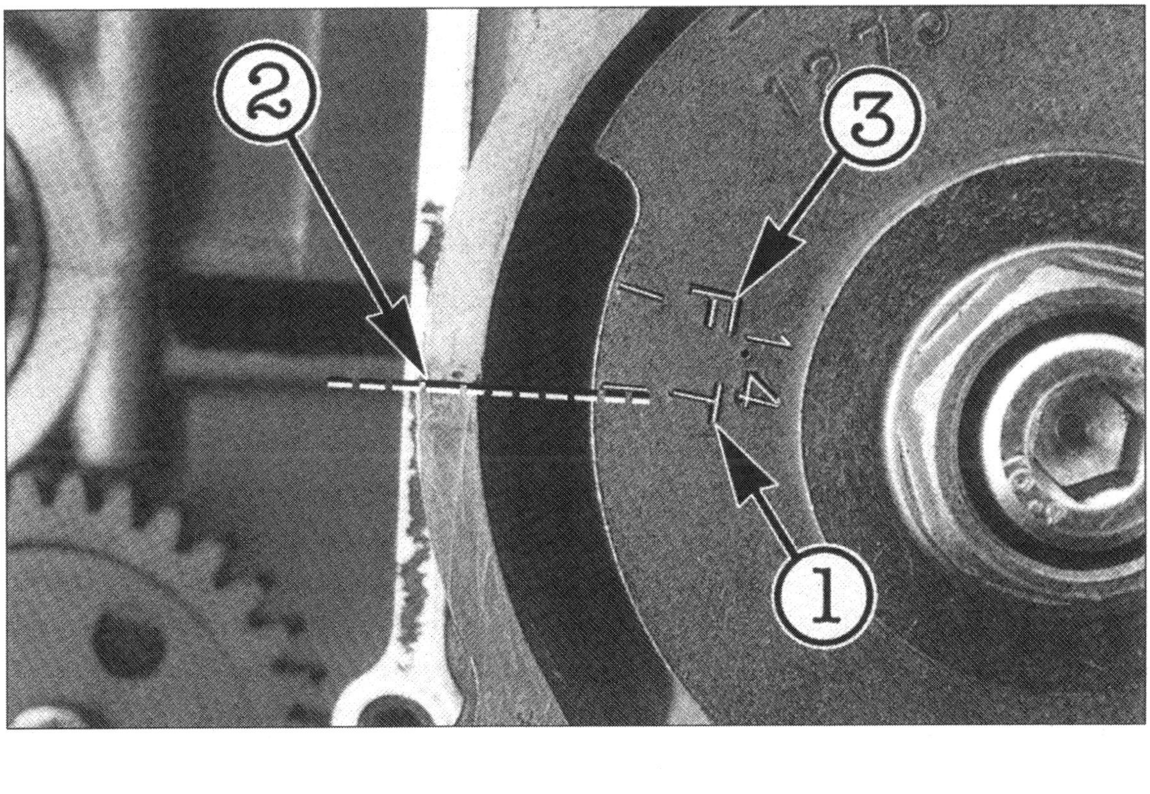

Bild 36
Kurbelwellenstumpf/rechts mit Zündrotor. Markierungen gelten für Zylinder #1 und #4
1 Totpunktmarke «T»
2 Gehäusetrennlinie
3 Zündmarke «F»

- Steuerkettenspanner (Bild 38) ausbauen: Zuerst Schraube ① ausdrehen und Feder mit Stange entnehmen. Auf Verbleib der Dichtscheibe achten. Dann die beiden Gehäuseschrauben ② ausdrehen und Spannergehäuse vom Zylinderblock abnehmen.
- Passhülsen und Gummidichtungen (Bild 39) abnehmen.
- Befestigungsschrauben des Nockenwellen-Lagerdeckels schrittweise über Kreuz ausdrehen, Lagerdeckel mit Kettengleitschuh ② abnehmen.
- Nockenwelle(n) abnehmen und Kettenräder aus Steuerkette herausfädeln.
- Tassenstössel mit Magnetheber herausnehmen. Auf Verbleib des Einstellplättchens achten (bleibt meist innen im Stössel «kleben»)!
- Dicke der Einstellplättchen mit Mikrometer kontrollieren.
- Plättchen-Dicke nach folgendem Beispiel ermitteln:

Gemessenes Ventilspiel: 0,40 mm
Dicke des «alten» Plättchens: 3,05 mm
Korrektes Ventilspiel (Einlass): 0,15 – 0,24 mm
Dicke a des erforderlichen Plättchens:
a= (0,15 – 0,24) + 3,05
a= 3,25

- Gleitflächen von neuem Plättchen mit MoS_2-Fett oder ähnlichem Fettprodukt dünn balsamieren und in Tassenstössel einsetzen.
- Tassenstössel einsetzen und auf freie Drehbarkeit kontrollieren.

Nockenwellen einbauen

- Nockenwellen nicht verwechseln (Bild 40):
  Einlasswelle → «IN»-Kennzeichnung
  Auslasswelle → «EX»-Kennzeichnung
- OT-Stellung der Kurbelwelle kontrollieren: «T»-Markierung von Zylinder #1 und #4 auf Rotor fluchtet mit Gehäusetrennlinie (Bild 36).

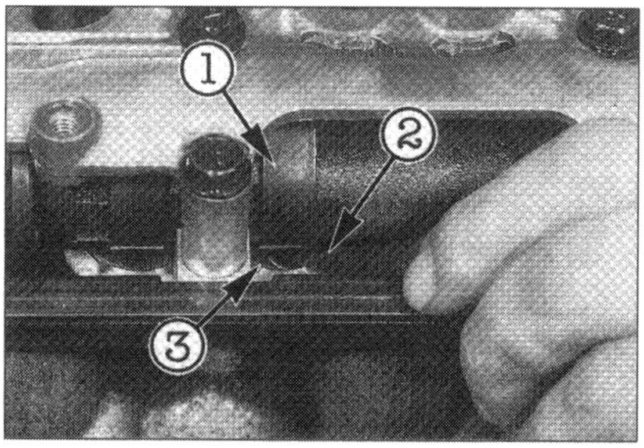

Bild 37
Ventilspiel messen/erfühlen
1 Nocke
2 Fühlerlehrenblatt
3 Tassenstössel

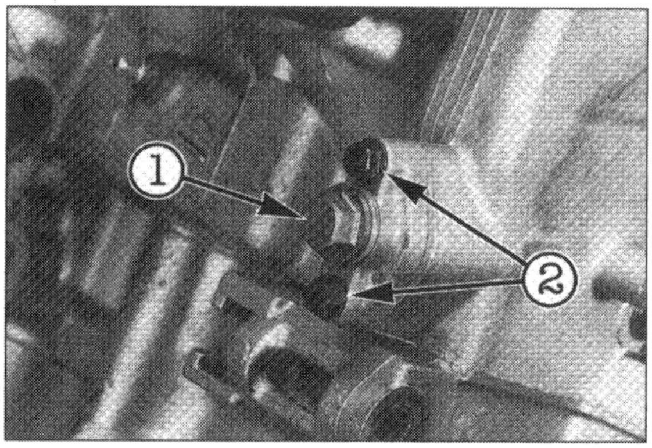

Bild 38 ➤
Steuerkettenspanner
1 Verschlussschraube mit Dichtring
2 Gehäuseschrauben

Bild 39
Nockenwellen-Lagerdeckel
1 Passhülsen mit Gummidichtungen
2 Kettengleitschuh

- Lagerstellen der Wellen und Lagerbohrungen vollständig dünn einfetten.
- Steuerkette an Auslass-Seite straff ziehen (Bild 41).
- Zuerst Auslass-, dann Einlass-Nockenwelle in Zylinderkopf einsetzen.
- Dabei Steuerkette überfädeln und Markierungen so ausrichten, dass sie mit Deckeldichtfläche fluchten wie in Bild 41 gezeigt.
- Lagerdeckel mit Passhülsen anbringen (Bild 39).
- Befestigungsschrauben schrittweise zuerst locker anziehen. Dann von innen nach aussen schrittweise über Kreuz anziehen. Anzugsmoment des letzten Durchgangs: 12 Nm.
- Steuerkettenspanner einbauen: Sperrklinke ④ Bild 42 eindrücken und Druckstange ⑤ ganz in Gehäuse einschieben.
- Spannergehäuse ohne Feder mit einwandfreiem O-Ring (leicht geölt) am Zylinderblock anbringen (12 Nm / flüssige Schraubensicherung beigeben).
- Feder mit Schiene einsetzen und Verschlussschraube mit so gut wie neuer Dichtscheibe wieder fest eindrehen.
- Kurbelwelle zweimal um 360° drehen (dabei ist Klicken des Spanners ganz leise zu hören).
- Flucht der Kurbelwellen- und Nockenwellen-Markierungen prüfen (Bilder 36 und 41). Gegebenenfalls Einstellung wiederholen.
- Kurbelwelle zwei Mal um 360° drehen.
- Markierungsflucht und Ventilspiel nochmals prüfen. Gegebenenfalls Einstellung wiederholen.
- Zündkontrolldeckel mit einwandfreier Dichtung wieder anbringen (8 Nm).
- Dichtung des Zylinderkopfdeckels vor Einbau auf Beschädigung überprüfen, gegebenenfalls auswechseln.
- Flüssige Dichtmasse (3 Bond-Silikondichtmasse o.ä.) im Bereich auf Nockenwellen-Aussparungen dünn auftragen (Bild 43).
- Deckelschrauben schrittweise von innen nach aussen anziehen (9,8 Nm).
- Motorseitendeckel (Bild 32; 12 Nm) und Kunststoffabdeckung mit Vakuumschaltventil (Bild 33; 12 Nm) anbringen.
- Zündkerzen wieder eindrehen (Kapitel 3.5) und Zündkerzenstecker aufsetzen.
- Vergaser, Chokeseilzug, Luftfiltergehäuse und Schläuche in umgekehrter Ausbau-Reihenfolge wieder anbringen.
- Tank, Sitzbank und Verkleidung wieder anbringen (Kapitel 3.2).

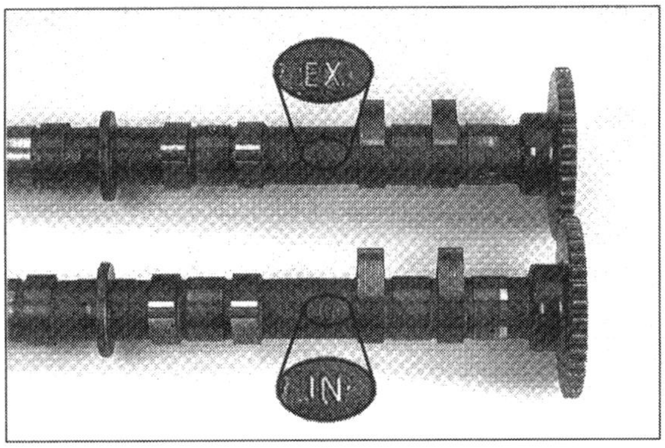

Bild 40
IN – Einlassnockenwelle
EX – Auslassnockenwelle

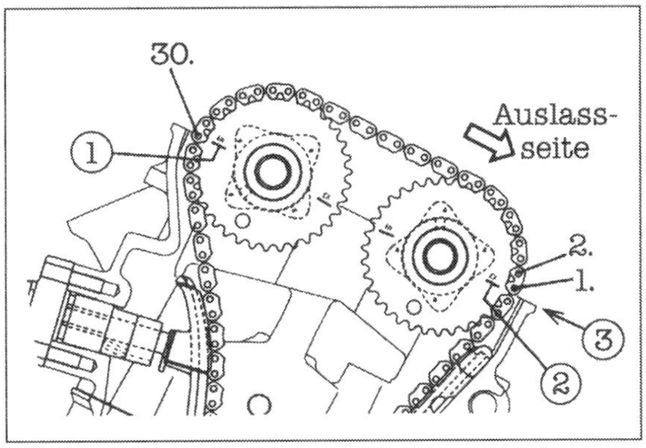

Bild 41
Nockenwellenmontage
1 IN-Markierung
2 EX-Markierung
3 Dichtfläche

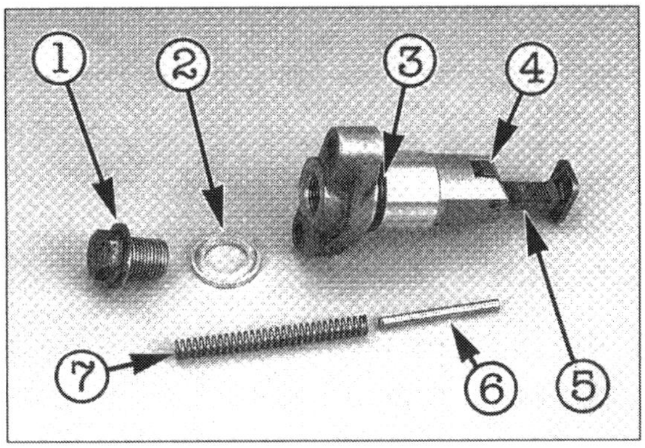

Bild 42
1 Verschluss-Schraube
2 Dichtscheibe
3 O-Ring
4 Sperrklinke
5 Druckstange
6 Federschiene
7 Feder

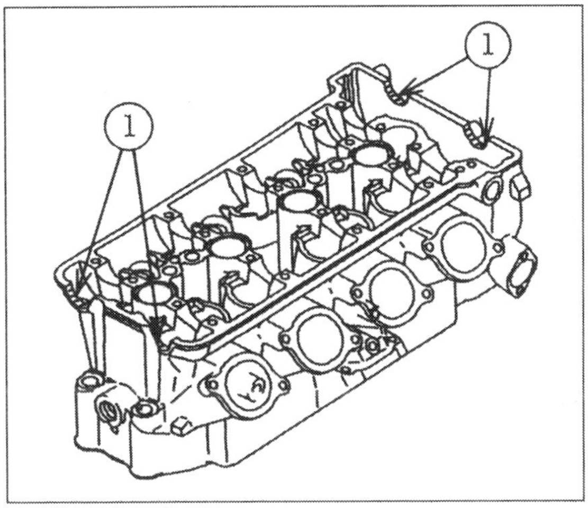

Bild 43
Aussparungen ①

3.8 Kompression

Der Kompressionsdruck lässt Rückschlüsse auf das Innenleben des Zylinders zu. Ob eine Motorrevision droht, kann häufig anhand einer Kompressionsdruckprüfung festgestellt werden.

- ⚠ Kompression bei korrektem Ventilspiel und normaler Betriebstemperatur messen.
- Alle Zündkerzen herausdrehen.
- Kompressionsmessgerät anschliessen.
- Gasgriff voll öffnen und Motor mit Starter durchdrehen, bis die Anzeige des Kompressionsmessers nicht mehr weiter steigt (normalerweise nach etwa 10 Sekunden).

Kompressionsdruck-Sollwert
Nutzbarer Bereich .... $9{,}7 - 14{,}8\ kg/cm^2$

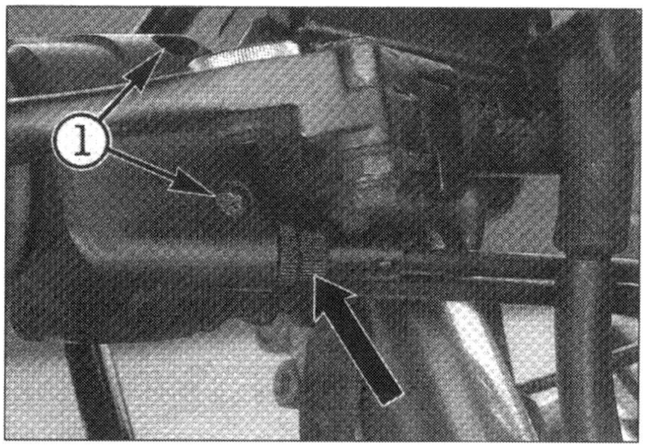

Bild 44
Gasseilzug-Spieleinsteller am Drehgriff
1 Gehäuseschrauben

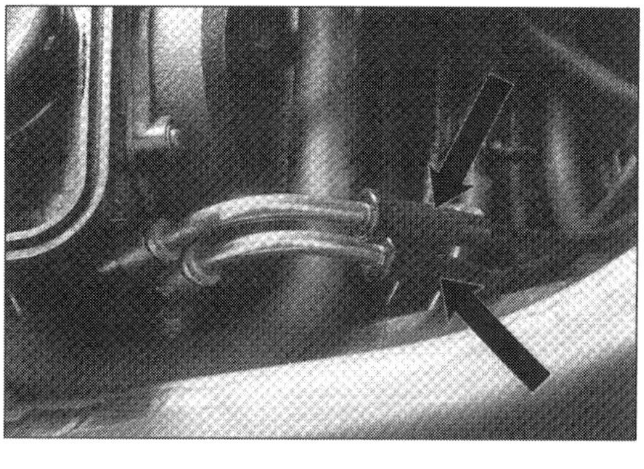

Bild 45
Gasseilzug-Spieleinsteller am Vergaser

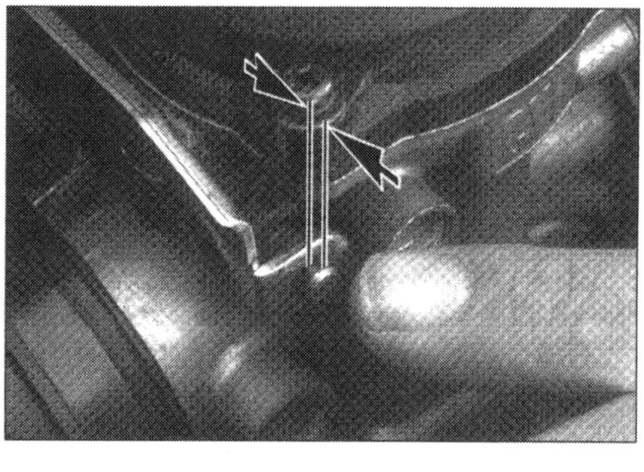

Bild 46
Spiel soll 1 – 2 mm betragen

Zu geringer Druck deutet auf undichte Ventile, zu enges Ventilspiel, undichte Zylinderkopfdichtung, verschlissenen Kolben, Kolbenringe oder Zylinder. Zu hohe Kompression wird meist von Ölkohleablagerungen im Brennraum oder einer zu dünnen «Tuning»-Kopfdichtung verursacht.

- TIP Um bei zu niedriger Kompression die Fehlerquelle einzukreisen:
- Öl durch Kerzenloch des betreffenden Zylinders möglichst gleichmässig auf Zylinderwand spritzen.
- Kompri-Test wiederholen.
- Erhöhter Wert lässt auf verschlissene Kolbenringe oder Zylinderlaufbahn schliessen.
- Gleichbleibender Wert lässt auf verschlissenen Zylinderkopf (Ventil, -sitz und -führungen) schliessen. Werkstatterfahrung lässt es wahrscheinlicher erscheinen, dass letzterer Fall zuerst eintritt. Und zwar in der Regel (wenn man dafür überhaupt eine Regel aufstellen kann) nach einer Laufleistung von weit über 50 000 km, wobei sie dann natürlich nicht schlagartig ihren Dienst einstellen, sondern lediglich die Verschleissgrenzen für Ventilsitzbreite und Ventilführungsspiel erreichen, aber auch mit deutlichen Rauchzeichen (und natürlich auch mit weniger «Druck») auf ihren Zustand aufmerksam machen.

3.9 Vergaser

- Maschine so aufstellen, dass sicheres Arbeiten gewährleistet ist.
- Getriebe auf NEUTRAL schalten.

3.9.1 Drosselklappenbetätigung

Dem Gasdrehgriff kommt beim Motorrad die wichtige Rolle des Mittlers zwischen Fahrer und Motor zu. Unregelmässigkeiten bei der Feindosierung der Motordrehzahl können fatale Folgen haben.

- Deshalb muss sich der Gasdrehgriff bei allen Lenkerstellungen leicht öffnen lassen und selbsttätig in seine Ausgangsposition (Ruhestellung) zurückschnappen (trotz etxra Schliesserzug).
- Ist dies auch nach Abschmieren nicht der Fall, Gaszüge auf Beschädigung (Knicke o.ä.) untersuchen und gegebenenfalls auswechseln.
- Dazu Luftfiltergehäuse (Kapitel 3.4) und Vergaser (Kapitel 3.7) ausbauen.
- Gegenmuttern der Spieleinsteller an Vergaser und Drehgriff lockern (Bilder 44 und 45) und Einsteller auf grösstmögliches Spiel eindrehen.
- Am Gasdrehgriff-Gehäuse zwei Kreuzschlitzschrauben ① Bild 44 ausdrehen, Ge-

häusehälften trennen und vom Lenker abnehmen. Nippel aus Aufnahmen führen.

- Neue Seilzüge in möglichst grossen Radien verlegen (Knicke vermeiden; siehe ab Seite 111 Kapitel 19 Kabel und Seilzüge).
- Drehgriffgehäuse leicht gefettet wieder schliessen.
- Betätigungsspiel muss am Gasgriffumfang gemessen 3 – 5 mm betragen.
- Seilzugspiel am Einsteller (Bild 44) nach Lösen der Gegenmutter so einstellen, dass sich am Drehgriffumfang ein Leerweg von 3 – 5 mm ergibt. Gegenmutter wieder anziehen.
- Grössere Einstellungen an unteren Einstellern vornehmen (Bild 45).
- Als letzte Kontrolle Lenker bei im Leerlauf tuckerndem Motor von Anschlag zu Anschlag schwenken → Leerlaufdrehzahl darf sich nicht verändern (andernfalls hat Seilzug zuwenig Spiel).

Chokeseilzugspiel

- Bei geschlossenem Chokehebel müssen Chokekolben ganz geschlossen sein (Betätigungsstange soll nicht am Kolben anliegen; Bild 46).
- ⚠ Falls Chokekolben nicht komplett schliessen, sind die folgenden Vergaserwartungsarbeiten nicht befriedigend durchzuführen.
- Gegebenenfalls Spiel am Einsteller (Bild 47) nach Lockern der Gegenmutter vergrössern (Einsteller eindrehen).

Bild 47
Chokeseilzug-Spieleinsteller

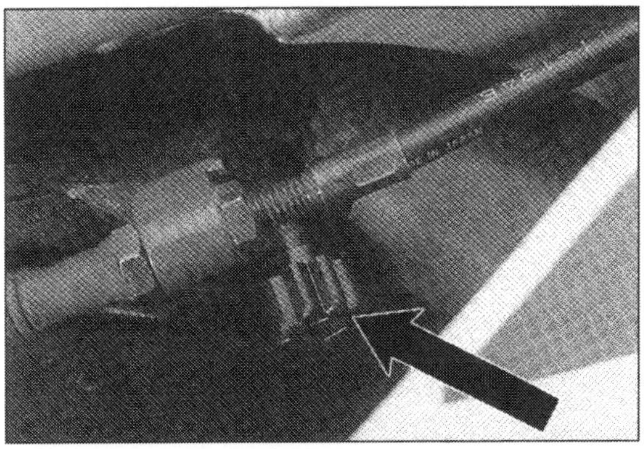

Bild 48
Drosselklappen-Anschlagschraube (Leerlaufdrehzahl-Einsteller)

Bild 49
Unterdruck-Messanschlüsse

3.9.2 Leerlaufdrehzahl

- ⚠ Einstellung bei betriebswarmem Motor vornehmen. In geschlossenen Räumen für ausreichende Belüftung sorgen! Abgase enthalten giftiges geruchloses Kohlenmonoxid, das Bewusstlosigkeit verursachen und zum Tod führen kann.
- Leerlaufdrehzahl durch Ein- oder Ausdrehen der Drosselklappen-Anschlagschraube (Bild 48) auf 1050 ± 50/min einstellen.
- Nach grösserer Korrektur Seilzugspiel nochmal kontrollieren und gegebenenfalls nachstellen.

3.9.3 Drosselklappen-Abgleich

Für optimale Leistungsfähigkeit der Maschine ist es unerlässlich, dass die Zylinder bzw. Drosselklappen absolut synchron arbeiten. Schon geringste Unterschiede bewirken, dass besser gefütterte Zylinder die benachteiligten «mitschleppen» müssen.

- ⚠ Einstellung erfolgt bei betriebswarmem Motor und korrekt eingestelltem Ventilspiel.
- Tank und Sitzbank abnehmen. Im «Normalfall» reicht der in den Schwimmerkammern verbleibende Sprit aus, um Abgleich durchzuführen – sonst mit entsprechend längeren Benzinschläuchen Versorgung sicherstellen...
- Zum Abgleich Unterdruck-Messuhren mit entsprechenden Adaptern an Messanschlüssen (Bild 49) anschliessen.

Bild 50
Vergaser 1 – 4
von links nach rechts
(entsprechend Zylinder-Numerierung) und
Abgleichschrauben
ab A, B und C

Bild 51
Kühlmittelfilter der
Vergaserbatterie

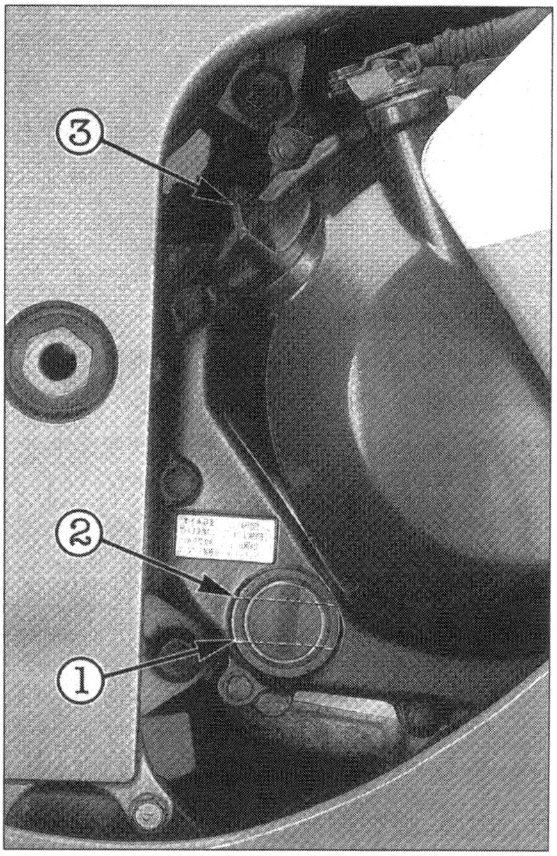

Bild 52
Motoröl-Service
1 Minimum-Pegel
2 Maximum-Pegel
3 Einfüllstutzen

- Den betriebswarmen Motor starten und mit Standgas laufen lassen.
- Gleichlauf an den Unterdruck-Messuhren kontrollieren.
- Durch Drehen der Abgleichschraube A (Bild 50) nach rechts oder links (ausprobieren) zuerst Gleichlauf zwischen Vergaser ① und ② einstellen. Dann Vergaser ③ mit Vergaser ④ abgleichen (Abgleichschraube C).
- Abschliessend Vergaser ② mit Vergaser ③ abgleichen (Abgleichschraube B).
- Zwischendurch immer mal am Gasgriff zupfen und zuschnappen lassen. Dabei Unterdruckwerte im Auge behalten.
- Leerlaufdrehzahl nochmal kontrollieren.
- Schläuche an Messanschlüssen wieder anbringen (Bild 49).
- Tank und Verkleidung montieren.

3.9.4 Vergaserheizung

- Einmal jährlich am Ende der Fahrsaison den Kühlmittelfilter der Vergaserbatterie (Bild 51) reinigen.
- Tank abnehmen und Kühlmittel ablassen.
- Filter aus Schläuchen abnehmen und mit Druckluft ausblasen.

3.10 Motoröl, Ölfilter & Öldruck

Das Öl ist sozusagen der Lebenssaft für jedes Triebwerk. Klar, dass da der Pegelstand regelmässig (täglich!) kontrolliert wird.

- Betriebswarmen Motor abstellen und einige Minuten warten, damit sich das Motoröl im Sumpf sammeln kann.
- Ölstand auf ebenem Untergrund am Kontrollfenster (Bild 52) bei senkrecht stehender Maschine beobachten.
- Ölstand muss zwischen MIN- und MAX- (① und ② Bild 52) Markierung am Kontrollfenster liegen. Gegebenenfalls Öl bis zur MAX-Markierung am Kontrollfenster auffüllen (Einfüllstutzen ③ Bild 52).
- Ein Ölverbrauch von 0,10 l/1000 km wird bei dieser Kolbengrösse als normal angesehen.

Motoröl wechseln

- ⚠ Ölfilter vor Ausdrehen der Ablassschraube ausdrehen, um möglichst gründlichen Wechsel zu ermöglichen.
- Alle 10 000 km bedarf das Öl einer Erneuerung, mindestens aber einmal im Jahr. Bei ausschliesslichem Kurzstreckenbetrieb oder bei Temperaturen unter 0°C alle 3000 km oder 6 Monate.
- ⚠ Motoröl bei betriebswarmer Maschine ablassen, damit sich die Metallabriebsteilchen noch in der Schwebe befinden und sich noch nicht abgesetzt haben.
- Motorrad auf Ständer stellen, geeignetes Auffanggefäss (vier Liter Fassungsvermögen)

unterschieben und Ölablassschraube (Bild 53) ausdrehen.

● ⚠ Finger nicht am heissen Öl verbrühen! Öl läuft erst im Schuss, dann nur noch tröpfchenweise. Geduldig warten, bis der letzte Tropfen den Weg ins Auffanggefäss gefunden hat.

● TIP Ablassschraube ist mit einem Alu- oder Kupferdichtring versehen, der bei mindestens jedem zweiten Ölwechsel erneuert wird.

● Ablassschraube eindrehen (20 Nm).

● 3,6 Liter Motoröl (ohne Filterwechsel 3,4 l, nach Motorüberholung 4,0 l) SAE 20W 40/20W 50/10W 40/10W 50 (wahlweise) der API-Qualitätsklasse SE, SF oder SG am Einfüllstutzen einfüllen.

● Motor mehrere Minuten im Leerlauf laufen lassen (Ölfilter muss sich erst füllen) und wie oben beschrieben kontrollieren.

● ⚠ Motoröl nie über MAX auffüllen!

● ⚠ Altöl nicht weggiessen (!), sondern an einer Sammelstelle (in jeder grösseren Stadt zu finden) oder Tankstelle abliefern! Jeder Ölverkäufer ist zur Zurücknahme von Altöl verpflichtet!

Ölfilter wechseln

Das Ölfilter (Bild 54) hat die Aufgabe, kleinste Partikelchen aus dem Motoröl herauszufiltern. Sobald der Motor läuft, befindet sich das Öl in dauerndem Kreislauf vom Ölsumpf zum Motor und seinen Schmierstellen und tropft dort ab in den Ölsumpf, um wieder durch das Filter zu den Schmierstellen gedrückt zu werden.

● ⚠ Das Ölfilter deshalb bei jedem Ölwechsel erneuern (alle 10 000 km).

● Auffangwanne unter Ölfilter stellen.

● Ölfilter mit passend grosser Zange oder mit Ölfilterschlüssel (Bild 55) ausdrehen.

● Neues Ölfilter mit leicht geöltem O-Ring von Hand eindrehen, bis Filterdichtung Passfläche berührt, dann mit Ölfilterschlüssel anziehen (9,8 Nm/handfest, d.h. nach Aufsitzen ³/₄ Umdrehung weiterdrehen).

Motoröldruck prüfen

● Verschlussschraube des Hauptölkanals (Bild 56) ausdrehen und Öldruckmessuhr – gegebenenfalls mit passendem Adapter M 18 x 1,5 – an Hauptölkanal öldicht anschliessen.

● Betriebswarmen Motor starten und Drehzahl auf 4000/min erhöhen.

● Motoröldruck muss bei 90°C Öltemperatur (Betriebstemperatur) und 4000/min 1,2 – 1,8 kg/cm² betragen.

● ⚠ Andernfalls Motor abstellen und Ursache ausfindig machen! (Auf Leckage, Überdruckventil und Ölpumpe prüfen.)

● Verschlussschraube wieder eindrehen (15 Nm; Silikondichtmittel auf sauberes Gewinde auftragen).

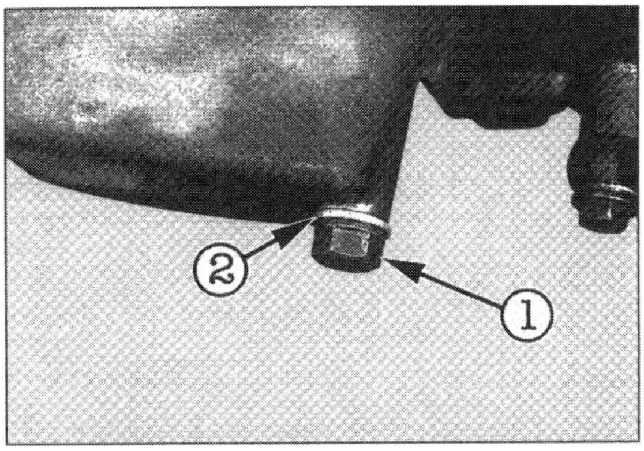

Bild 53
Motoröl ablassen
1 Ablassschraube
2 Aludichtring

Bild 54
Das Motorölfilter

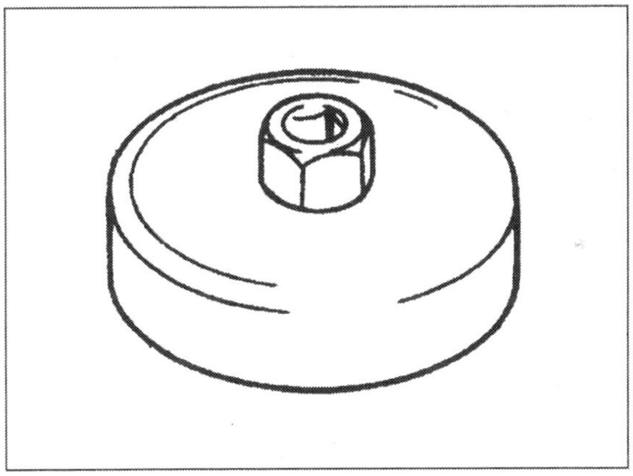

Bild 55
Ölfilterschlüssel
KAWASAKI-Nr. 57001-1249

3.11 Bremse

3.11.1 Bremsflüssigkeit

Mag man einem Motorrad kurzzeitig einen defekten Auspuff oder auch mal ein durchgebranntes Blinkerbirnchen zubilligen – beim Thema Bremsen gibt es keine Kompromisse. Hier muss bei jedem Fahrmeter die hundertprozentige Leistungsfähigkeit sichergestellt sein.
Auf die Wirkung der Bremsanlage der Ninja kann sich der Motorradfahrer verlassen. Damit das immer so ist, sollten Wartungsarbeiten an der Bremshydraulik nur bei fundierten Vorkenntnissen vorgenommen werden. Beim geringsten Zweifel am eigenen Können ist die Fachwerkstatt die bessere Wahl.

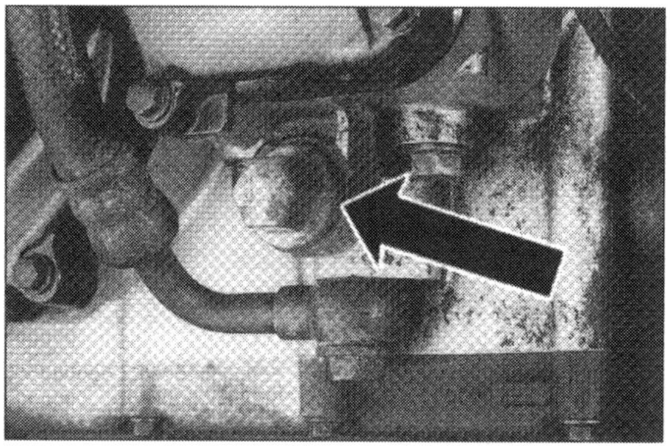

Bild 56
Verschlussschraube des Hauptölkanals

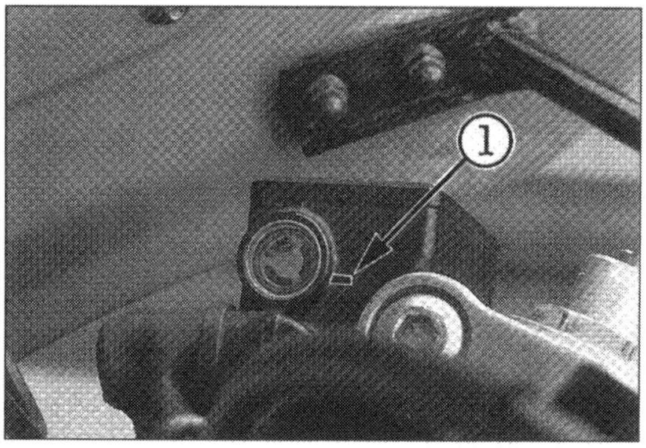

Bild 57
Bremsflüssigkeitsbehälter vorn
1 Minimum-Marke

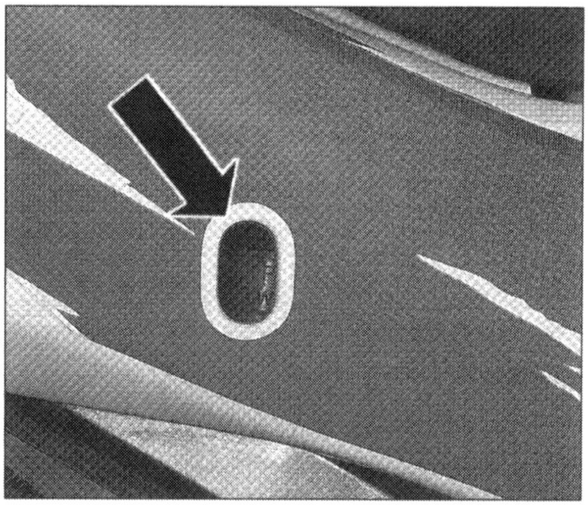

Bild 58
Pegelstand hinten durch Verkleidungsöffnung kontrollieren

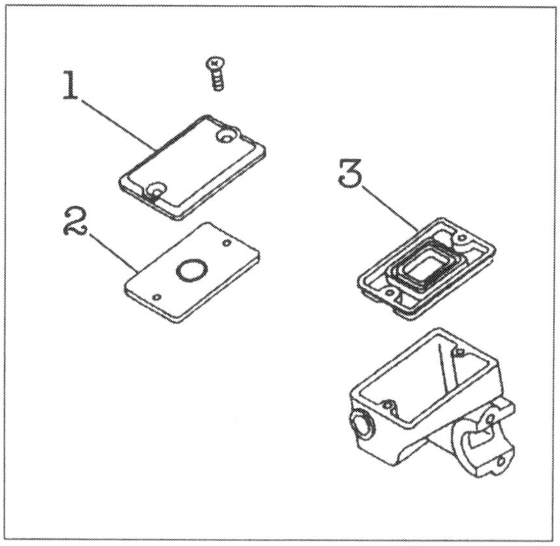

Bild 59
Deckel vorn
1 Deckel
2 Zwischenstück
3 Membran

- Am Kontrollfenster der Bremsflüssigkeitsbehälter (Bilder 57 und 58) Pegelstand kontrollieren. Behälter muss dabei waagerecht stehen.
- ⚠ Falls sich Pegel «LOWER»-Marke nähert, zuerst Belagstärke der Bremsklötze kontrollieren! Bremsbelagverschleiss wird mit nachfliessender Bremsflüssigkeit ausgeglichen!
- Bremsleitung auf Beschädigung und richtige Lage prüfen.
- Alle Schraubverbindungen der Bremsleitungen abwischen.
- Bremse mit Kraft betätigen und unter Druck halten. Anschliessend Bremsleitungen auf undichte feuchte Stellen absuchen.

Hydraulikflüssigkeit ergänzen

- ⚠ Da sich Hydraulikflüssigkeit hygroskopisch verhält, das heisst Wasser anzieht (→ Siedepunkt sinkt, Dampfblasenbildung), muss Behälter immer gut verschlossen sein.
- ⚠ Keinesfalls dürfen Verunreinigungen, Schmutz oder Wasser in Behälter gelangen.
- ⚠ Beim Öffnen des Deckels muss Behälter waagerecht stehen, damit keine Bremsflüssigkeit überschwappt, die sich aggressiv verhält und Lack angreift. (Sauberen Putzlappen bereithalten, um vertrielte Spritzer sofort abzuwischen!)
- Deckelschrauben des Vorratsbehälters bzw. Deckel ausdrehen und Deckel mit Membran abnehmen (Bilder 59 und 60).
- ⚠ Nur Bremsflüssigkeit der Qualität DOT 4 verwenden!
- Pegelstand hinten bis zur UPPER-Marke auffüllen, vorn bis zur inneren Gussrippe des Flüssigkeitsbehälters.

- ⚠ Alle zwei Jahre *Bremsflüssigkeit erneuern und System entlüften.*
- Deckel des Bremsflüssigkeitsbehälters samt Membran abnehmen.
- TIP Beim Wechsel der Flüssigkeit, die alte Bremsflüssigkeit aus Behälter absaugen (zum Beispiel mit Einwegspritze aus Apotheke), damit nicht komplette alte Flüssigkeit durch System gepumpt werden muss. Frische Bremsflüssigkeit auffüllen.
- Passenden, durchsichtigen Schlauch, der in Auffanggefäss endet, über Entlüftungsventil am Bremszylinder stülpen (Bild 61).
- Hebel bzw. Pedal anziehen/niederdrücken, bis Widerstand spürbar.
- Entlüftungsventil mit $^1/_3$ – $^1/_4$ Umdrehung öffnen und sofort wieder schliessen. Hebel wieder freigeben (Bild 62).
- Pumpbewegungen am Hebel/Pedal fördern Flüssigkeit zum Auffanggefäss.
- TIP Schön langsam pumpen und Hebel

zwischendurch immer einige Sekunden in Ruhestellung belassen, um zu gewährleisten, dass sich System luftfrei füllt.
- Währenddessen in Behälter am Lenker zügig Bremsflüssigkeit nachgiessen, damit keine Luftbläschen ins System gelangen können.
- ⚠ Sinkt Pegel unter LOWER kann Luft ins System gepumpt werden.
- So wird mit neuer Bremsflüssigkeit die alte weggespült.
- Tritt am Entlüftungsschlauch keine luftbläschengefüllte oder alte trübe Bremsflüssigkeit mehr aus, sondern klare, neue Bremsflüssigkeit, Bremshebel noch einmal langsam anziehen und gleichzeitig Entlüftungsventil schliessen.
- ⚠ Durch Pumpen am Bremshebel Druck im System aufbauen. Erst wenn Druckpunkt deutlich fühlbar ist, ist Bremse betriebsbereit!

3.11.2 Bremsbeläge

Auch die beste Bremse funktioniert nur mit ordentlichen Belägen. Deshalb ist die regelmässige Kontrolle der Belagstärken so wichtig.
- Belagstärke sichtprüfen.
- Bremse betätigen, damit die Beläge an der Scheibe anliegen.

Vorn
- Befestigungsschrauben der Belagfeder ① (Bild 63) ausdrehen und Feder abnehmen.
- Anhand der Verschleissanzeigenuten ① (Bild 64) Belagstärke sichtprüfen. (Bremssattel ist in Bild 64 nur zu Fotozwecken ausgebaut. Zur Sichtprüfung der Belagstärke oder Wechsel der Beläge muss der Sattel nicht ausgebaut werden.)
- ⚠ Mindestbelagstärke: Verschleissanzeigenut ① Bild 64 muss noch sichtbar sein (Belagstärke etwa 1 mm).
- ⚠ Beläge lieber zu früh als zu spät wechseln!

Hinten
- Von hinten in Bremssattel (Bild 65) peilen und wie vorn anhand der Verschleissanzeigenut Belagstärke sichtprüfen.
- ⚠ Mindestbelagstärke: Verschleissanzeigenut muss noch sichtbar sein (Belagstärke etwa 1 mm). Beläge lieber zu früh als zu spät wechseln!

Bremsbeläge wechseln
- ⚠ Bremsbläge immer nur im Satz wechseln.

Vorn
- Sicherungssplint ② (Bild 64) mit Spitzzängchen oder Drahthaken herausziehen.
- Belagstift ③ mit geeigneter Zange nach aussen herausziehen.
- Beläge mit Drahthaken o.ä. nach oben aus Bremssattelschacht entnehmen (Bild 55).
- Kolben von Hand in Sattel eindrücken (um Platz zu machen für neue dicke Beläge).
- TIP Falls sich Kolben nur schwer eindrücken lassen, Schlauch am Entlüftungsventil anbringen und in Auffanggefäss enden lassen. Entlüftungsventil öffnen (wie zum Entlüften). Kolben lassen sich dann (hoffentlich!) leichter eindrücken.
- Neue Beläge in Sattelschacht einsetzen. Belagstift einschieben.

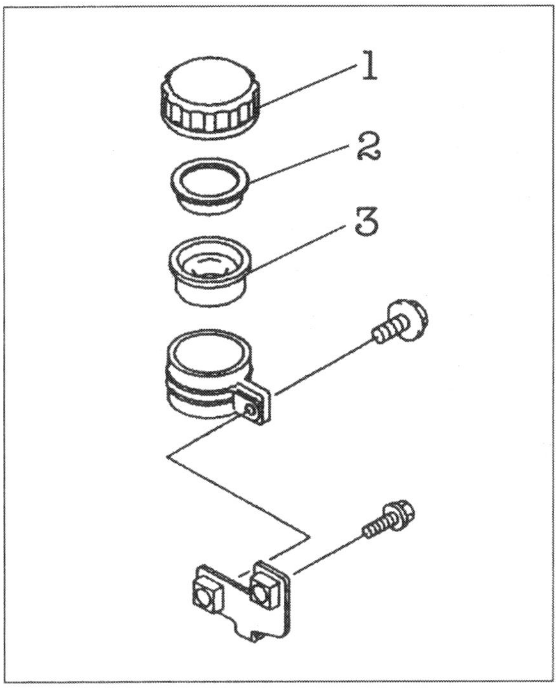

Bild 60
Deckel hinten
1 Deckel
2 Zwischenstück
3 Membran

Bild 61
Bremssattel-Entlüftungsventil öffnen/schliessen

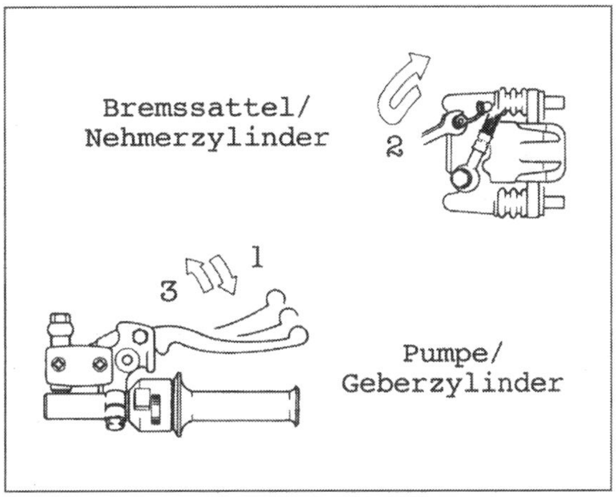

Bild 62
Entlüftungs-Ablaufschema
1 Bremshebel/-pedal anziehen
2 Entlüfterventil öffnen ($\frac{1}{4}$ – $\frac{1}{3}$ Umdrehung)
3 Hebel/Pedal wieder herauslassen

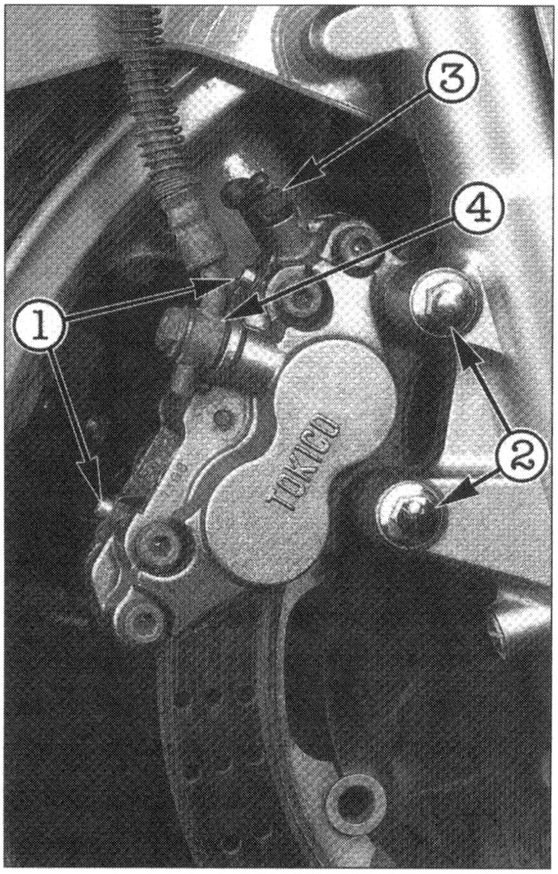

Bild 63
Bremssattel vorn
1 Federschrauben
2 Sattelbefestigungsschrauben
3 Entlüfterventil
4 Hydraulik-Druckanschluss

➤ **Bild 64**
Belagstärkenkontrolle
und -wechsel
1 Verschleissanzeigenuten
2 Sicherungssplint (wiederverwendbar)
3 Belagstift
4 Anschlag Hydraulikanschluss

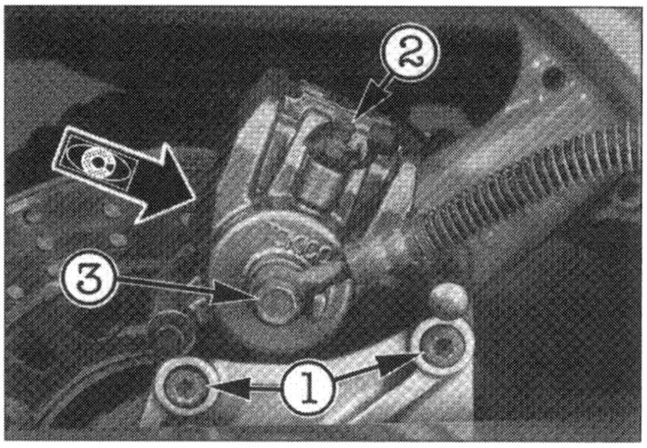

Bild 65
Bremssattel hinten
1 Befestigungsschrauben (25 Nm)
2 Entlüfterventil (7,8 Nm)
3 Hydraulik-Druckanschluss

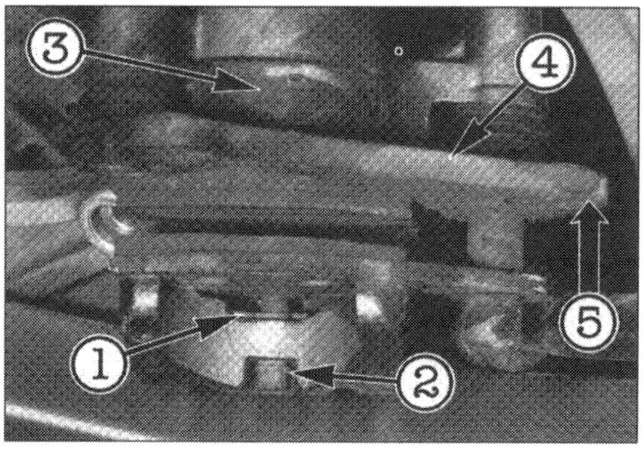

Bild 66
Bremsbelagwechsel
1 Sicherungssplint (wiederverwendbar)
2 Belagstift
3 Bremssattel
4 Sattelbügel
5 Druckrichtung

- Belagstift mit Sicherungssplint sichern.
- ⚠ Durch Pumpen am Bremshebel Druck im System aufbauen. Erst wenn Druckpunkt deutlich fühlbar ist, ist Bremse betriebsbereit!

Hinten

- Die Befestigungsschrauben ① (Bild 65) des Bremssattels ausdrehen und Bremssattel von Halter und Bremsscheibe abnehmen.
- Belagstift-Sicherungssplint ① (Bild 66) mit Spitzzängchen oder Drahthaken herausziehen.
- Belagstift ② mit geeigneter Zange nach aussen herausziehen.
- Inneren Belag nach vorn (oder oben) ausklappen und von Schiene des Haltebügels (Bild 66) abnehmen.
- Haltebügel ④ in Druckrichtung ⑤ in Bremssattel eindrücken und äusseren Belag auf Kolbenseite aus Führung herausnehmen.
- Neue Beläge in umgekehrter Reihenfolge einsetzen.
- Auf richtige Einbaulage der Belagfeder (Bild 67) achten.

(Die Belagfeder hat die Aufgabe, eventuelle «Geräusche» zu dämpfen. Früher wurden zu diesem Zweck die Rückseiten der Bremsbeläge mit Kupferpaste balsamiert).

- Belagstift einschieben und mit Sicherungsfeder sichern (Bild 66).
- Bremssattel auf Scheibe aufsetzen und Befestigungsschrauben ① (Bild 65) eindrehen (25 Nm).
- ⚠ Durch Pumpen am Bremspedal Druck im System aufbauen. Erst wenn Druckpunkt deutlich fühlbar ist, ist Bremse betriebsbereit!

3.11.3 Bremslicht-Einstellung

- Fahrzeug so aufbocken, dass Hinterrad freikommt und Rad auf freie Drehbarkeit prüfen (Rad muss von Hand ohne Bremsschleifen drehbar sein).
- Bremslicht (Bild 68) so einstellen, dass Licht aufleuchtet, bevor Bremswirkung einsetzt.
- Zur Einstellung Schaltergehäuse ① festhalten und Einstellmutter ② für früheres oder späteres Ansprechen ein- oder ausdrehen (Schaltergehäuse dazu etwas anheben).
- Ansprechverhalten des Bremslichtschalters am Handbremshebel kann nicht eingestellt werden.
- Bremslichtschalter am Handbremshebel auf Funktion prüfen.

3.11.4 Pedallage

- Tritthöhe soll etwa 43 mm unter Fussrastenhöhe liegt (Bild 69).
- TIP Normalerweise unterliegt die Pedalstellung keinem Verschleiss. Sie muss lediglich nach Zerlegen der Fusspumpe neu eingestellt werden.
- Falls jedoch Mass ① Bild 69 nicht eingehalten wird, Mass ② kontrollieren.
- Falls Mass ② im Toleranzbereich liegt, ist Pedal eventuell verbogen.
- Falls Mass ② nicht stimmt, zur Einstellung Rastenaufnahme vom Rahmen abnehmen, falls Auspuffanlage störend im Weg ist (Befestigungsschrauben ③ Bild 69 ausdrehen und Bremsschlauch aus Führung ④ herausnehmen).
- Gegenmutter ① Bild 70 lockern und Pedallage am Sechskant ② einstellen. Gegenmutter wieder anziehen (18 Nm).
- Entsprechend dem Bremspedal kann auch das **Schaltpedal** den Fahrervorlieben angepasst werden.
- Gegenmuttern ① Bild 71 (vordere Mutter mit Linksgewinde; hintere mit Rechtsgewinde) lockern und Einstellspindel am Rändel ② von Hand ein- oder ausdrehen, bis gewünschte Pedallage erreicht ist.
- Gegenmuttern ① wieder anziehen.

Standard-Einstellung: 15 mm – ③ Bild 71.

3.11.5 Handhebellage

- Optimale Hebellage am Einsteller an der Handpumpe einstellen:
- Hebel etwas nach vorn drücken und Entfernung vom Handgriff durch Drehen des Einstellers ④ Bild 72 (dort Kupplungshebel!) einstellen.
- ⚠ Dabei beachten, dass die Einstell-Kennzahl (1 – 4) direkt auf Marke ③ ausgerichtet sein muss (keine Zwischenstellungen benutzen!).

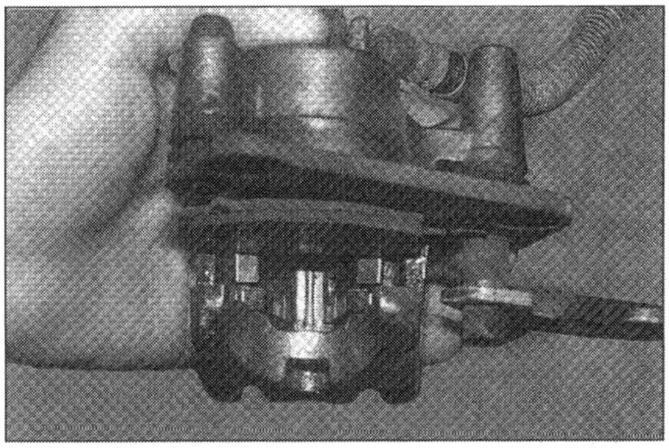

Bild 67
Einbaulage der Belagfeder hinten

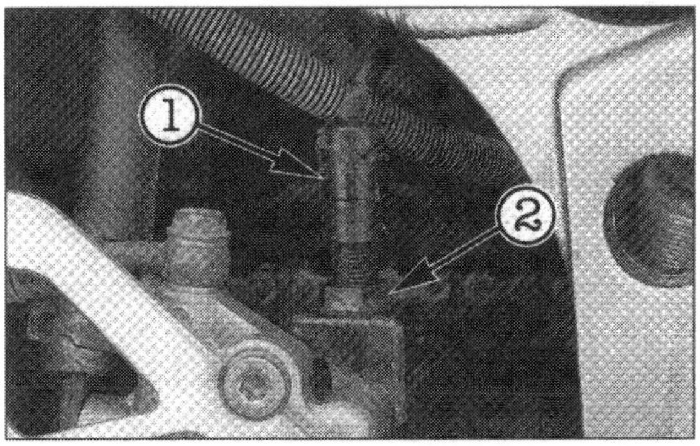

Bild 68
Bremslichtschalter
1 Schaltergehäuse
2 Einstellmutter

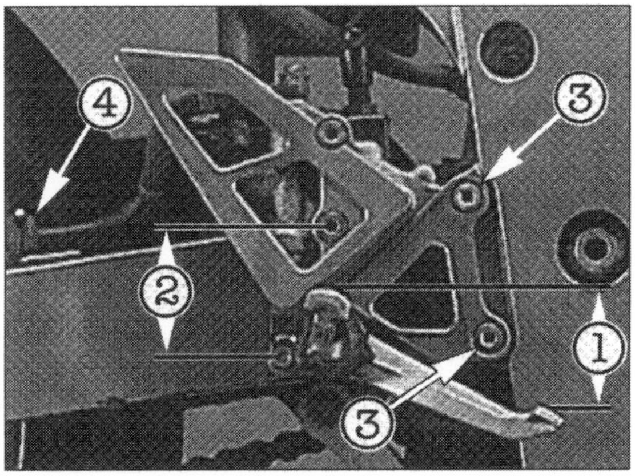

Bild 69
Pedalhöhe kontrollieren
1 43 mm
2 67 ± 1 mm
3 Befestigungsschrauben
4 Schlauchführungsschelle

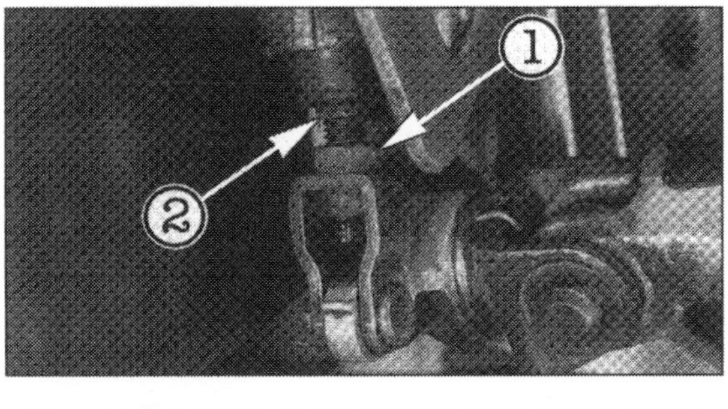

Bild 70
Pedalhöhe einstellen
1 Gegenmutter
2 Sechskant der Einstellspindel

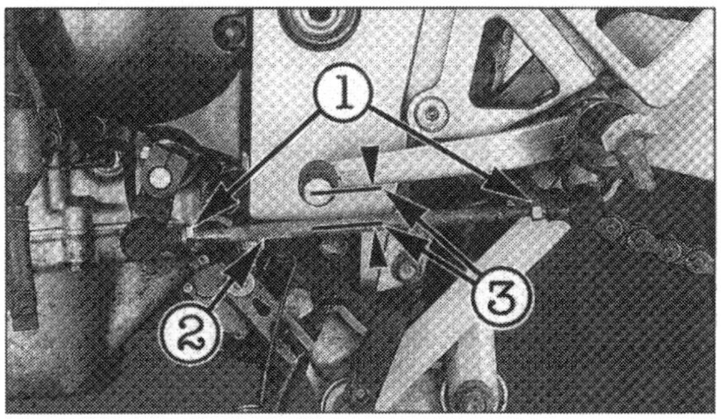

Bild 71
Schaltpedallage einstellen
1 Gegenmuttern (Rechts-/Linksgewinde)
2 Rändel
3 Standardmass 15 mm

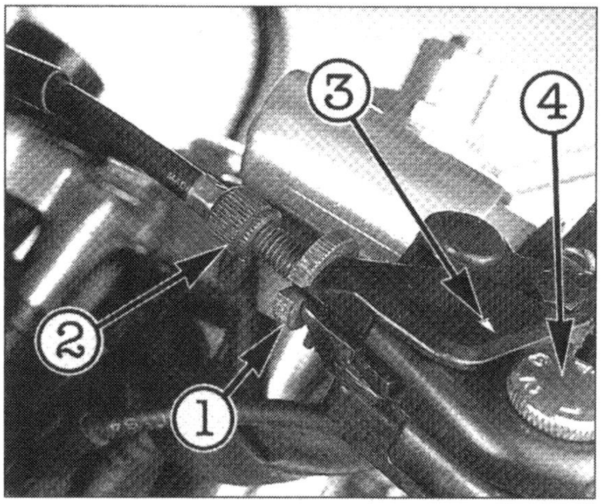

Bild 72
Kupplung:
Seilzugspiel und
Hebellage einstellen
1 Gegenmutter
2 Einsteller
3 Marke
4 Hebellage-Einsteller

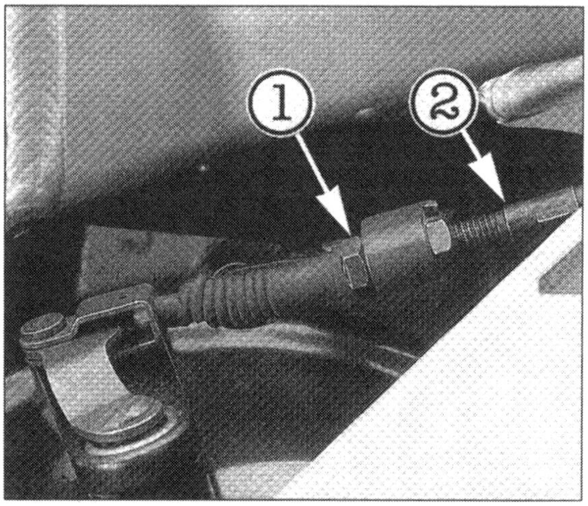

Bild 73
Kupplung:
Seilzugspiel unten
einstellen
1 Gegenmutter
2 Einsteller

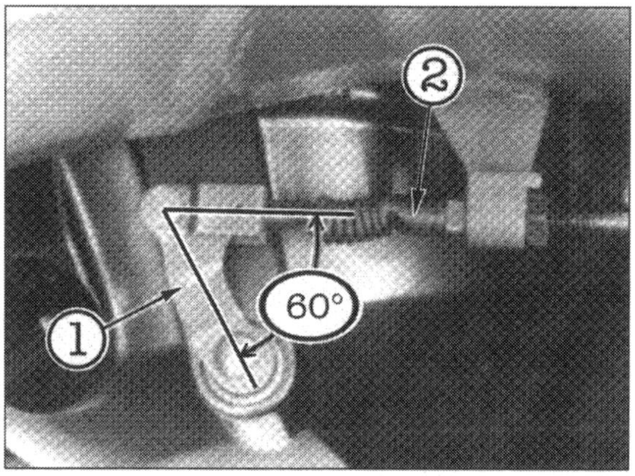

Bild 74
Hebelwinkel
kontrollieren
1 Hebel
2 Seilzug

Bild 75
Verschleiss an Eingreifnut
der Betätigungsstange

3.12 Kupplung

Seilzugspiel

Um zu verhindern, dass die Kupplung bei Belastung ungewollt durchrutscht, wird vorzugsweise am Handhebel ein Sicherheitsspiel (Leerweg) eingestellt.

- Es soll an der Spitze des Kupplungshebels gemessen etwa 10 mm betragen.
- Kleinere Korrekturen mit Einstellschraube ② am Kupplungsseilzug nach Lösen der Gegenmutter ① vornehmen (Bild 72).
- Entsprechend grössere Einstellungen am unteren Einsteller (Bild 73) vornehmen.
- Winkel zwischen Betätigungshebel und Seilzug soll in Ruhestellung etwa 60° betragen. Bei grösserem Winkel ist wahrscheinlich Druckpilz-Aufnahme in Betätigungsstange ausgeschlagen (Bild 75). Dadurch ergibt sich ein Betätigungswinkel, der sich nachteilig auf Dosierbarkeit und Hebelkräfte auswirkt. (Mit dem man freilich bis zu einem gewissen Grad leben kann).
- Druckstange kann leicht gewechselt werden:
- Seilzugnippel aushängen (s. Seilzugwechsel).
- Hebel gegen Uhrzeigersinn drehen und die Hebelstange nach oben herausziehen.
- Neue Hebelstange leicht gefettet mit nach «hinten» gerichtetem Hebel (entsprechend der Ausbaustellung) einschieben.

Seilzugwechsel

- Beide Einsteller auf grösstmögliches Spiel eindrehen.
- *Unten:* Hebel nach hinten drehen und Nippel aus Aufnahme herausführen.
- Einsteller nach vorn schieben und Seilzug aus Widerlager-Aufnahme freilegen.
- *Oben:* Spalt des Einstellers und der Gegenmutter nach vorn richten (sodass sie mit Hebelspalt fluchten).
- Aussenhülle des Zugs aus Aufnahme ziehen und Innenzug aus Widerlagerspalt freilegen.
- Nippel aus Hebelaufnahme freilegen.
- Neuen Zug mit gefetteten Nippeln in umgekehrter Ausbau-Reihenfolge montieren.
- ⚠ Seilzug in möglichst grossen Radien verlegen und Knicke vermeiden. (Siehe auch Kapitel 19 Kabel und Seilzüge ab Seite 111.)

Handhebellage

- Optimale Hebellage am Einsteller am Handhebel einstellen:
- Hebel leicht etwas nach vorn drücken und Entfernung vom Handgriff durch Drehen des Einstellers ④ Bild 72 einstellen.
- ⚠ Dabei beachten, dass die Einstell-Kennzahl (1 – 4) direkt auf Marke ③ ausgerichtet sein muss (keine Zwischenstellungen benutzen!).

3.13 Antriebskette

- ⚠ Antriebskette niemals bei laufendem Motor prüfen oder einstellen.

Pflege

Die Antriebskette ist eigentlich das Teil am Motorrad, dem man seinen Pflegezustand auf den ersten Blick ansieht. Doch wird die als lästig empfundene Kettenpflege häufig sträflich vernachlässigt, obwohl sie doch wesentlichen Einfluss auf die Fahrleistungen des Motorrades hat.

- Kette regelmässig mit Sprayöl und Pinsel reinigen und anschliessend mit handelsüblichem Kettenspray Innenseiten der Verbindungslaschen einnebeln.
- ⚠ Darauf achten, dass Reinigungsmittel oder Kettenspray nicht auf Reifen gelangt (Putzlappen bereithalten).

Einstellung des Kettendurchhangs

- Da sich Kette oft ungleichmässig längt, bei frei von Hand drehendem Hinterrad die Stelle mit geringstem Durchhang suchen und nach unten mittig zwischen die Kettenräder drehen.
- Motorrad unbelastet (ohne Fahrer) auf Seitenständer stellen.
- Kette muss sich unten (technisch korrekt: am unteren Kettentrum) mittig zwischen den Kettenrädern von Hand 35 – 40 mm auf- und abbewegen lassen (Bild 76).

(KAWASAKI gibt zusätzlich den Wert 35 – 45 mm als «nutzbaren Bereich» an).

- Zum Korrigieren des Durchhangs (nicht *Kettenspannung*!) Gegenmutter ① (Bild 77) lockern.
- Splint der Achsmutter herausziehen und Mutter ③ (Bild 77) lockern.
- Am Vierkant der Einstellspindel ② jeweils um gleiche Anzahl von Umdrehungen weiterdrehen, bis Kette korrekten Durchhang erreicht.
- ⚠ Kettendurchhang darf keinesfalls weniger als 35 mm betragen: Gefahr durch stossartige Drücke für Getriebe-Abtriebslager!
- Sicherstellen, dass Einstellkerben ④ der Führungsbleche links und rechts auf gleiche Teilstriche der Skalen ⑤ Bild 77 auf der Schwinge ausgerichtet sind.
- Gegenmuttern der Einstellspindeln gut festziehen.
- Hinterachsmutter anziehen (110 Nm) und mit wiederverwendbarem Federsplint (Bild 77) oder so gut wie neuem Splint sichern.
- ⚠ Splint spielfrei an Mutter anlegen.
- Als letzte Kontrolle Motorrad mit Fahrer besetzen. (Die Kette hat den geringsten Durchhang, wenn Ritzelachse, Schwingachse und Radachse auf einer Linie liegen).
- Auch jetzt darf die Kette keinesfalls voll gespannt sein.
- Zähne der Kettenräder auf Abnutzung untersuchen (Bild 78).
- Falls verschlissen, beide Kettenräder zusammen mit Kette im Satz wechseln (vorderes Kettenrad Kapitel 9.1 Motorausbau, hinteres Kettenrad Kapitel 17 Heckpartie).
- ⚠ Niemals neue Kette mit alten Kettenrädern oder umgekehrt kombinieren, da sie sich gegenseitig extrem schnell verschleissen.

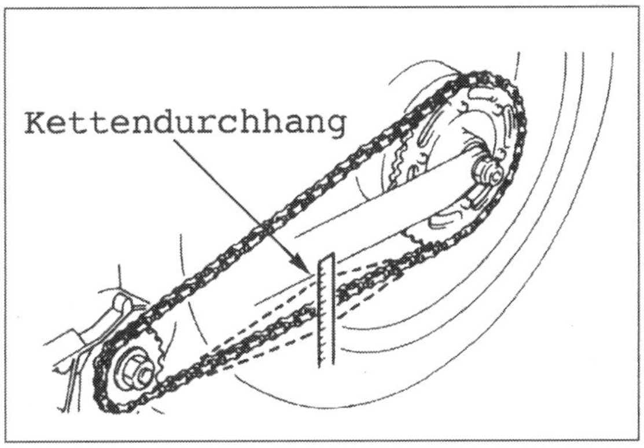

Bild 76
Sollwert 35 – 40 mm

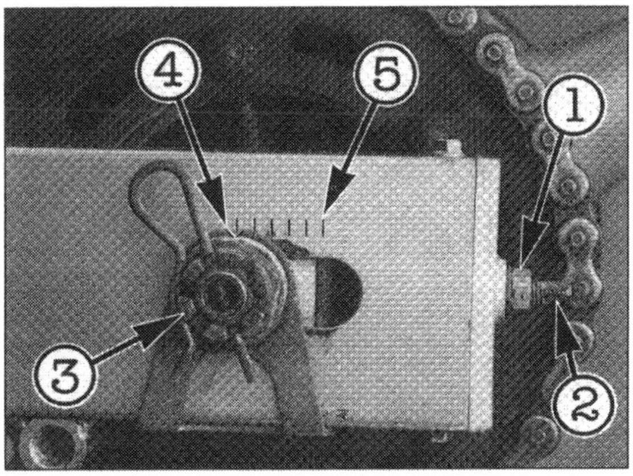

Bild 77
Kettendurchhang einstellen
1 Gegenmutter
2 Vierkant der Einstellspindel
3 Achsmutter mit Splint (110 Nm)
4 Kerbe
5 Skala

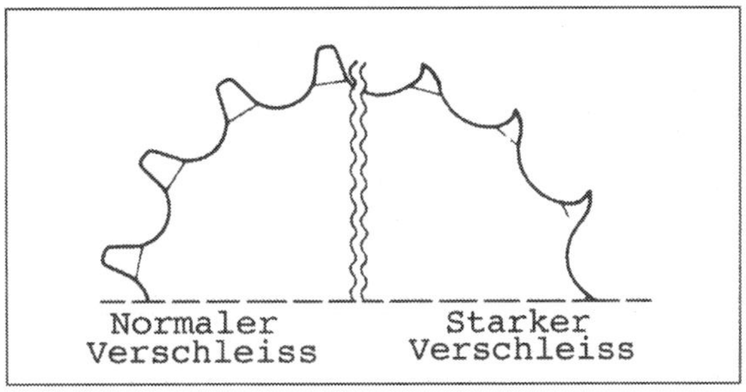

Bild 78
Ritzel- und Kettenblattverschleiss

Bild 79
Kettenverschleiss «erfühlen» (maximal 4 mm Luft)

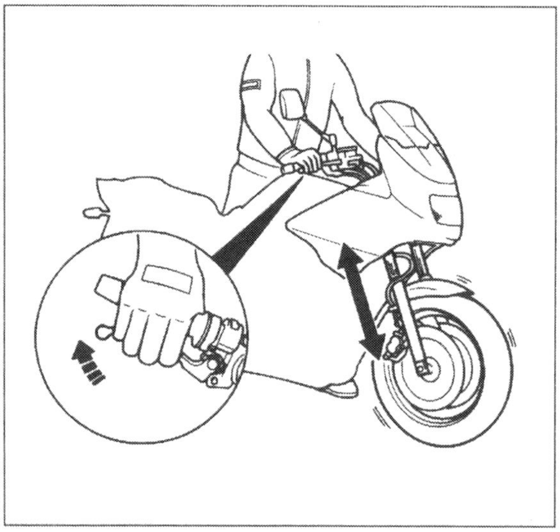

Bild 80
Gabelfunktion bei angezogener Bremse prüfen

Bild 81
Zugstufendämpfungs-Einsteller der Gabel

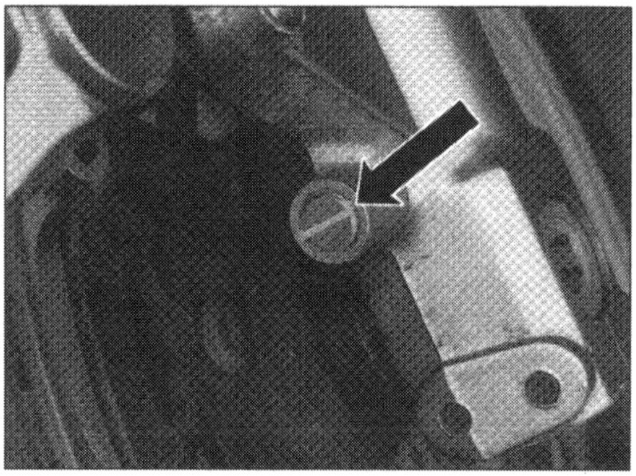

Bild 82
Druckstufendämpfungs-Einsteller der Gabel

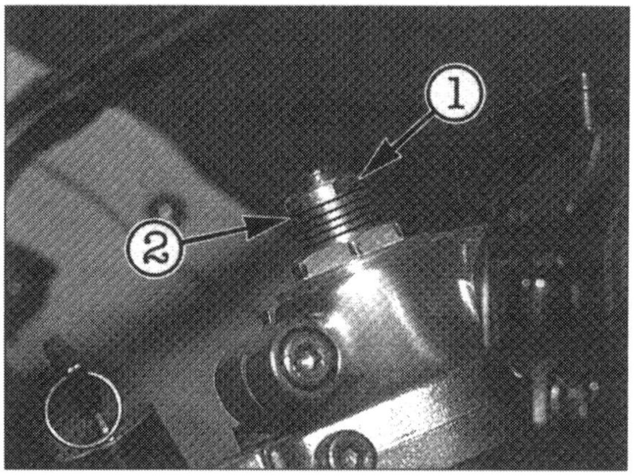

Bild 83
Federvorspannungs-Einsteller der Gabel
1 Zweikant SW 17
2 Einstellstriche

- Zustand der Kette bei *korrekt eingestelltem* Kettendurchhang «erfühlen»: Kette darf sich in der Mitte des Kettenblatts maximal 4 mm weit abziehen lassen (Bild 79).
- Falls Kette nicht mehr gespannt werden kann, ist Kette übermässig gelängt und muss erneuert werden. O-Ring-Ketten besitzen ab Werk vernietetes Kettenschloss, zum Wechseln muss deshalb Kette mit speziellem Kettentrennwerkzeug oder Trennschleifer (Flex) geöffnet werden.

Standardkette	
Fabrikat	DAIDO
Typ	D.I.D.525VB, endlos
Gliederzahl	106
Standard-Endübersetzung	
Motorritzel	15 Zähne
Kettenblatt	40 Zähne

- TIP Als recht praktisch bei der Montage von Antriebsketten haben sich EK-Schraubkettenschlösser für O-Ringketten von Enuma erwiesen.
- Kettengleitschiene auf Schwinge auf Verschleiss oder Beschädigung prüfen (Mindestdicke 3 mm). Kettengleitschiene und/oder Kette auswechseln, bevor Kette auf Schwinge schleift!

3.14 Federung

3.14.1 Vorderradgabel

Die Ölfüllung der Telegabel ist als Dauerfüllung disponiert und wird nur alle 30 000 km bzw. drei Jahre gewechselt (Kapitel 17 Frontpartie).

- Wirkung der Telegabel bei angezogener Bremse durch mehrmaliges Einfedern prüfen, wobei sich zum Beispiel durch ruckartige Federbewegung zeigt, ob Tauchrohre etwa durch verspannten Einbau an freier Beweglichkeit gehindert sind (Bild 80).
- Wellendichtringe und Staubkappen der Telegabel dürfen keine Undichtheiten zeigen. Sonst defekte Teile erneuern, wie ab Seite 100 beschrieben.
- Die ZX-6-Gabel bietet die Vollausstattung an Abstimmungs-Möglichkeiten, um Feder- und Dämpfungsverhalten den individuellen Wünschen oder bestimmten Streckenanforderungen anzupassen. Ein weites und beliebtes Betätigungsfeld also nicht nur für die auch nicht gerade wenigen und ehrenwerten ZX-6-Sportfahrer.

Zugstufendämpfung

Die Zugstufendämpfung dämpft die Geschwindigkeit der Ausfederbewegung der Gabel (wenn die Gabel unter Zug steht; treffender und weniger

umständlich müsste sie also Ausfederdämpfung heissen).
Die Dämpfung wird durch das Gabelöl bewirkt, das bei der Ausfederbewegung durch eine Ölbohrung gepresst wird. Je kleiner die Ölbohrung, desto langsamer federt die Gabel gegen den Federdruck aus.
Der Querschnitt dieser Ölbohrung wird durch eine konische Nadel, die mehr oder weniger tief in die Bohrung hineinragt, reguliert (ähnlich der Düsennadel eines Vergasers).

- Einstellung der Zugstufendämpfung am Einsteller (Bild 81) vornehmen.
- Beim Drehen des Einstellers kann leises Klickgeräusch gehört werden. In diesen «Clicks» wird das Mass der Dämpfungseinstellung angegeben.
- Um auf die gewünschte Anzahl von Clicks zu kommen, Einsteller bis zum *leichten* Aufsitzen ganz eindrehen.
- Einsteller wieder ausdrehen und dabei Clicks mitzählen.

Standard-Einstellung/Zugstufe	
68 kg-Fahrer solo*	7 Clicks
Nutzbarer Bereich	1 – 12/13 Clicks

*ohne Gepäck

- ⚠ Die Einstellung der Dämpfung richtet sich auch immer nach der Federrate bzw. der Federvorspannung.
- TIP Faustregel: Je höher die Federvorspannung, desto höher die Zugstufendämpfung.
- ⚠ Beide Einsteller (links/rechts) auf gleiche Anzahl von Clicks einstellen! Ungleichmässige Einstellung könnte zu Fahrwerksunruhen in dem Moment sorgen, wenn man es am wenigsten brauchen kann!

Druckstufendämpfung
Die Druckstufendämpfung dämpft die Einfedergeschwindigkeit der Gabel.
Und dem Prinzip nach funktioniert sie auch wie die Zugstufendämpfung.
Allerdings sind die Auswirkungen der Druckstufendämpfung auf das gewünschte stabile Fahrverhalten eher geringer als ihr Zugstufen-Pendant und machen sich nur in einem engen Bereich, dem sogenannten «sehr feinfühligen Bereich», wo auch oft Glaube und Hoffnung Hand in Hand spazieren gehen, bemerkbar.

- TIP Sinnvoller ist der Wechsel auf eine Feder mit höherer Federkennrate oder kleinerem anfänglichem Einstiegsbereich. (Herstelleradressen siehe im Kleinanzeigenteil der führenden Motorradpresse-Erzeugnisse).
- Einstellung der Druckstufendämpfung am Einsteller (Bild 82) wie bei der Zugstufendämpfung vornehmen (Clicks mitzählen).

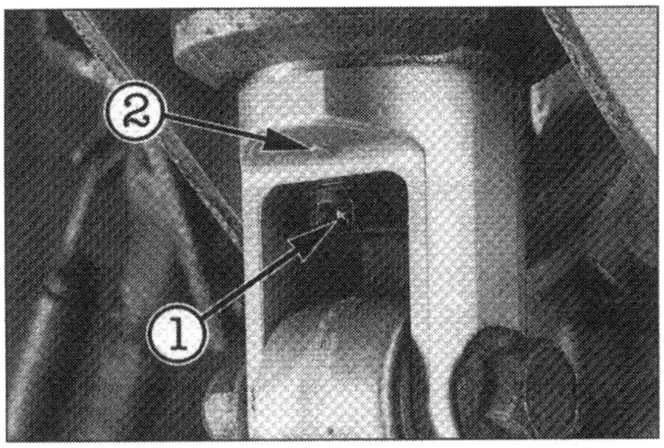

Bild 84
Zugstufendämpfungs-Einsteller des Federbeins
1 Einsteller mit Kennzahl
2 Markierung

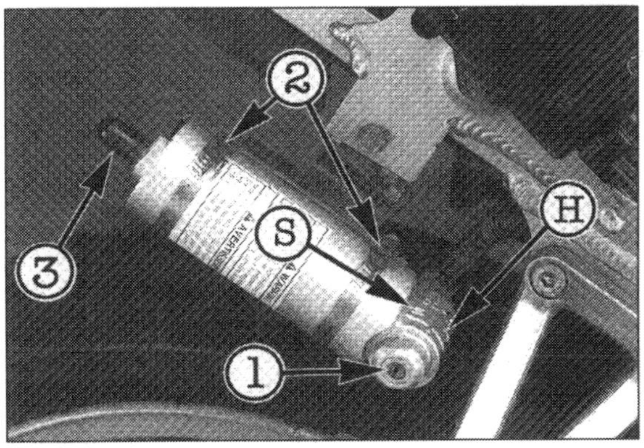

Bild 85
Druckstufendämpfungs-Einsteller des Federbeins
1 Einsteller
2 Befestigungsschellen
3 Ventilkappe
S Richtung SOFT (weich)
H Richtung HARD (hart)

Standard-Einstellung/Druckstufe	
68 kg-Fahrer solo*	7 Clicks
Nutzbarer Bereich	1 – 11/12 Clicks

*ohne Gepäck

- ⚠ Beide Einsteller (links/rechts) auf gleiche Anzahl von Clicks einstellen!
- ⚠ Ungleichmässige Einstellung könnte zu Fahrwerksunruhen sorgen; siehe «Zugstufendämpfung».

Federvorspannung
Prinzipiell wird mit der Erhöhung der Federvorspannung das Ansprechverhalten der Tragfeder um den bei geringster Einwirkung ansprechenden Teil ihrer Wicklungen gebracht (progressive Federwicklung wie bei der ZX-6 vorausgesetzt).
Das Ausschalten des «sensiblen» Federbereichs kann unter verschiedenen Vorgaben wünschenswert sein:
→ Erhöhung der Vorspannung zur Steigerung des «kompakten» Fahrverhaltens der Maschine, wie es zum Beispiel auf abgesperrter und gut geteerter Piste bei voller Ausnutzung der gut gewarteten KAWASAKI-Pferdchen unbedingt erwünscht ist – und auch entsprechend konzentrierten Körpereinsatz unverzichtbar macht.
→ Erhöhung der Vorspannung zur Fahrzeug-Stabilisierung bei erhöhter Zuladung.

- Geringe Vorspannung ergibt «weiches» Ansprechverhalten.
- Erhöhte Vorspannung ergibt «hartes» Ansprechverhalten.

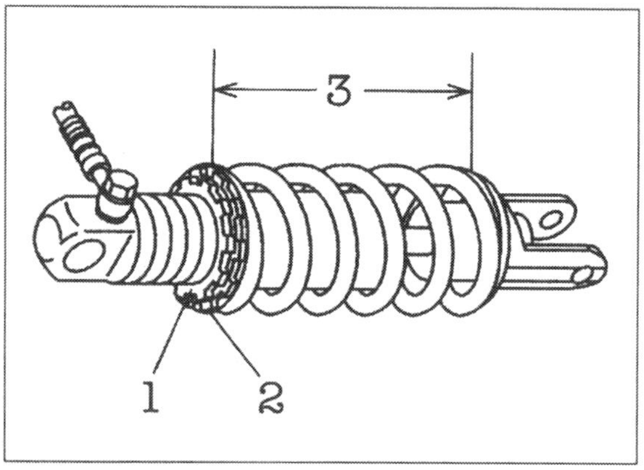

Bild 86
Federvorspannungs-Einsteller des Federbeins
1 Gegenmutter
2 Einstellmutter
3 Federlänge

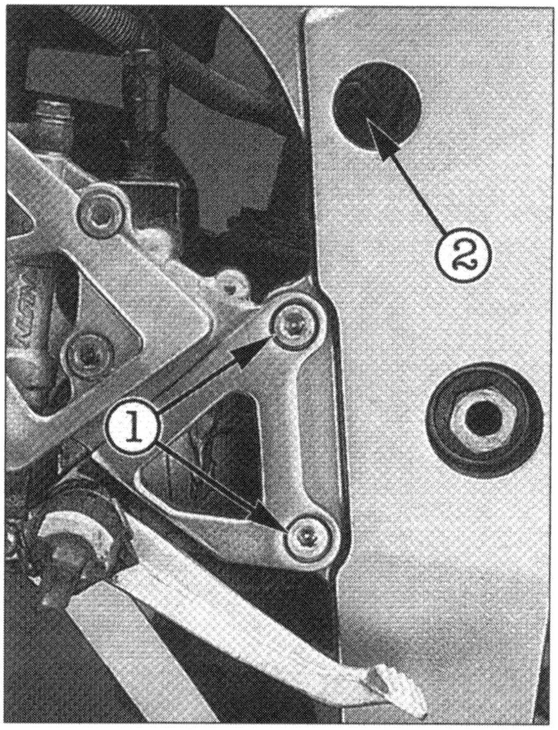

Bild 87
Federbein aus- und einbauen
1 Befestigungsschrauben der Fussrastenhalterung
2 Obere Federbein-Befestigungsschraube (59 Nm)

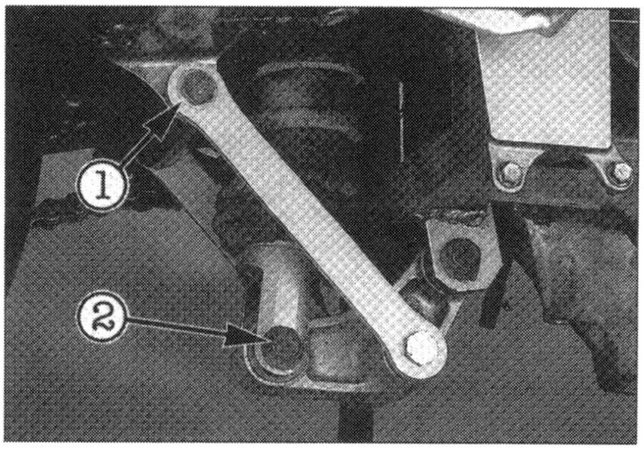

Bild 88
Federbein aus- und einbauen
1 Befestigungsschraube an Schwinge (59 Nm)
2 Untere Federbein-Befestigungsschraube (59 Nm)

- Einstellung der Federvorspannung am Zweikant SW 17 (Bild 83) vornehmen.

Standard-Einstellung/Federvorspannung	
68 kg-Fahrer solo*	6. Strich/15 mm
Nutzbarer Bereich	1. – 8. Strich/5 – 20 mm
*ohne Gepäck	

- ⚠ Damit ZX-6-Ninja nicht zum Gummiball wird, die erhöhte Federvorspannung wieder mit erhöhter Dämpfung im Zaum halten.

3.14.2 Hinterrad-Federung

- Maschine am Heck mehrmals kräftig einfedern und die Federbewegung in Hinsicht auf Dämpferwirkung beobachten (Einfedern geht schneller als Ausfedern).
- Falls Heck unkontrolliert nachfedert, ist Federbeindämpfer verschlissen oder nicht richtig eingestellt.

Genauso wie die Vorderhand bietet auch die hintere die Vollausstattung, was die Einstellbarkeit angeht.

- ⚠ Für die Einstellmöglichkeiten der Hinterhand gelten prinzipiell die selben Funktionsweisen wie für die Teleskopgabel.

Zugstufendämpfung

- Einstellung der Zugstufendämpfung am Einsteller (Bild 84) unten am Federbein vornehmen.
- Ziffer der gewünschten Dämpfungsstufe muss mit Markierung fluchten.

Standard-Einstellung/Zugstufe	
68 kg-Fahrer solo*	2
Nutzbarer Bereich	1 – 4
*ohne Gepäck	

- ⚠ Die Einstellung der Dämpfung richtet sich auch immer nach der Federrate bzw. der Federvorspannung.
- TIP Faustregel: Je höher die Federvorspannung, desto höher die Zugstufendämpfung.

Druckstufendämpfung

- Einstellung der Druckstufendämpfung am Einsteller (Bild 85) am Druckgasbehälter wie bei der Zugstufendämpfung vornehmen (Einsteller ganz eindrehen und beim Herausdrehen Clicks mitzählen).

Standard-Einstellung/Druckstufe	
68 kg-Fahrer solo*	12 Clicks
Nutzbarer Bereich	1 – 16/22 Clicks
*ohne Gepäck	

Federvorspannung

Laut Kawasaki soll Federbein zur Einstellung ausgebaut werden.

Mit etwas Geschick lässt dies sich, wenn auch fummelig, auch im eingebautem Zustand bewerkstelligen. Allerdings sollte das Federbein zur genauen Messung der freien Federlänge ausgebaut werden wie später noch beschrieben.

- Federvorspannung der Fahrzeugbelastung

und der Dämpfungs-Einstellung anpassen (je höher die Zuladung, desto grösser die Federvorspannung).

- Gegenmutter ① Bild 86 losdrehen und Einstellmutter ② ein- oder ausdrehen, bis die gewünschte Länge ③ erreicht ist.
- Gegenmutter wieder festziehen.

Standard-Einstellung/Federvorspannung
68 kg-Fahrer solo*
Freie Federlänge minus 14,5 mm
Nutzbarer Bereich
Freie Federlänge minus 12,5 – 22,5 mm
*ohne Gepäck

- ⚠ Erhöhte Federvorspannung wieder mit erhöhter Dämpfung im Zaum halten.

Federbein ausbauen

- Sitze, untere Verkleidung und Tank ausbauen (Kapitel 3.2).
- Maschine mit hydraulischem Wagenheber o.ä. anheben, sodass Hinterrad freikommt (Heber am Rahmen ansetzen!).
- Gasdruckbehälter nach Lockern der Befestigungsschellen ② (Bild 85) abnehmen.
- Fussrastenhalterung nach Ausdrehen der Befestigungsschrauben ① (Bild 87) abnehmen.
- Obere Federbeinbefestigung ② mit Nuss und passender Verlängerung durch Duchlass im Rahmen ausdrehen.
- Befestigungsmuttern der Schrauben ① und ② (Bild 88) ausdrehen.
- Schrauben ① und ② (Bild 88) herausziehen. Dabei Hinterrad leicht anheben, um Schrauben zu entlasten.
- Federbein und Druckgasbehälter nach unten entnehmen und Federbein in umgekehrter Ausbaureihenfolge montieren.
- Schrauben, insbesondere die der Federhebelei, dick mit frischem Fett balsamieren.
- Federbein so einbauen, dass Schlauchanschluss ① (Bild 89) nach hinten weist.
- Angegebene Anzugsmomente einhalten (Bilder 87 und 88).
- TIP Mit der einstellbaren Höheneinstellung ② (Bild 89) der Federbeinaufnahme kann nach eigenem Ermessen das Heck angehoben werden. Dies dient der Erhöhung der Schräglagenfreiheit sowie der Verkürzung des Nachlaufs bzw. der Lenkkopfwinkel wird steiler angestellt (Fahrzeug wird handlicher).

Federbein entsorgen

- ⚠ Da das Federbein unter hohem Gasdruck steht, darf es nicht entsorgt werden, ohne vorher das Stickstoffgas abzulassen.
- Federbein ausbauen wie oben beschrieben.
- Ventilkappe ③ (Bild 85) ausdrehen und Gas vorsichtig ablassen.

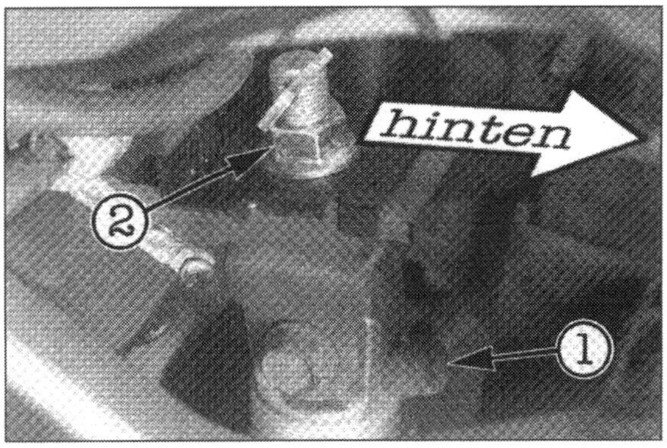

Bild 89
Obere Federbeinaufnahme
1 Schlauchanschluss
2 Höheneinsteller

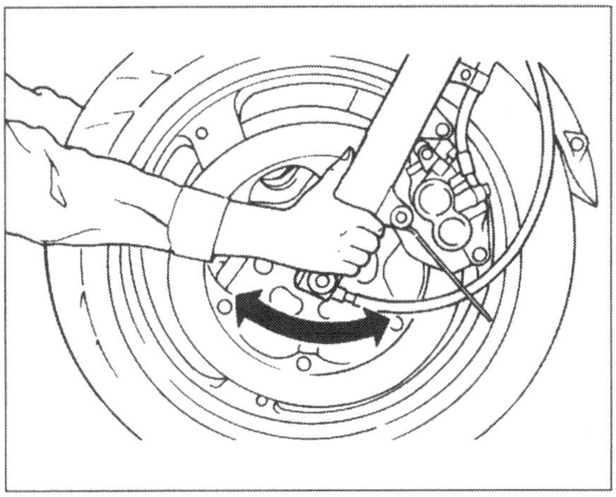

Bild 90
Gabel hin- und herdrücken und so Lenkkopflager auf Spiel prüfen

- ⚠ Ventil nicht auf Gesicht oder Körper richten – Verletzungsgefahr!

3.15 Lenkkopflager

Wenn das Motorrad in langgezogenen Kurven plötzlich nicht mehr den gewohnt sauberen Strich ziehen will, und wenn es beim kurzen Antippen der Vorderradbremse verdächtig im Lenker knackt, dann hat das Lenkkopflager zuviel Spiel.

- TIP Zu locker eingestelltes Lager verursacht Flattern bei höheren Geschwindigkeiten.
- TIP Zu strammes Lager verursacht Fahrzeugpendeln bei niedrigen Geschwindigkeiten.
- Lenkkopflager prüfen:
- Maschine mit Wagenheber o.ä. so aufbocken, dass Vorderrad freikommt.
- Den Lenker von Anschlag zu Anschlag schwenken und auf ungleichmässige Bewegung oder Rastung in Lenkbewegung achten. Darauf achten, dass Seilzüge oder Kabelstränge Lenkereinschlag nicht behindern.
- Falls sich der Lenker ungleich bewegt, schleift, oder Vertikalspiel aufweist, Lager nachstellen.
- ⚠ Rastet Lenker in Mittelstellung ein → Lenkkopflager defekt, Lager ersetzen (Kapitel 17 Frontpartie).

Bild 91
Lenklager einstellen
1 Lenkschaftmutter (49 Nm)
2 Einstellmutter

Bild 92
Befestigungsschrauben der unteren Gabelbrücke (20 Nm)

● Falls Lager beim Vor- und Zurückdrücken der Tauchrohre (Bild 90) knackt (Vertikalspiel), Lager nachstellen.

● ⚠ Das Knacken der Tauchrohre kann natürlich auch von ausgeschlagenen Gleitbuchsen der Gabel herrühren, tritt aber erst bei extrem hoher Laufleistung auf und ist sehr selten.

● Zur Probe beim Hin- und Herdrücken der Gabel Tauch- und Standrohr mit einer Hand umfassen und auf Spiel kontrollieren.

● Tank abnehmen (Beschädigungsgefahr, Kapitel 3.2).

● Je nach Art und Grösse des Hakenschlüssels, mit der Einstellmutter ② (Bild 91) bearbeitet wird, auch Luftfiltergehäuse und obere Verkleidung abbauen.

● TIP Je nach Geschmack kann Einstellmutter auch mit geeignetem Schraubendreher (mit durchgehender Klinge) oder langen Durchschlag und Stahlhammer bewegt werden (– falls Ihnen das nicht zu Grobschlosser-mässig erscheint).

● Lenkschaftmutter ① Bild 91 und die Gabelklemmschrauben der unteren Gabelbrücke (Bild 92) lockern.

● Einstellmutter ② (Bild 91) mit Hakenschlüssel um den Bruchteil einer Umdrehung anziehen (gegebenenfalls lockern), bis kein Spiel mehr spürbar ist, aber Lenkung noch leichtgängig ist.

● Klemmschrauben der unteren Gabelbrücke anziehen (20 Nm; Bild 92).

● Lenkschaftmutter ① (Bild 91) wieder anziehen (49 Nm).

● Lenklagerspiel noch einmal kontrollieren, gegebenenfalls erneut nachstellen.

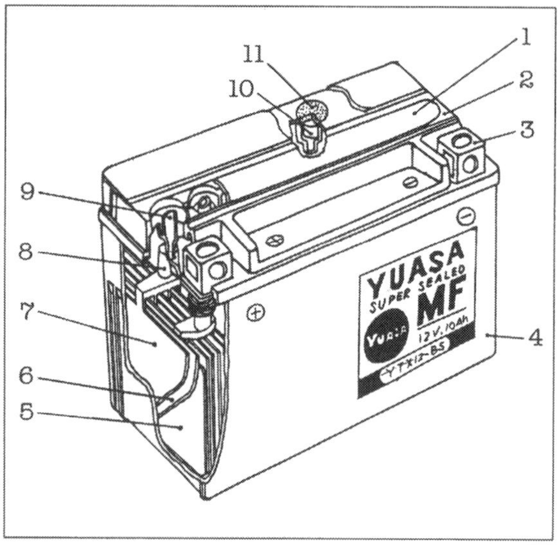

Bild 93
Wartungsfreie Batterie (MF – Maintainance Free)
1 Abdichtung
2 Deckel
3 Anschluss (Blei-Kalzium-Legierung)
4 Gehäuse
5 Positive Platte (Blei- und Blei-Kalzium-Legierung)
6 Separator
7 Negative Platte (Blei- und Blei-Kalzium-Legierung)
8 Anschluss (Blei-Kalzium-Legierung)
9 Einfüllverschraubung
10 Sicherheitsventil
11 Keramikfilter

3.16 Batterie

Selbstverständlich verfügt die ZX-6-Ninja über E-Starter–Komfort, an den man sich gern und schnell gewöhnt.

● ⚠ Die Batterie (Bild 93) ist wartungsfrei, deshalb nicht versuchen, die Verschlussstopfen zu entfernen. Dementsprechend kann der Batteriesäurestand auch nicht geprüft werden und es muss auch kein destilliertes Wasser nachgefüllt werden.

Dadurch, dass das beim Ladevorgang entstehende Gas (nur Sauerstoffgas, kein Wasserstoffgas – im Gegensatz zum herkömmlichen Batterietyp, wo beide Gase entstehen) mit dem geladenen aktiven Material auf der Minusplatte reagiert, wird es in Wasser zurückverwandelt, sodass letztlich kein Flüssigkeitsverlust entsteht.

Damit verbunden ist die bessere Ausnutzung des Raums, denn es wird kein «Sicherheitspolster» an Ausdehnungsvolumen benötigt.

Zur Sicherheit ist ein Ventil eingebaut, das bei

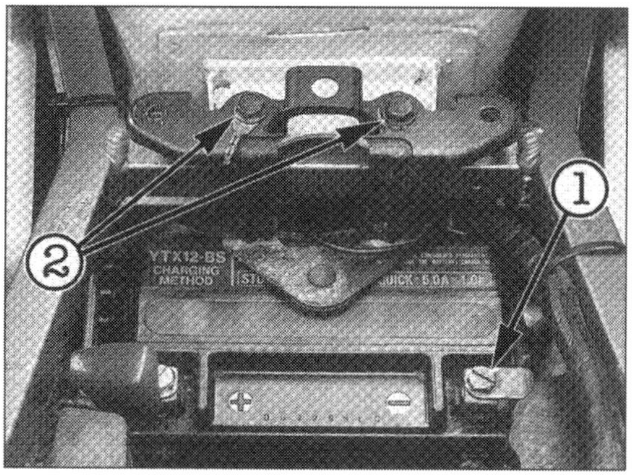

Bild 94
Batterie aus- und einbauen
1 Masseleitung
2 Befestigungsschrauben der hinteren Tankbefestigung (mit Massekabel für Tank)

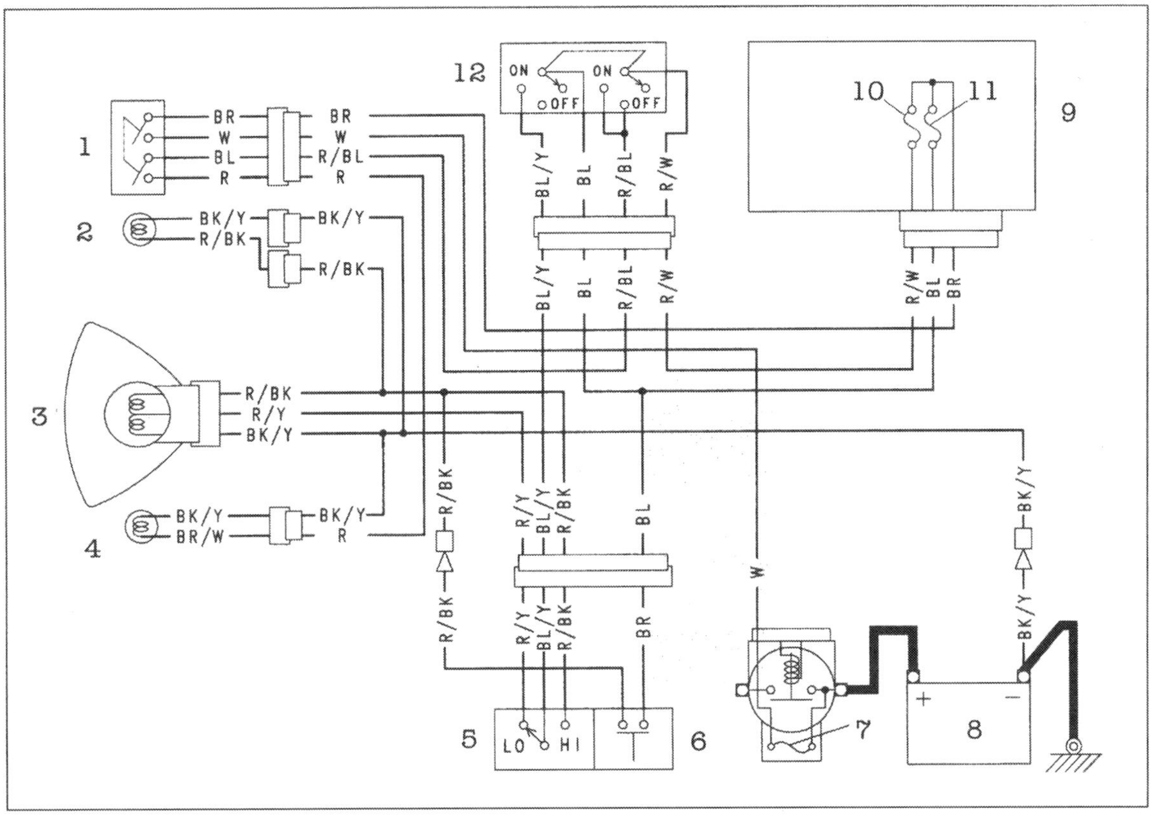

Bild 95
Beleuchtungsschaltplan
1 Zündschloss
2 Fernlicht-Kontrollampe
3 Scheinwerfer
4 Standlicht
5 Abblendschalter
6 Lichthupenknopf
7 Scheinwerfersicherung 10 A
8 Batterie
9 Verteiler-/Sicherungskasten
10 Rücklichtsicherung 10 A
11 Hauptsicherung 30 A
12 Lichtschalter

Kabelfarben
BR Braun
W Weiss
BL Blau
R Rot
BK Schwarz
Y Gelb

Überdruck öffnet und bei Erreichen des Normaldrucks wieder schliesst. Zusätzlich ist unter dem Deckel auf dem Sicherheitsheitventil ein Keramikfilter angebracht. Dieser dient als Schutz gegen Entzündung oder Explosion durch Feuer von aussen.
Ein weiterer Vorteil des geschlossenen Batteriesystem ist die sofortige Verwendbarkeit – ohne Laden nach Erstbefüllung.

- Sitz abnehmen (Kapitel 3.2).
- Batterie laden, wenn Spannung unter 12,6 Volt liegt (mit Spannungsmesser prüfen).
- Batterie zum Laden ausbauen.
- ⚠ Zündung ausschalten. *Zuerst Masseleitung ① abklemmen* und isolieren (Bild 94).
- Hintere Tankbefestigung (Bild 94) abnehmen und Plusleitung abnehmen.
- Batterie herausnehmen.
- ⚠ Maximaler Ladestrom darf 10% der Ladekapazität nicht überschreiten. Beispiel 12 Ah-Batterie: Ladestrom max. 1,2 Ampère; Ladezeit: 5 – 10 Stunden.
- ⚠ Beim Laden der Batterie entsteht explosive Gasmischung (auch bei wartungsfreier Batterie!), die durch Funken entzündet werden kann (trotz Keramikfilter – sicher ist sicher). Also Funken oder offenes Feuer fernhalten und Raum gut belüften.
- Anschlusspole der Batterie mit Polfett (säurefrei) balsamieren.
- ⚠ Beim Einbau zuerst Plusleitung anschliessen, dann Massekabel.

3.17 Scheinwerfer und Blinker

Die Kontrolle der Beleuchtungs- und Signalanlage gehört sicherheitstechnisch unbedingt zum engen Kreis der empfehlenswerten und lohnenden «Arbeiten». Sie ist zwar keine periodisch wiederkehrende Wartungsarbeit, wird aber samstäglich, wenn Fahrzeug-Wartung und nicht Benzinverfeuern auf dem Programm steht, sozusagen en passant erledigt.

- Stromlaufplan der gesamten Beleuchtungseinrichtung siehe Bild 95.

3.17.1 Scheinwerfer

Wesentlicher Sicherheitsfaktor bei Nachtfahrten ist ein korrekt eingestellter Scheinwerfer.

- Einstellung bei korrektem Reifenluftdruck und Federungseinstellung auf Solobetrieb vornehmen.
- Motorrad auf Rädern stehend und mit Fahrer belastet im Abstand von 5 m (ab Vorderradmitte) vor heller Wand auf ebenem Boden aufstellen.
- Abstand vom Boden bis zur Scheinwerfermitte messen und auf Wand mit Kreuz (Kreide o.ä.) markieren. 5 cm unter diesem Kreuz zweites Kreuz einzeichnen (Bild 96).
- Abblendlicht einschalten.
- Hell/Dunkel-Grenze soll in der Mitte des unteren Kreuzes beginnen, bis zur Höhe des

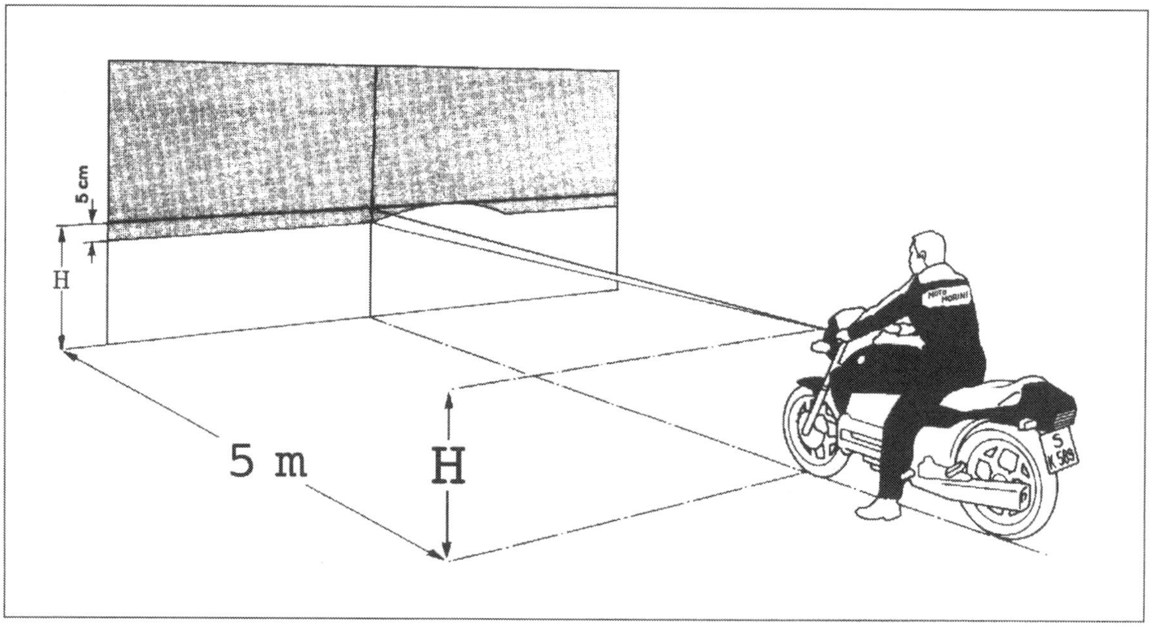

Bild 96
Scheinwerfer einstellen

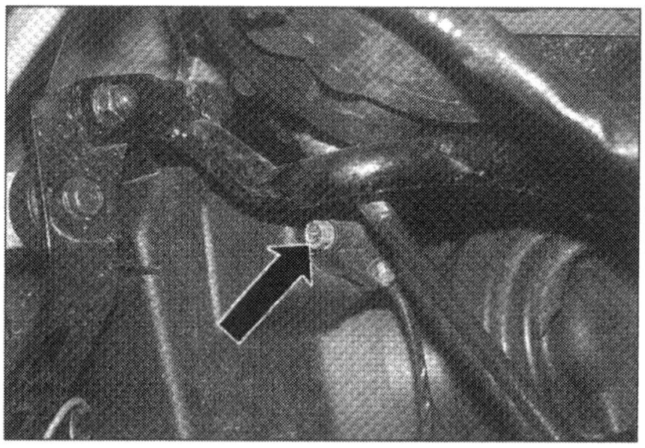

Bild 97
Scheinwerfer-
Seiteneinsteller

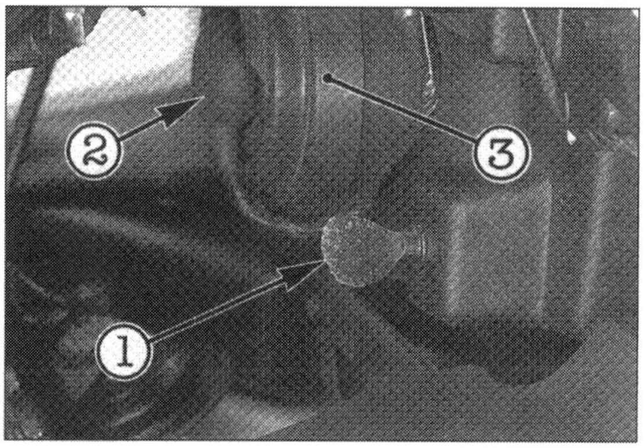

Bild 98
Scheinwerfer-Höheneinsteller
und Lampenwechsel
1 Höheneinsteller
2 Lampenstecker
3 Staubkappe

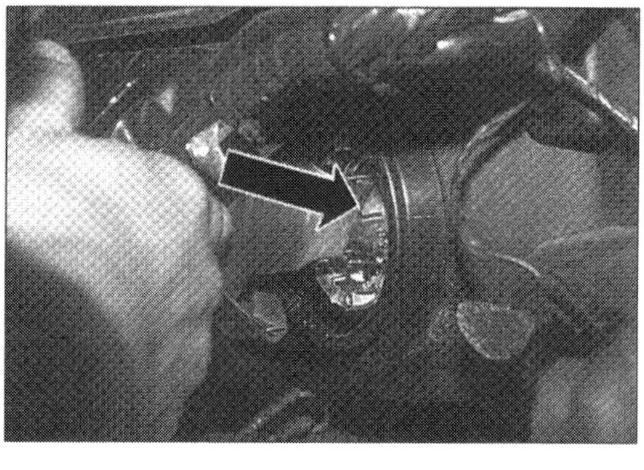

Bild 99
Haltefeder aushebeln

oberen Kreuzes nach rechts ansteigen und dann wieder abfallen.

- *Seiteneinstellung* erfolgt durch Ein- oder Ausdrehen der Schraube (Bild 97).
- Lenker genau geradeaus richten und Einsteller (Bild 97) ein- oder ausdrehen (ausprobieren), bis Scheinwerfer genau geradeaus zeigt.
- *Höheneinstellung* mit Einsteller (Bild 98) durchführen.
- Einsteller (Bild 98) ein- oder ausdrehen (ausprobieren), bis Scheinwerfer die in Bild 96 gezeigte Höhe einhält.
- Zum *Wechseln der Scheinwerferlampe* zuerst Steckkontakt ② und dann Staubkappe ③ (Bild 98) abziehen.
- Haltefeder (Bild 99) der Lampe ausfedern und Lampe entnehmen.
- ⚠ Glas der neuen Lampe nicht mit Hand berühren, da sonst Lebensdauer und Leuchtkraft negativ beeinflusst werden können.
- Eventuelle Fingerdapper, d.h. Fett- und Ölspuren, mit sauberem Putzlappen und Spiritus o. ä. abwischen.
- Wiedereinbau in umgekehrter Reihenfolge.
- Auf richtigen Sitz der Staubkappe achten (Bild 100: «TOP»-Markierung weist nach oben).

3.17.2 Blinker

Gemäss dem alten Rennfahrer-Tip «Links Blinken und rechts überholen» gehören die Blinker zu den wichtigsten Mitteln, die dem ausgefuchsten Pistentaktiker zur Verfügung stehen. Okay, Spass beiseite, denn die Blinker sind bei der gegebenen Verkehrsdichte eine nicht mehr wegzudenkende Sicherheitseinrichtung.

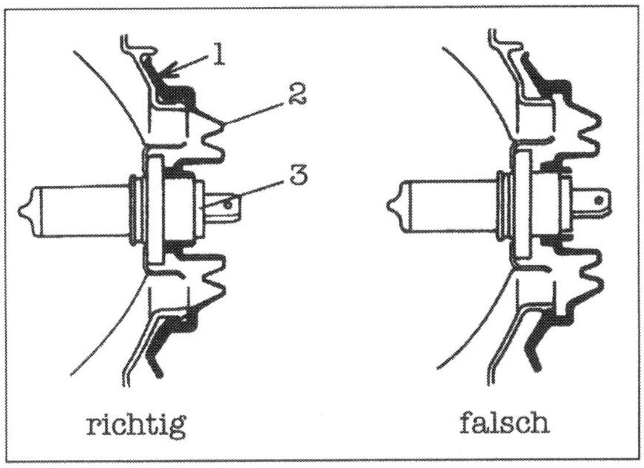

◄ **Bild 100**
Staubkappe richtig montieren
1 «TOP»-Markierung
2 Staubkappe
3 Lampe

- Defekte Blinkerlampen nach Ausdrehen der Befestigungsschraube des Blinkerglases herausnehmen (Bajonettsitz: Lampe eindrücken und gegen Uhrzeigersinn drehen; Bild 101).
- Wiedereinbau in umgekehrter Reihenfolge.
- Falls Blinkrelais ③ (Bild 102) defekt, Relais aus Halterung abziehen und gegen Neuteil tauschen.

3.18 Sicherungen

- ⚠ Sicherungen immer bei ausgeschalteter Zündung auswechseln.
- Zum Auswechseln der Sicherungen Sitzbank abnehmen und Deckel des Sicherungskastens (Bild 102) öffnen.
- Sicherung aus Klemme herausziehen und Reserve-Sicherung mit identischem Ampère-Wert eindrücken (Bild 103).
- ⚠ Auf keinen Fall Sicherung mit höherer Kapazität (Ampère-Wert) einsetzen. Dies kann zu ernsthaften (teuren!) Beschädigungen der elektrischen Anlage führen.
- Falls Sicherung wiederholt durchbrennt, Fehler in elektrischer Anlage suchen und beheben.
- Die Hauptsicherung (30 A) befindet sich unter Sitzbank am Starterrelais (Stecker ④ Bild 102 abziehen).

3.19 Seitenständer

- Federn auf Beschädigung und Ermüdung untersuchen.
- Seitenständer auf Leichtgängigkeit prüfen (Ständer muss angekickt leicht einklappen).
- Gelegentlich am Drehzapfen ③ (Bild 104) mit Motoröl abschmieren.
- Schaltgelenk ② des Motorstopschalters gelegentlich mit Sprayöl (z.B. Castrol 4in1) einnebeln, damit der Schalter nicht unaufgefordert seiner Arbeit nachgeht.

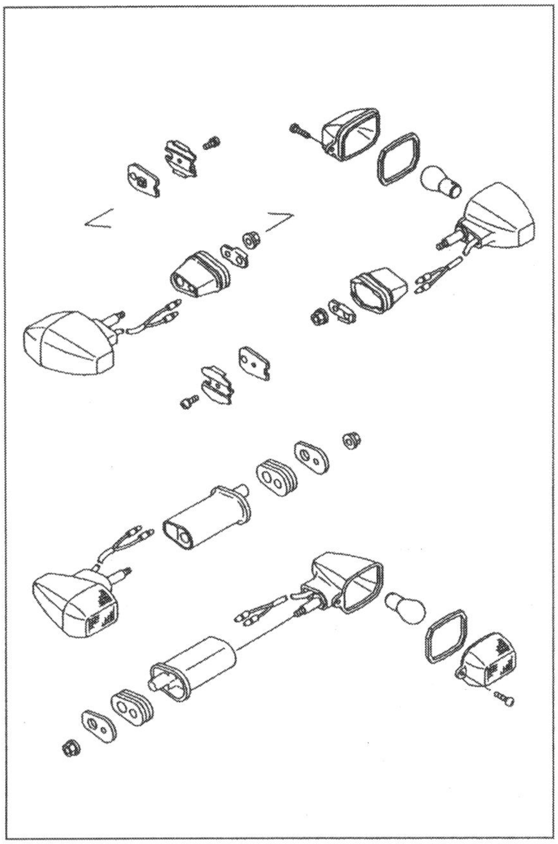

Bild 101
Blinker
(Blinkerglasschrauben nicht zu fest eindrehen!)

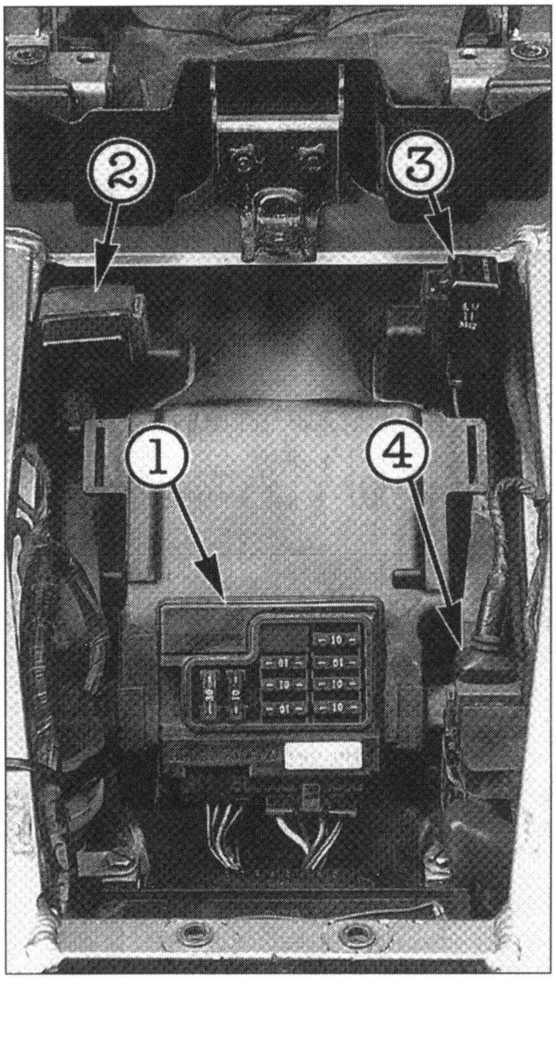

Bild 102
Elektrik-Bauteile unter Sitzbank (Seitenverkleidung abgenommen)
1 Sicherungs- und Verbindungskasten
2 Benzinpumpenrelais
3 Blinkrelais
4 Starterrelais mit Hauptsicherung 30 A

Bild 103
Sicherungs- und Verbindungskasten (Folgende Auflistung ist auch auf Innenseite des Deckels angebracht!)
1 Ersatz 30 und 10 A
2 Zubehör 10 A
3 Hupe 10 A
4 Blinker 10 A
5 Zündung 10 A
6 Brems-/Rücklicht 10 A
7 Scheinwerfer 10 A
8 Kühlergebläse 10 A

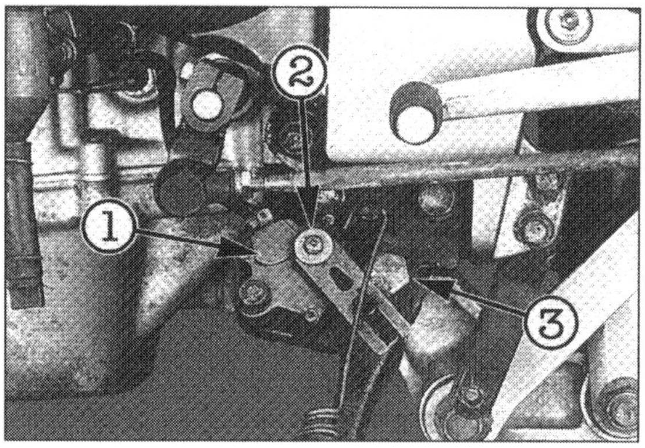

Bild 104
Seitenständer-Service
1 Schaltergehäuse
2 Schaltgelenk
3 Drehzapfen

3.20 Muttern, Schrauben und Befestigungsteile

Im Lauf der Zeit kann es vorkommen, dass sich Muttern oder Schrauben am Motorrad durch Vibrationen lösen.

● Deshalb nach jeweils 10 000 Kilometern im Rahmen einer Inspektion alle Auspuffschrauben sowie Fahrgestellmuttern und -schrauben auf vorgeschriebene Anzugsmomente (Festsitz) kontrollieren.

3.21 Räder und Reifen

● Reifen dürfen keine Risse oder sonstige Beschädigungen aufweisen.
● Reifenluftdruck bei kalten Reifen messen.

Druckwerte

● ⚠ Eigenartigerweise gibt KAWASAKI die Druckwerte mit der Angabe «Belastung bis 184 kg» versehen an.

Vorn	2,5 kg/cm²
Hinten	2,9 kg/cm²

● Gesetzliche Mindestprofiltiefe beträgt vorn 1,6 mm; hinten 2,0 mm.
● ⚠ KAWASAKI empfiehlt eine Mindestprofiltiefe von 2 mm für Geschwindigkeiten bis 130 km/h; über 130 km/h 3 mm.
● Räder auf Schlag prüfen (Kapitel 17 und 18/Front- und Heckpartie).

3.22 Sekundärluftsystem

Das «Abgas-Nachverbrenner-System» bläst gefilterte Frischluft in die Auspuffanlage, um die restlichen unverbrannten Kohlenwasserstoffe im Abgas sauber zu verbrennen (tatsächlich werden die Abgase jedoch nur verdünnt, da die zur Nachverbrennung der unverbrannten Kohlenwasserstoff-Bestandteile notwendigen Temperaturen von 600 – 700°C nur selten erreicht werden).

- Bei geschlossenem Gasdrehgriff im Schiebebetrieb riegelt Membranventil durch den im Ansaugtrakt herrschenden Unterdruck die Frischluftzufuhr ab, damit es nicht zu Auspuffpatschen kommt. Ein defektes Membranventil macht sich daher wie eine defekte Auspuffdichtung (oder durchgerosteter Auspuff) durch Auspuffpatschen bemerkbar.

Vakuumventil

- Bei gelegentlicher Ventilspieleinstellung das Vakuumventil (Bild 105) ausbauen (Schläuche abziehen).
- Die Schraube ① (Bild 105) ausdrehen und Kondensat (kann auch Benzin enthalten!) in ein geeignetes Auffanggefäss ablassen.
- Schraube ① mit einwandfreiem O-Ring wieder eindrehen (1 Nm).
- ⚠ Zum Prüfen des Vakuumventils werden eine Unterdruckpumpe (mit grosser Einwegspritze aus Apotheke improvisierbar) zur Erzeugung eines Vakuums (1,5 cm Hg) und ein Quecksilbersäulen-Unterdruckmessgerät benötigt.
- Bei 1,5 cm Hg Unterdruck an Anschluss A (Bild 106) muss der Luftstrom (keine Druckluft verwenden – Beschädigungsgefahr!) ungehindert zwischen Anschluss B und C in beiden Richtungen strömen (Ventil ist geöffnet).
- Ohne Unterdruck an Anschluss A muss der Luftstrom ungehindert zwischen Anschluss B und D in beiden Richtungen strömen (Ventil ist geschlossen).
- Andernfalls Vakuumventil ersetzen.

Luftansaugventil

- Membranzungen des Luftansaugventils (Bild 107) auf Falten, Verzug und Hitzeschäden sichtprüfen.
- Kontaktflächen der Membranen auf Rillen, Kratzer und Anzeichen von Verbrennungen (Hitzeschäden) untersuchen.
- Falls sich zwischen Membran und Kontaktfläche Russablagerungen angesammelt haben, diese nicht abkratzen (Beschädigungsgefahr!), sondern mit Lösungsmittel entfernen.
- ⚠ Bei Zweifeln am Zustand der Membranzungen und der Dichtfläche das Ventil komplett erneuern.

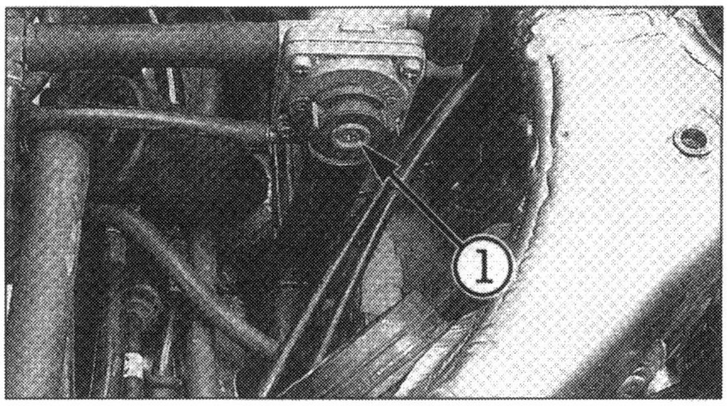

Bild 105
Vakuumventil
1 Ablassschraube

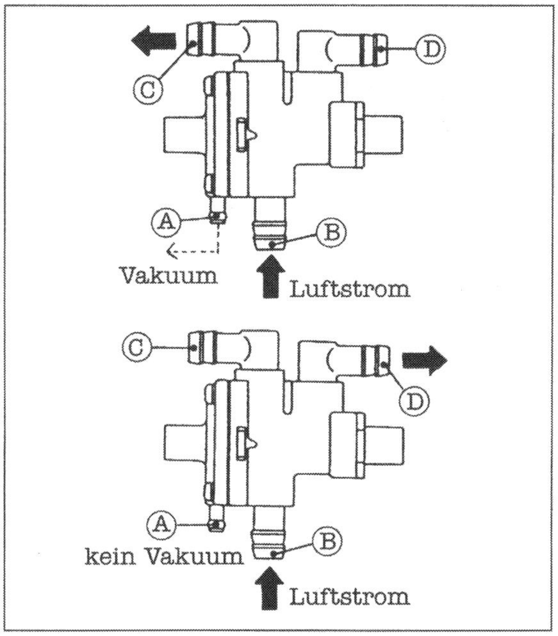

Bild 106
Vakuumventil prüfen
A, B, C und D – Schlauchanschlüsse

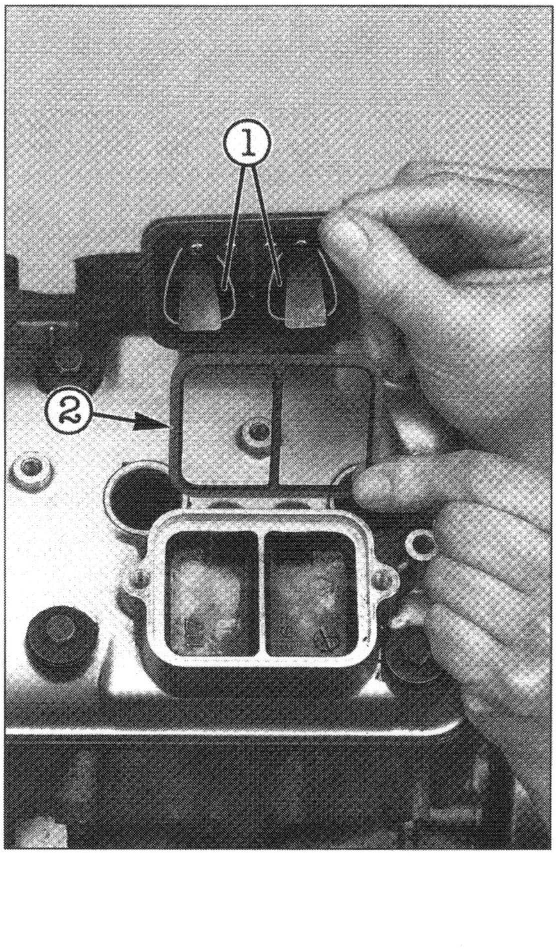

Bild 107
Luftansaugventil
1 Membranzungen
2 Dichtung

Vakuumschaltventil

- Das Vakuumschaltventil dient nicht nur zur Regulierung der Frischluftzufuhr und Abschaltung im Schiebebetrieb, sondern schliesst auch bei hoher Drehzahl, um Leistungseinbussen durch Abgasrückführung vorzubeugen.
- ⚠ Wie zum Prüfen des Vakuumventils werden eine Unterdruckpumpe und ein Quecksilbersäulen-Unterdruckmessgerät benötigt.
- Vakuumschaltventil ausbauen (bei gelegentlicher Ventilspielkontrolle).
- Unterdruckmessgerät und Unterdruckpumpe (Spritze) wie in (Bild 108) gezeigt anschliessen. In Schlauch Luft einblasen (mit Mund – keine Druckluft benutzen) und Unterdruck mittels Spritze langsam erhöhen.
- Dabei muss Luft durch Schaltventil fliessen können (Bild 109).
- Ab 430 – 490 mm Hg Unterdruck muss Schaltventil schliessen (Bild 110).
- Andernfalls Vakuumschaltventil erneuern.
- Vakuumschaltventil so einbauen, dass Luftbohrung ① (Bild 111) nach unten zeigt.

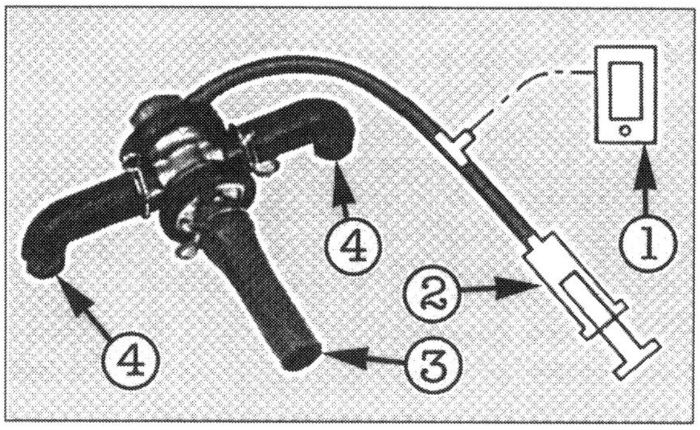

Bild 108
Vakuumschaltventil prüfen
1 Unterdruck-Messgerät
2 Unterdruckpumpe/Spritze
3 Luft einblasen
4 Luftaustritt

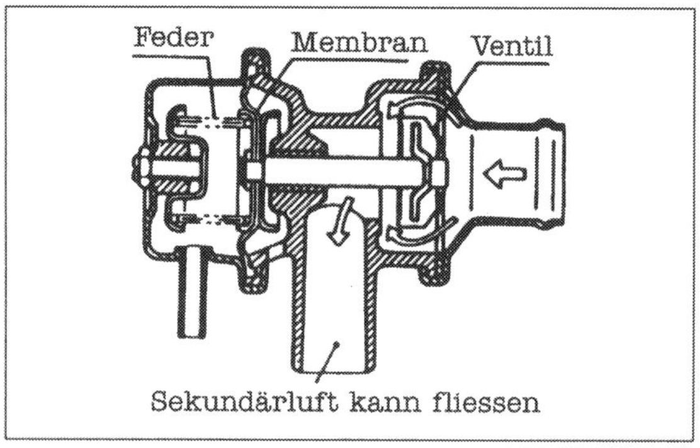

Bild 109
Vakuumschaltventil ist unter Last geöffnet (Drosselklappe/Schieber geöffnet und Motor «zieht»)

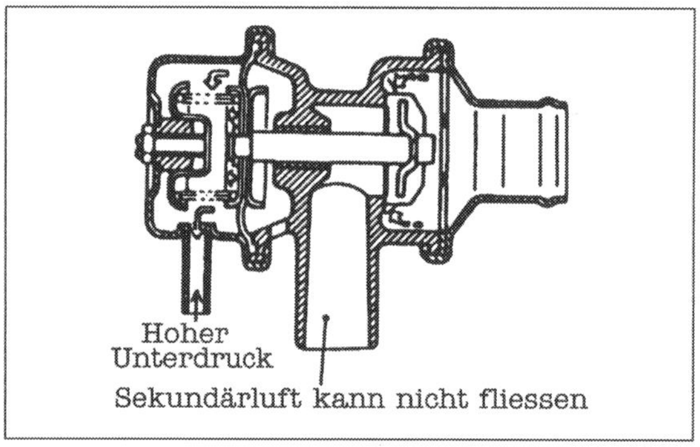

Bild 110
Vakuumschaltventil schliesst im Schiebebetrieb (Drosselklappe/Schieber sind geschlossen)

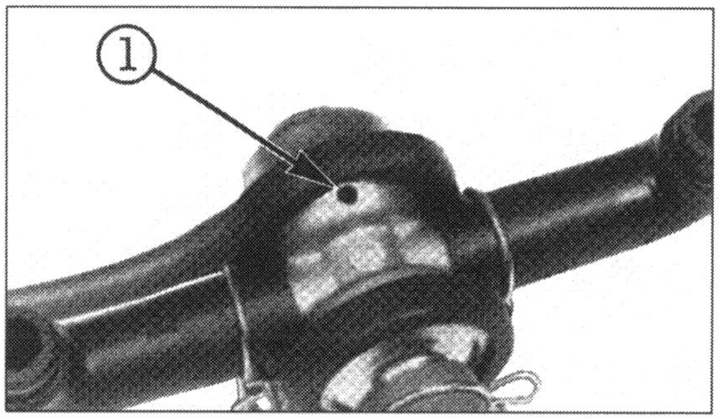

Bild 111
Vakuumschaltventil
1 Luftbohrung

Baugruppen

Ausbau

Wie in Kapitel 3 gesehen, lassen sich alle routinemässigen Wartungsarbeiten bei eingebautem Motor erledigen.
Lediglich Arbeiten an Kurbelwelle, Pleuel und Getriebe machen eine Motordemontage erforderlich (bei Zylinderkopf- oder Kolbenwartung rentiert sich jedoch der zusätzliche Aufwand, den Motor aus dem Rahmen auszubauen – solang' keine Werkstatt-Richtzeiten im Genick sitzen…).
Falls keine Motorhaltevorrichtung vorhanden ist und eine Totaldemontage ansteht, empfiehlt es sich, vor Motorausbau die Baugruppen Starter, Generator und Kupplung zu demontieren. Das senkt das Gewicht des Rumpfmotors und macht einen Helfer beim Herausheben des Motors zwar nicht überflüssig, aber er ist nicht mehr unabdingbar.
Bei der Auflistung der Arbeitsgänge wird von einer Totaldemontage ausgegangen. Deshalb bei Kupplungstrouble getrost Arbeitsgang «Vergaserdemontage» auslassen.

Prüfen und Vermessen

Die ganze Arbeit des Zerlegens nützt wenig, wenn die Teile nur nach augenscheinlicher Begutachtung wieder zusammengebaut werden.
Leider aber stösst der Privatmann beim Vermessen schnell an seine Grenzen, denn mit dem Mess-Schieber allein ist es nicht getan.
Nicht viele haben ihre private Werkstatt mit Messuhr, Messdornen oder Mikrometern in verschiedenen Weiten ausgerüstet, und es muss jeder für sich entscheiden, ob sich die Anschaffung dieser teuren Geräte lohnt.
Mit richtigem Messen allein ist es auch nicht getan, wenn der Verschleiss noch in der Toleranz liegt, aber andere, nicht messbare Verschleisserscheinungen oder Beschädigungen vorliegen. Deshalb vertraut der Unerfahrene diese wichtige Arbeit der Werkstatt an.

Montage

Nun liegt die Ninja also mit ihren Einzelteilen in Kisten, Kästen und Schubladen verpackt in der Werkstatt und wartet auf die Wiedererstehung. Liegt das passende Werkzeug bereit? Sind die benötigten Ersatz- und Verschleissteile vollzählig besorgt? Sind alle Teile korrekt vermessen und auf Verschleiss geprüft worden?
Solange das Motorrad noch zerlegt herumliegt, sollte man sich nochmal ins Gewissen reden, denn jetzt lassen sich die Teile am einfachsten auswechseln. Also alles noch kritischer als sonst begutachten!
Wenn zum Beispiel ein Getriebezahnrad leichte Pitting-Bildung an den Zahnflanken aufweist, würde es bestimmt nochmal 10 000 Kilometer schadlos seine Arbeit verrichten. Aber dann zerbröselt es garantiert während der Urlaubsfahrt in Spanien. Ein neues Zahnrad kostet nicht die Welt, teuer wird erst der Einbau.
Wenn wirklich alles bereit liegt, kann die Schrauberei beginnen, damit Stunden später ein neuwertiges Motorrad aus der Werkstatt rollt.

4 Vergaser

4.1 Ausbau

- ⚠ Schwimmerstand und Funktion der Kolbenmembran bei montierten Vergasern prüfen und messen (Kapitel 4.2).
- Tank, Sitzbank, Luftfiltergehäuse und die Vergaserbatterie abbauen (Kapitel 3.2 und 3.4).
- ⚠ Vergaser können zerlegt werden, ohne sie zu trennen.
- Geeignetes Auffanggefäss unter Ablauf ① Bild 112 stellen und Kraftstoff aus Schwimmerkammer nach Aufdrehen der Ablass-Schraube ② ablassen.
- Ablassschraube ② Bild 112 3 – 4 Umdrehungen herausdrehen und Schwimmerkammer geduldig leerlaufen lassen.

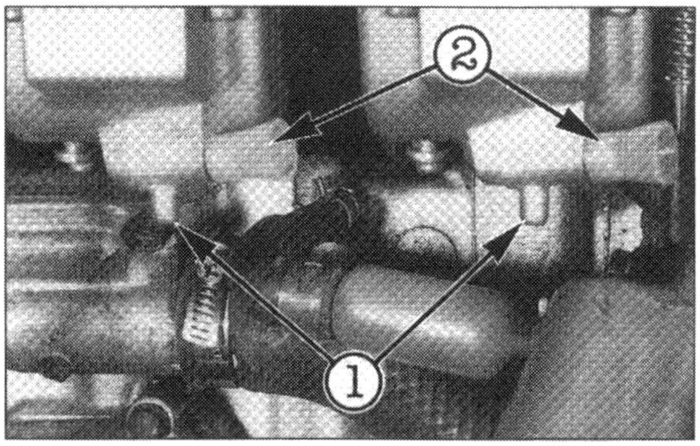

Bild 112
Benzin ablassen
1 Ablauf
2 Ablassschraube (4 Stück)

Schwimmerkammer und Düsen

- Je Vergaser vier Deckelschrauben (Bild 113) von unten herausdrehen und Schwimmerkammer-Deckel abnehmen.

Bild 113 ➤
Vergaser von unten mit Schwimmerkammer-Deckelschrauben (Kreise)
1 Chokestangenschrauben
2 Mutter der Verbindungsstange
3 Befestigungsschraube der Vergaserheizung
4 Abgleichschraube mit Federn
5 Verbindungsschiene

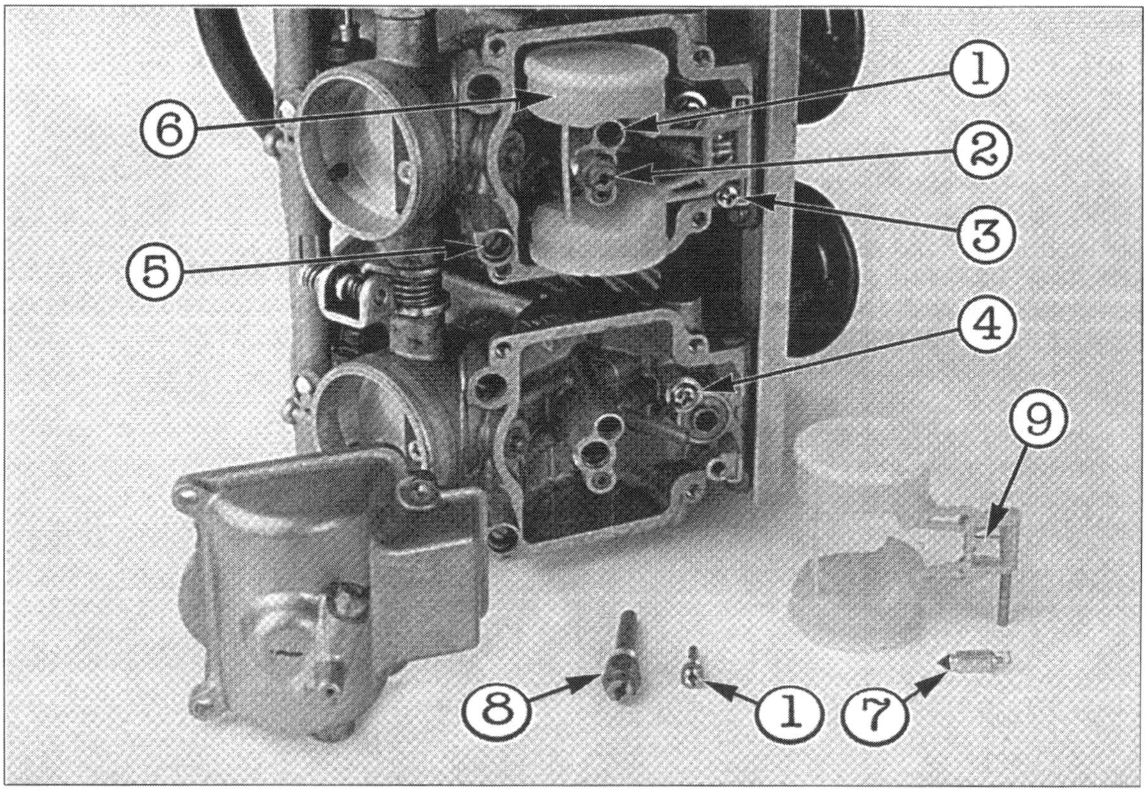

Bild 114
Schwimmerkammer offen
1 Leerlaufdüse
2 Hauptdüse
3 Befestigungsschraube der Schwimmerachse
4 Befestigungsschraube des Schwimmerventilsitzes
5 Leerlaufgemisch-Einsteller
6 Schwimmer
7 Schwimmerventilkegel
8 Hauptdüse mit Mischrohr
9 Blechzunge

- Leerlaufdüse ① und Hauptdüse ② (Bild 114) ausdrehen.
- Befestigungsschraube der Schwimmerachse ③ ausdrehen und den Schwimmer ⑥ mit Ventilkegel ⑦ von Hand entnehmen.
- Ventilsitz nach Ausdrehen der Halteschraube ④ vorsichtig mit Rundzängchen herausziehen.
- Leerlaufgemisch-Einsteller ⑤ vorsichtig bis zum leichten Aufsitzen eindrehen. Dabei die Umdrehungen mitzählen und notieren (z.B. 2 1/2).
- ⚠ Unsere Schweizer Töff-Freunde müssen dazu zuerst Stöpsel ② (Bild 115) vorsichtig ausbohren (Schraube ist «versiegelt»).
- ⚠ Schraube nicht gegen Sitz anziehen (Beschädigungsgefahr).
- Leerlaufgemisch-Einsteller ⑤ herausdrehen.

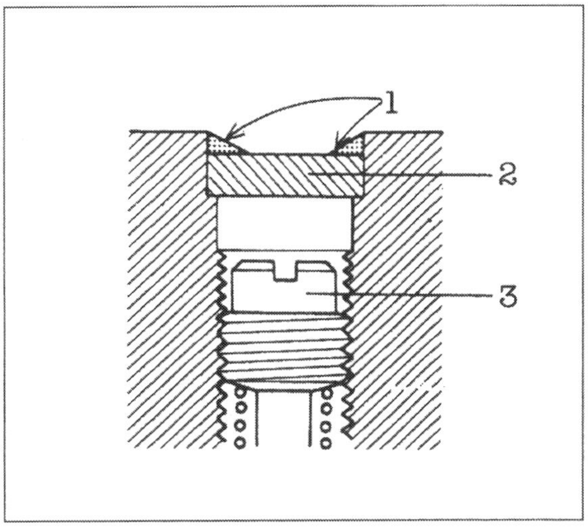

Bild 115
«Versiegelter» Leerlaufgemisch-Einsteller für die Schweiz
1 Klebstoff
2 Stöpsel
3 Leerlaufgemisch-Einsteller

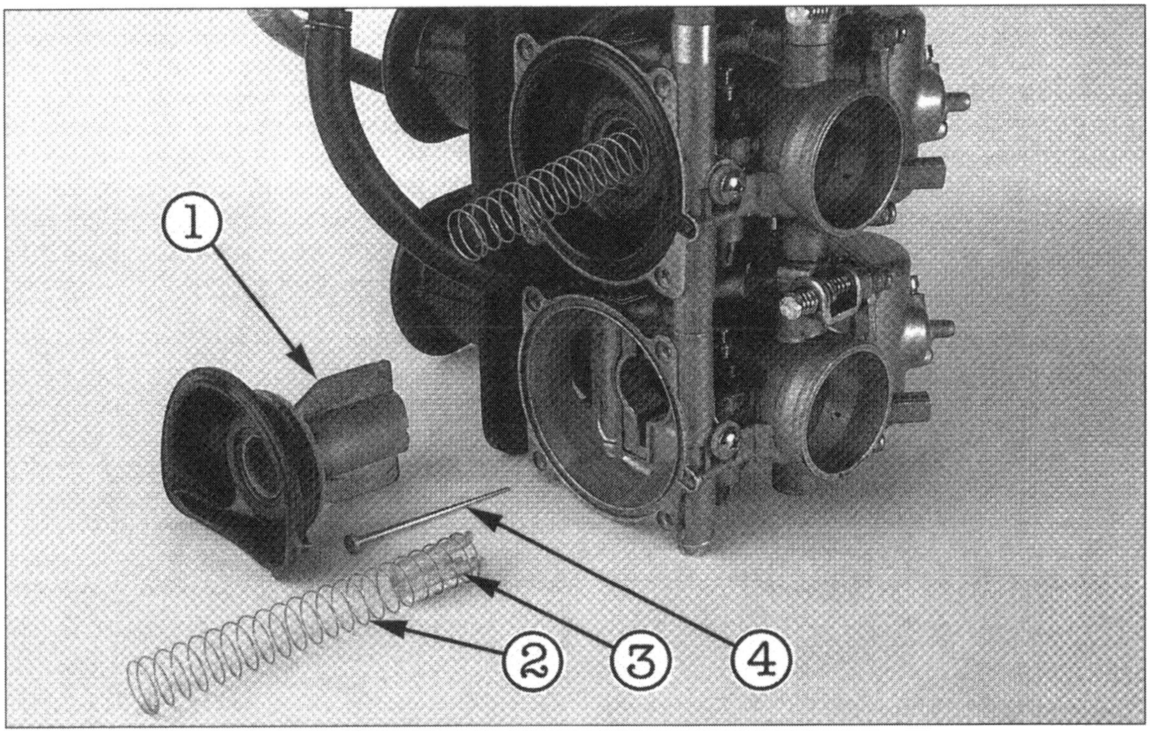

Bild 116
Vergaser mit abgenommenem Unterdruckkammer-Deckel
1 Membrankolben
2 Feder
3 Nadelhalter
4 Düsennadel

Unterdruckkammer

- Vier Kreuzschlitzschrauben oben aus Deckel ausdrehen und Deckel abnehmen.
- Feder und Membrankolben entnehmen (Bild 116).
- Düsennadel mit Halter aus Kolben entnehmen (Bild 116).
- Nadeldüse/Mischrohr von Hand nach oben ausdrücken.

Startvergaser (Choke)

- Drei Chokestangenschrauben ① (Bild 113) ausdrehen und Schiene abnehmen.
- Chokekolben ③ (Bild 117) nach Ausdrehen der Überwurfmutter ① entnehmen.

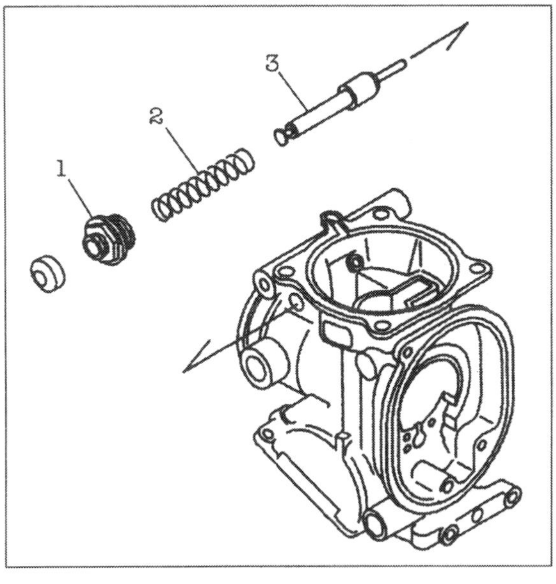

Bild 117
Chokekolben aus- und einbauen
1 Überwurfmutter
2 Feder
3 Kolben

4.2 Prüfen und Vermessen

- Unterdruckkolben im montierten Vergaser mit Finger nach oben drücken und zurückschnappen lassen.
- Kolben muss sich leicht gedämpft und «saugend» nach oben und unten bewegen.
- Unterdruckkolben ① (Bild 116) muss im Vergasergehäuse ungehindert und satt auf- und abgleiten können – ohne übermässiges Spiel.
- Falls schwergängig → erneuern.
- TIP Aufwerfungen können vorsichtig mit feinem Schmirgelleinen (600er oder 800er) glattgebügelt werden.

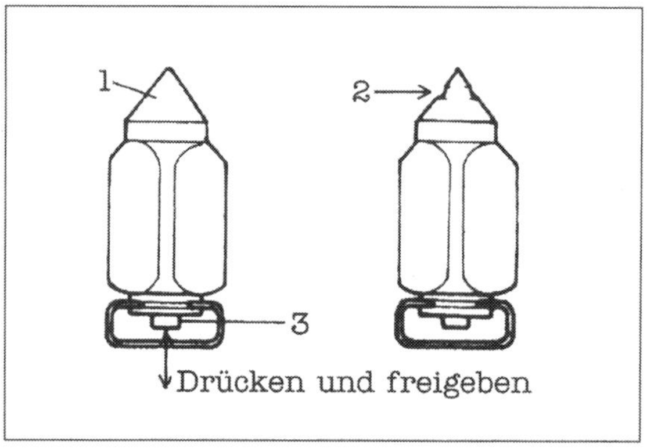

Bild 118
Schwimmerventil
1 Kegel
2 beschädigt/eingeschlagen
3 Druckstange

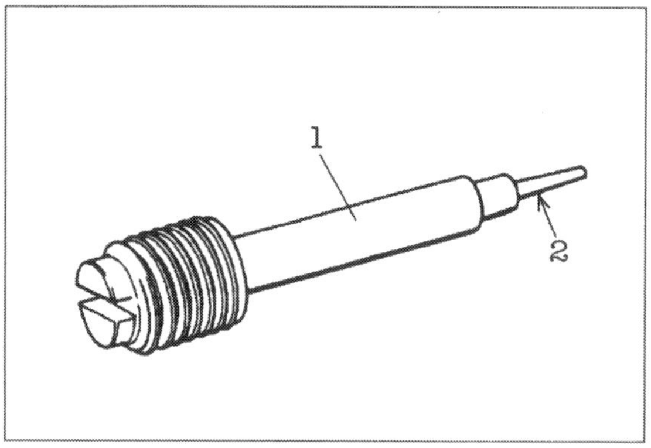

Bild 119
Leerlaufgemisch-Einsteller
1 Einsteller
2 Konusspitze

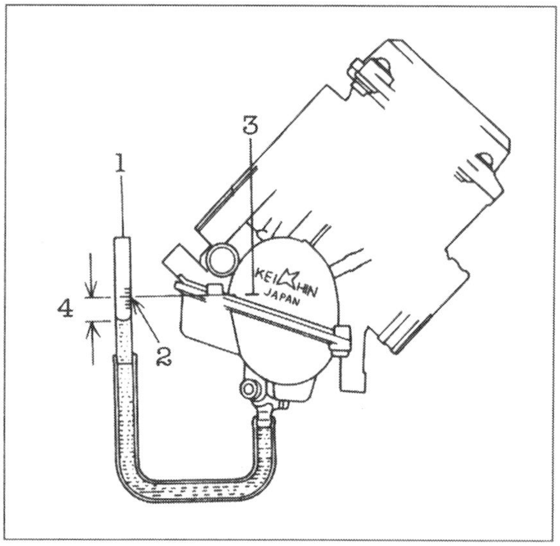

Bild 120
Benzinpegel in Schwimmerkammer messen
1 Messröhrchen
2 Nullinie
3 Gehäusemarkierung
4 Benzinpegel 2 – 4 mm

- Unterdruckkolben und Gleitbahn im Vergasergehäuse dürfen keine Riefen, Kratzer oder sonstige Beschädigungen aufweisen.
- Düsennadel auf Verschleiss untersuchen. Sie darf keine Verbiegung, Anlaufstellen (Fingernagelprobe) oder sonstige Beschädigungen aufweisen. Entsprechend darf Nadeldüse (Mischrohr) keine Anlaufstellen aufweisen.
- Gegebenenfalls Düsennadel und Nadeldüse im Satz erneuern.
- Membran darf keine porösen Stellen oder Risse haben (gegen eine starke Lichtquelle halten). Falls defekt → austauschen.
- Alle Düsen mit Druckluft durchblasen, keinesfalls mit Nadel oder Draht reinigen!
- ⚠ Filtersieb am Schwimmerventil nicht mit Druckluft ausblasen, sondern mit weichem Pinsel auswischen.
- Die Druckstange im Führungskörper des Ventilkegels muss frei federn (Bild 118).
- Der Schwimmerventil-Kegel ① (Bild 118) darf keine Riefen oder Kerben haben.
- Schwimmer auf Verformungen oder auf Benzin im Inneren untersuchen.
- Den Leerlaufgemisch-Einsteller auf Verschleiss oder Beschädigungen der Konusspitze untersuchen (Bild 119).

Schwimmerstand messen

- Schwimmerstand bei montierten Vergasern messen (jeden Vergaser einzeln messen).
- Das Motorrad auf ebenem Untergrund mit Wagenheber o.ä. so aufbocken, dass Vorder- und Hinterrad den gleichen Abstand zum Boden haben (Vergaser haben dadurch «Normallage»).
- Durchsichtigen Messschlauch (≈ 6 mm Ø), wenn möglich mit Kalibrierung (Nullinie auf Gehäusemarkierung ausrichten), wie in Bild 120 gezeigt, an Ablassstutzen der Schwimmerkammer anbringen.
- Ablassschraube ② (Bild 112) 3 – 4 Umdrehungen herausdrehen und das Messröhrchen geduldig füllen lassen.
- ⚠ Messröhrchen genau senkrecht halten und Nullinie auf Vergasermarkierung ausrichten.
- ⚠ Nullinie nicht unter Vergasermarkierung absenken.
- ⚠ Falls Messröhrchen dann wieder nach oben bewegt wird, wird ein Benzinpegel angezeigt, der höher als der tatsächliche Pegel ist.
- ⚠ Falls Messröhrchen zu weit abgesenkt wird, muss Benzin wieder abgelassen werden und Messvorgang wiederholt werden.
- Benzinpegel (Bild 120) muss sich 2 – 4 mm unterhalb der Schwimmerkammer-Markierung einstellen.
- Gegebenenfalls Benzinpegel durch vorsichtiges Nachbiegen der Schwimmerzunge ⑨ (Bild 114) vornehmen.

● Schwimmerhöhe ② Bild 121 soll 14 – 18 mm betragen. Dabei Ventilkegelstange ① nicht eindrücken, Blechzunge darf an Stange lediglich anliegen.

Benzinpumpe und Pumpenrelais

● Stromlaufplan von Benzinpumpe und und -relais siehe Bild 122.

● Die Benzinpumpe soll einen Druck von 0,11 – 0,16 kg/cm² aufbauen.

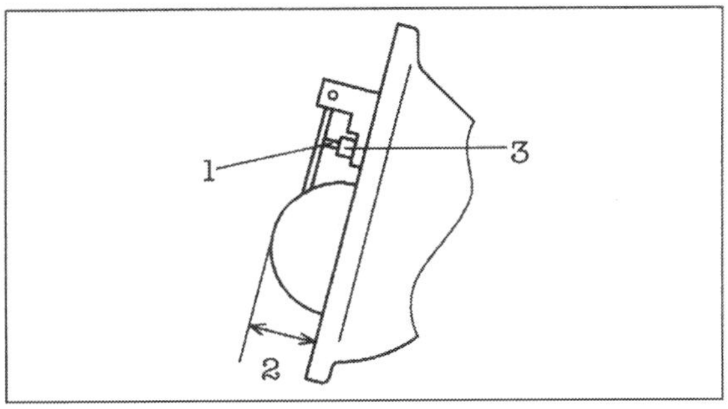

Bild 121
Schwimmerstand einstellen
1 Ventilkegelstange
2 Schwimmerhöhe 14 – 18 mm
3 Ventilkegel

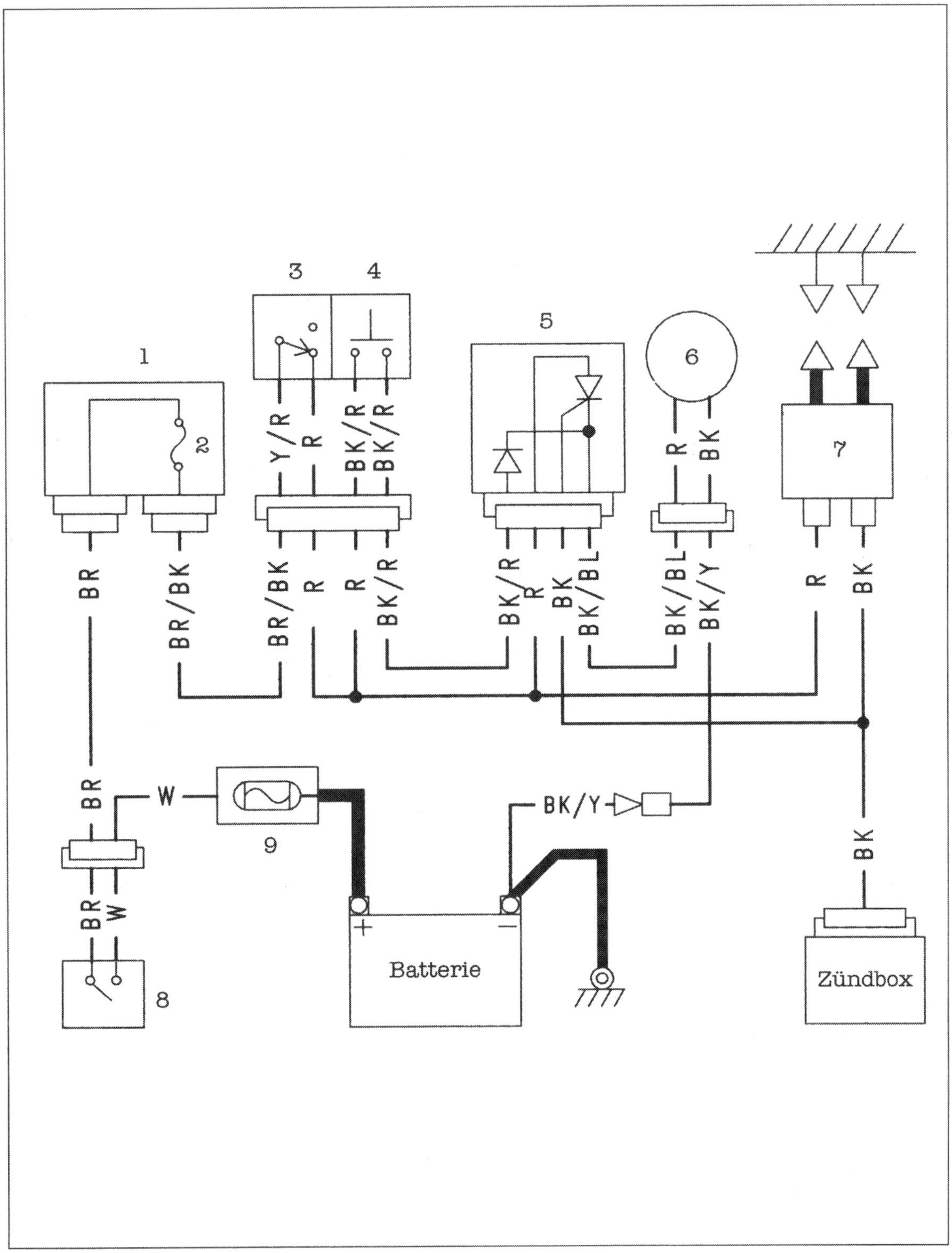

Bild 122
Stromlaufplan von Benzinpumpe und -relais
1 Verteilerkasten
2 Sicherung für Zündung 10 A
3 Motorstoppschalter
4 Starterknopf
5 Pumpenrelais
6 Benzinpumpe
7 Zündspule
8 Zündschloss
9 Hauptsicherung 30 A

Kabelfarben
BR Braun
BK Schwarz
BL Blau
R Rot
W Weiss
Y Gelb

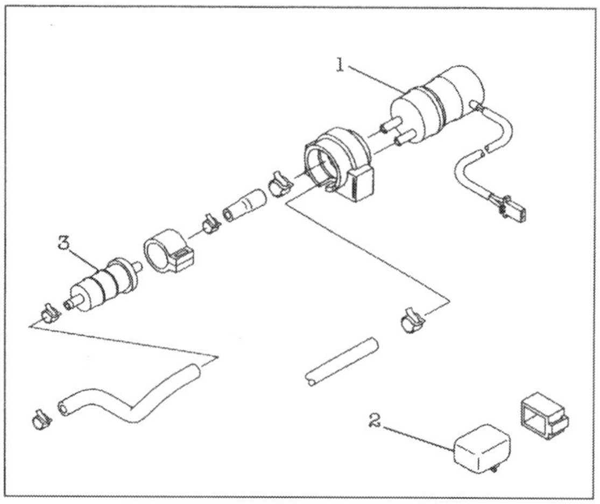

Bild 123
Benzinpumpe und -relais
1 Benzinpumpe
2 Pumpenrelais
3 Benzinfilter

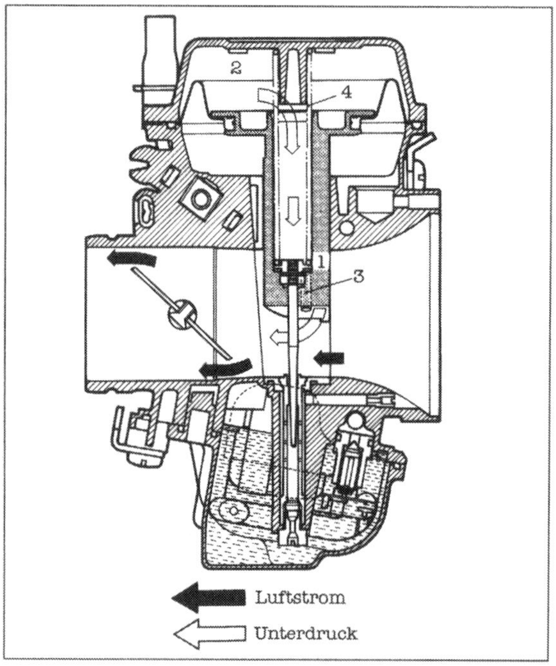

Bild 123a
Vergaserlängsschnitt-Prinzip
Drosselklappe leicht geöffnet
1 Kolben
2 Membrangehäuse
3 Luftdüse
4 Feder

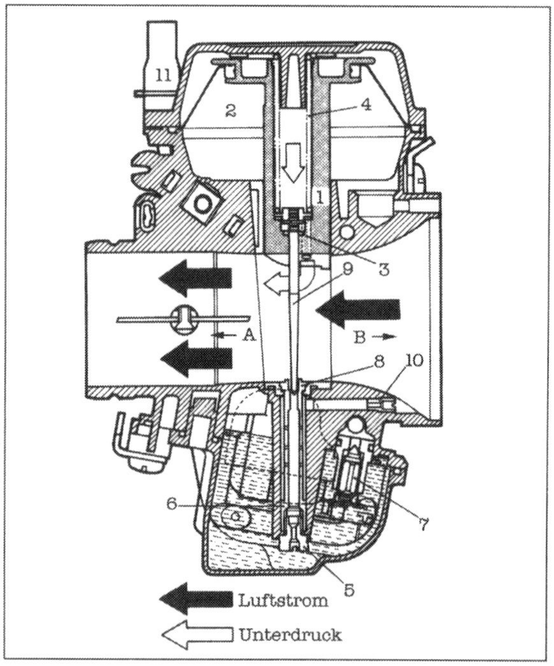

Bild 123b
Vergaserlängsschnitt-Prinzip
Drosselklappe voll geöffnet
1 Kolben
2 Membrangehäuse
3 Luftdüse
4 Feder
5 Hauptdüse
6 Mischrohr
7 Schwimmerkegelventil
8 Nadeldüe
9 Düsennadel
10 Vorluftdüse
11 Unterdruck-Messanschluss
A Zum Motor
B Vom Luftfilter

● TIP Obengenannte Spezifikation ist natürlich nur mit entsprechender Mess-Apparatur zu prüfen. Für uns Hobbymechaniker gilt: Falls Pumpe beim Einschalten der Zündung (Motorstoppschalter auf RUN/Kupplungshebel gezogen oder Getriebe auf NEUTRAL) nicht merklich vibriert und arbeitet, Pumpe und/oder Relais ② Bild 102 gegen bekanntermassen funktionierendes Exemplar probeweise austauschen (Bild 123).

4.2.1 Funktion und Feinabstimmung der Vergaser

Der Unter- oder Gleichdruckvergaser ist weitverbreiteter Standard, auch wenn seine Tage eigentlich gezählt sind, denn die elektronisch gesteuerte Benzin-Einspritzung ist dem Vergaser in den Belangen Leistungsausbeute und geringstmöglicher Schadstoff-Ausstoss (wird auch unter dem Etikett «Umweltfreundlichkeit» gehandelt) bei weitem überlegen. Noch kann der Vergaser der Einspritzung aber mit kaufmännischen Argumenten Paroli bieten.

Der herunterfahrende Kolben erzeugt im Zylinder «Unterdruck» (physikalisch korrekter ist die Formulierung: Luft wird durch den Umgebungsluftdruck in den Verbrennungsraum hineingedrückt, um die Druckverhältnisse auszugleichen), und in zusätzlicher Abhängigkeit zur Drosselklappenstellung wird durch die Luftdüse ③ Bild 123a Luft aus der Unterdruckkammer ② mitgerissen und so der Kolben gegen die Feder ④ nach oben «gesogen». Als Vorteil gegenüber dem simpleren Schiebervergaser verspricht der Gleichdruckvergaser dadurch eine fast gleichbleibende Strömungsgeschwindigkeit für gleichbleibend optimale Spritverneblung (→ geschmeidigeres Ansprechen, leichteres Abstimmen und geringeren Spritverbrauch). Im Rennsport wird die Querschnittsverengende Drosselklappe jedoch als Nachteil angesehen, was in der Praxis durch grössere Vergaser-Querschnitte wieder ausgeglichen wird. (Nichts desto trotz hält natürlich die Einspritzung verbreiteten Einzug bei den aktuellen Superbikes von HONDA, SUZUKI, YAMAHA und natürlich DUCATI, dem Vorreiter in der Nutzung der Einspritzung.)

Das Feinabstimmen beschränkt sich auf den Sportfahrerbereich, wo je nach Wetterlage (Luftdruck und Temperatur) noch das Allerletzte herausgekitzelt wird.

Dabei bietet sich als Abstimmungsmöglichkeit die Änderung der Hauptdüse und der Düsennadel an. Allerdings muss dabei behutsam und am besten mit viel Erfahrung vorgegangen werden. Einfach Luftfilter 'raus und dicke Hauptdüse 'rein – damit ist es nicht getan.

4.3 Montage

● Vor Einbau der Düsen sämtliche Durchlässe und Bohrungen mit Druckluft freiblasen.
● ⚠ Auf keinen Fall Draht o.ä. zum Reinigen der Düsen verwenden.
● Haupt- und Leerlaufdüse eindrehen (Bild 124).
● Schwimmerventilsitz mit leicht geöltem O-Ring von Hand eindrücken und mit Schraube ④ (Bild 114) befestigen.
● Schwimmer mit vormontiertem Ventilkegel einsetzen.
● Schwimmergehäusedeckel mit so gut wie neuem geöltem Dichtring, der sauber in Nut sitzt, versehen und vier Schrauben befestigen (Bild 113).
● Wasserschläuche der Vergaserheizung anbringen (Bild 113).

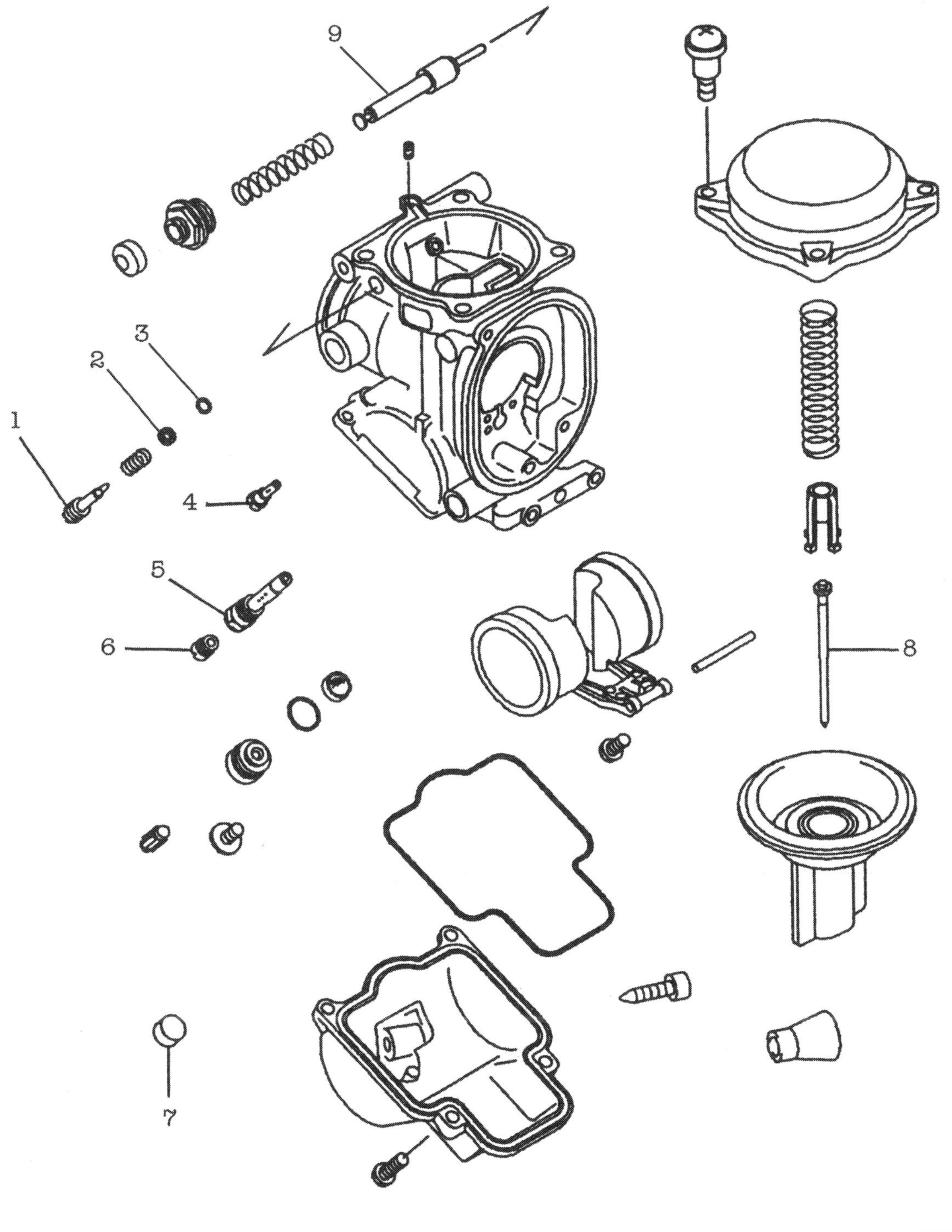

Bild 124
Vergaser
1 Leerlaufgemisch-Einsteller
2 Scheibe
3 O-Ring
4 Leerlaufdüse
5 Mischrohr
6 Hauptdüse
7 Stopfen für Schweiz-Modell
8 Düsennadel
9 Chokekolben

Bild 125
Membranlasche
in Nut einpassen

Grundeinstellung des Leerlaufgemisch-Einstellers

- Schraube (Reihenfolge der Teile ① – ③ Bild 124 beachten) bis zum lockeren Aufsitzen eindrehen (nicht gegen Sitz anziehen – Konusspitze ② Bild 119 wird beschädigt!). Dann um die beim Ausbau notierte Anzahl von Umdrehungen herausdrehen.
- KAWASAKI-Grundstellung: 1½ Umdrehungen heraus.
- Düsennadel mit Halter und Feder in Unterdruckkolben einsetzen (Bild 116).
- [Symbol] Dabei beachten, dass «Füsschen» des Halters Bohrung am Boden des Schiebers nicht verschliesst.

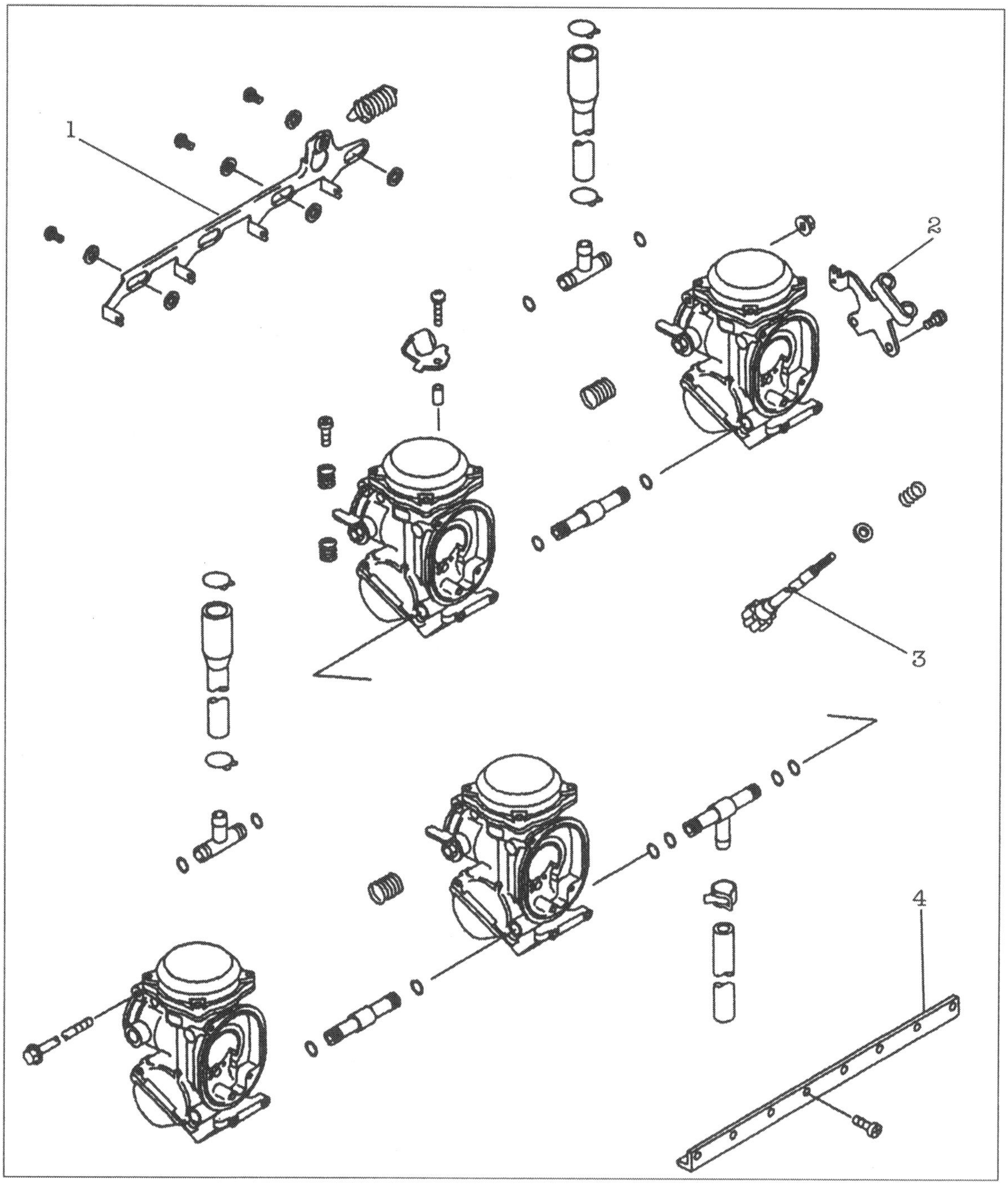

Bild 126
Vergaser koppeln
1 Chokestange
2 Seilzugaufnahme
3 Leerlaufdrehzahl-Einsteller
4 Verbindungsleiste

- Membrankolben so einsetzen, dass Membran sauber in Nut des Vergasergehäuses sitzt (Lasche in Aussparung Bild 125 einpassen).
- Deckel mit Feder aufsetzen.
- TIP Dabei Membrankolben mit Finger etwa «$^{3}/_{4}$» geöffnet halten.
- Deckel festhalten und erst loslassen, wenn zwei Schrauben eingedreht sind. Übrige Deckelschrauben eindrehen.
- Chokekolben-Überwurfmutter nicht zu fest in Gehäuse eindrehen.

Vergaser koppeln

- Vor Koppeln der Einzelvergaser Verbindungsstücke mit leicht geölten O-Ringen einsetzen (Bild 126).
- Vergaser zuerst paarweise koppeln (Abgleichfedern einsetzen).
- Vergaserpaare zum Ausrichten auf ebene Werkplatte andrücken (Drosselklappen nach unten).
- Verbindungsstangen einschieben und Mutter anziehen.
- Verbindungsleiste anbringen und Befestigungsschrauben festziehen.
- Drosselklappenwelle auf freie Drehbarkeit prüfen (sie muss leicht und selbsttätig zurückschnappen).
- Choke-Betätigungsstange so anbringen, dass Betätigungsstange in Nuten der Chokekolben eingreift.
- Darauf achten, dass sich Stange ruckfrei bewegen lässt und die Chokekolben selbsttätig in ganz geschlossene Stellung zurückgehen.
- Seilzüge anbringen.
- TIP Damit Vergaser leichter auf Ansauggummis schlupfen, Gummis innen leicht mit Sprayöl (Castrol 4in1-Sprayöl o.ä.) einnebeln.
- Luftfiltergehäuse (Kapitel 3.4) und Schläuche anbringen.
- Leerlauf-, Abgleich- und Seilzugeinstellung vornehmen, wie in Kapitel 3.9 beschrieben.
- Tank und Verkleidung montieren (Kapitel 3.2).
- Schläuche der Vergaserheizung anschliessen (mit Federschellen sichern) und Kühlsystem entlüften (Kapitel 3.6).

5 Starter

5.1 Ausbau

Der Starter kann bei eingebautem Motor ausgebaut werden.

- Benzintank abnehmen (Kapitel 3.2).
- ⚠ Bei ausgeschalteter Zündung zuerst negatives Kabel der Batterie abklemmen, bevor Arbeiten am Starter vorgenommen werden.
- Pluskabel ① (Bild 127) von Starter trennen,

Bild 127
Starter aus- und einbauen
1 Pluskabel
2 Befestigungsschrauben

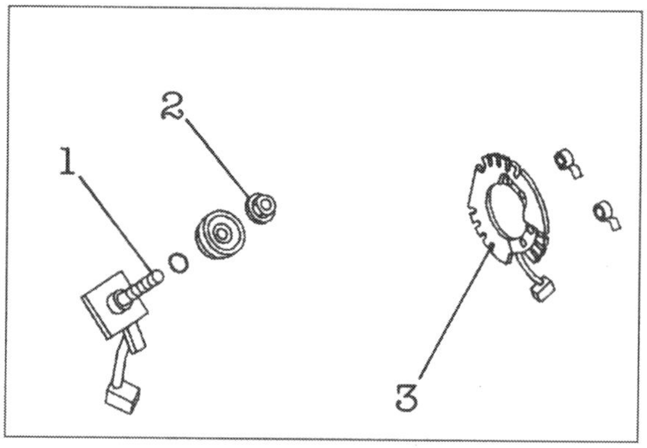

Bild 128 ➤
Starterbürsten
1 Anschlussschraube
2 Gegenmutter
3 Bürstenhalterplatte

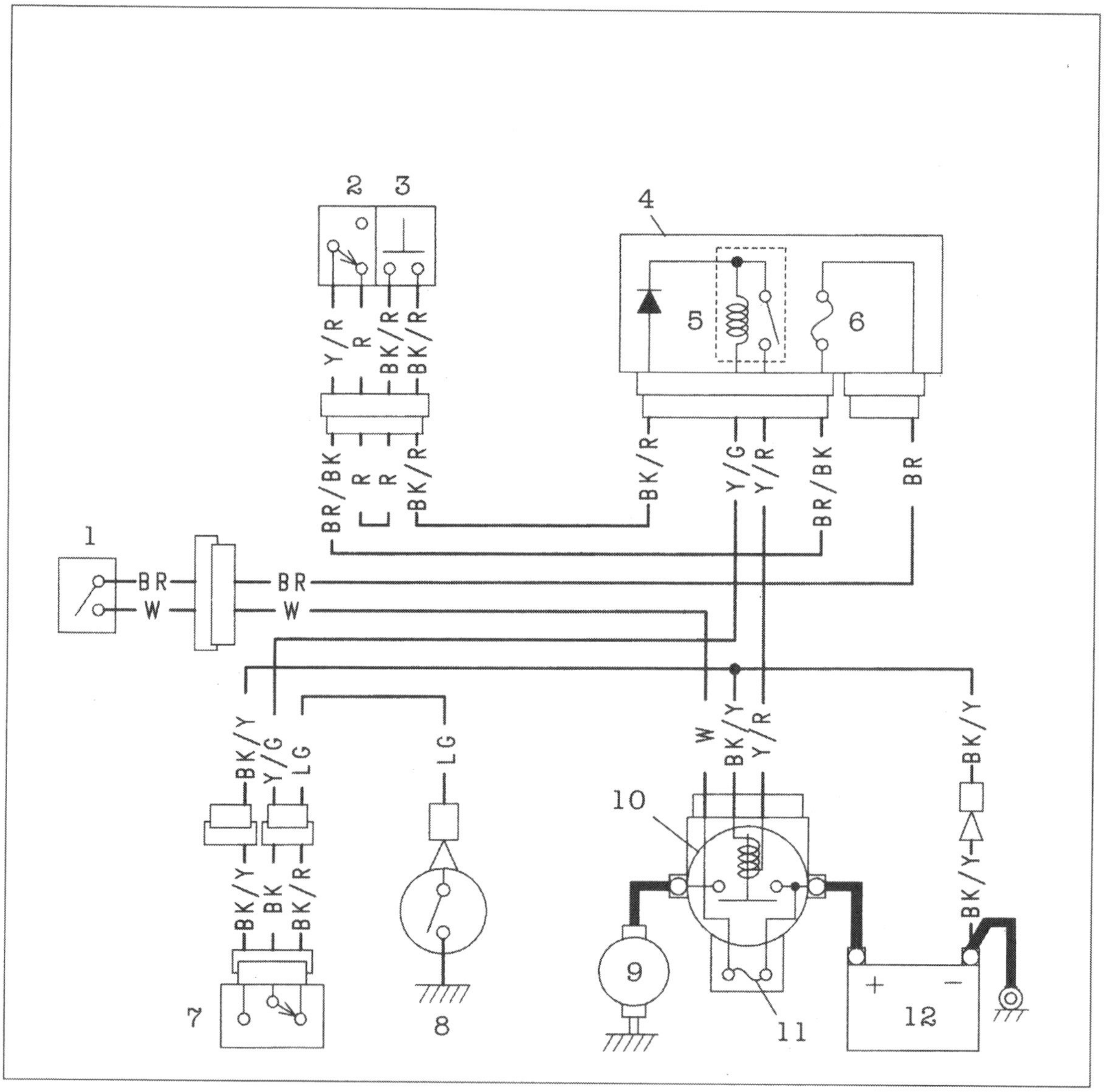

Bild 129
Starterstromkreis
1 Zündschloss
2 Motorstoppschalter
3 Starterknopf
4 Verteiler-/Sicherungskasten
5 Starterstromkreis-Relais
6 Zündungssicherung 10 A
7 Startersperrschalter
8 NEUTRAL-Schalter
9 Startermotor
10 Starterrelais
11 Hauptsicherung 30 A
12 Batterie

Kabelfarben
BR Braun
BK Schwarz
BL Blau
R Rot
W Weiss
Y Gelb

zwei Befestigungsschrauben ② herausdrehen und Starter nach rechts herausnehmen. Dabei leicht am Starter «ruckeln», jedoch nicht auf das Gehäuse hämmern!

- Zwei Gehäuseschrauben ausdrehen und Rück- und Frontdeckel abnehmen. Mit dem rechten Gehäusedeckel kommen Bürstenplatte und Bürsten heraus
- Anker herausführen.
- Gegenmutter ② der Anschlussschraube ① (Bild 128) ausdrehen und entfernen. Dann die Bürste mit der Bürstenplatte vom rechten Deckel abnehmen.
- Ausbau des Starterfreilaufs ist in Kapitel 6 Generator beschrieben.

5.2 Prüfen und Vermessen

- Starterstromkreis siehe (Bild 129).
- Profil- und O-Ringe auf Beschädigung überprüfen.
- Bürstenlänge messen; Verschleissgrenze 8,5 mm (Neu: 12,5 mm; Bild 130).
- Falls riefig, Kollektorlamellen mit feinem Schmirgelleinen abziehen und Nuten zwischen Lamellen mit Reissnadel o.ä. auskratzen. Dabei beachten, dass die Verschleissgrenze für den Kollektor-Durchmesser bei 27 mm liegt (Neu: 28 mm; Bild 131).
- Stromdurchgang zwischen einzelnen Kollektorlamellen ist normal (Messung #2 Bild 132), bei Stromdurchgang zwischen Kollektorlamelle und Ankerwelle (Messung #1), Anker auswechseln.
- Kollektorlamellen dürfen keine Verfärbungen aufweisen; paarweise verfärbt deuten sie auf geerdete Ankerwicklungen hin.
- Es darf kein Stromdurchgang zwischen Kabelanschluss und Gehäuse bestehen. Stromdurchgang zur Minusbürste ist normal.
- Zur Prüfung des **Starterrelais** (auch Startmagnetschalters genannt; Einbaulage siehe Bilder 133 und 102) müssen, wie zu allen anderen aussagefähigen Messungen des Elektrik-Systems auch, die Stecker auf Wackelkontakte oder korrodierte Kontaktstifte untersucht werden.
- Batterie mit Überbrückungskabel direkt an Startermotor anschliessen.
- ⚠ Dabei ein Kabel mit ausreichend dickem Querschnitt verwenden – hohe Stromstärke!

Falls Starter arbeitet, ist Relais wahrscheinlich defekt.

- Magnetspule des Relais prüfen:

Widerstand an «Starkstrom»-Anschlüssen muss ohne Batterie an Spulenanschlüssen unendlich sein; bei angeschlossener Batterie gemäss Bild 134 → 0 Ω.

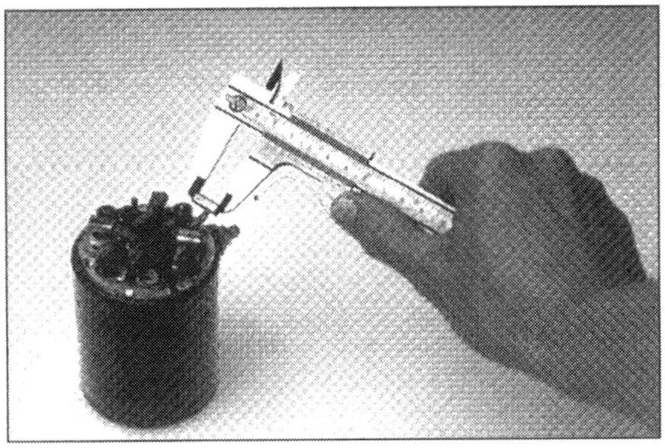

Bild 130
Bürstenlänge messen
(ZX-6-Starter sieht etwas anders aus, spielt aber hier keine Rolle)

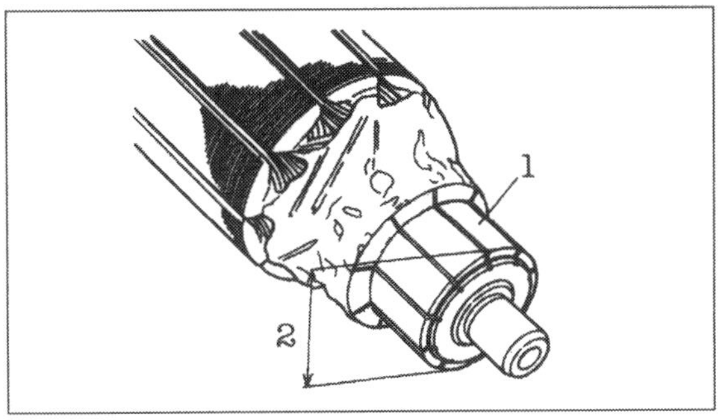

Bild 131
Kollektordurchmesser-Verschleissgrenze 27 mm
1 Lamelle
2 Kollektordurchmesser

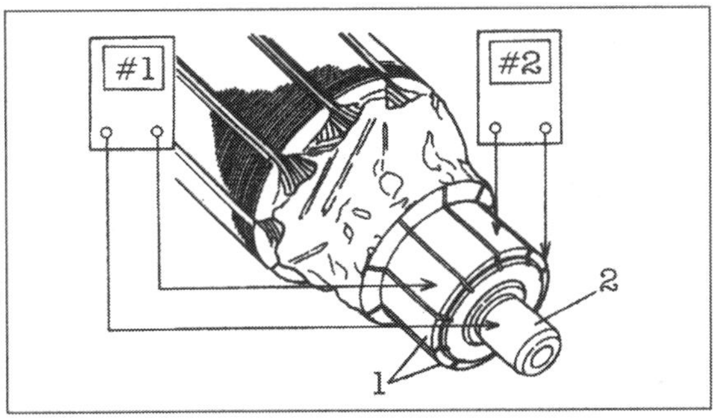

Bild 132
Ankerwicklungen prüfen
1 Lamellen
2 Ankerwelle

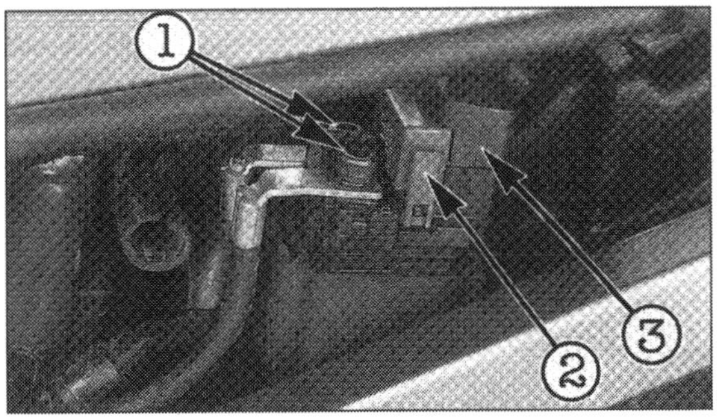

Bild 133
Starterrelais
1 «Starkstrom»-Anschlüsse
2 Halterungsclip der Hauptsicherung 30 A
3 Steueranschlüsse der Magnetspule

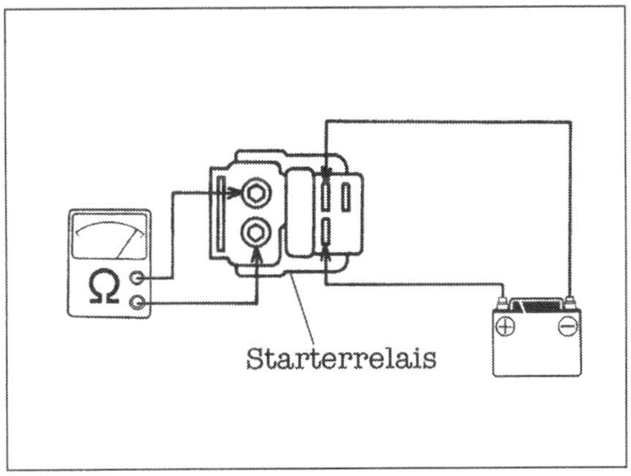

Bild 134
Magnetspule des Starterrelais prüfen

5.3 Montage – Bild 135

● Bürstenhalterplatte in Rückdeckel einsetzen und Kollektor zwischen Bürsten schieben (Bild 136).
● O-Ringe leicht gefettet anbringen (Bild 137).
● Gehäuse über Anker aufschieben.
Dabei Aussparungen und Markierungen wie gezeigt aufeinander ausrichten (Bild 138).
● Frontdeckel so anbringen, dass Gehäuseschraube mit Markierung fluchtet (Bild 139).
● O-Ring leicht gefettet in Nut des Frontdeckels einsetzen.
● Auflageflächen des Starters am Motorgehäuse und Starter selbst reinigen, um einwandfreien Massekontakt zu gewährleisten.
● Starter an Motorgehäuse einbauen und anschliessen (Bild 130).
● Batterie wieder anschliessen und Tank montieren.

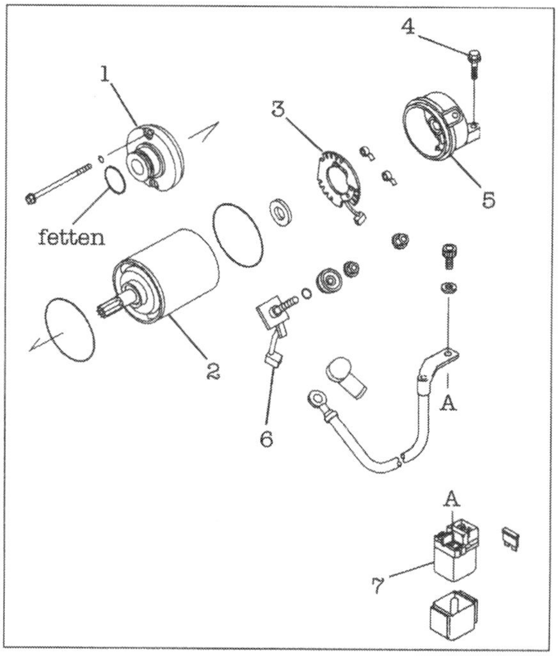

Bild 135
Startermotor
1 Frontdeckel
2 Gehäuse
3 Bürstenhalterplatte
4 Befestigungsschraube 9,8 Nm
5 Rückdeckel
6 Plusbürste
7 Starterrelais mit Hauptsicherung 30 A

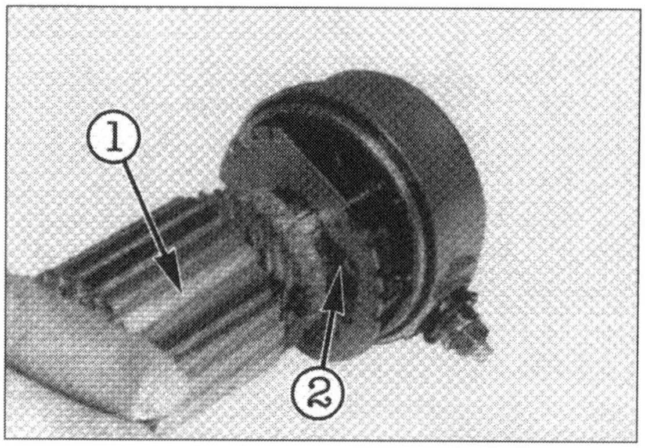

Bild 136
Anker in Bürstenhalterplatte einsetzen
1 Anker
2 Bürsten

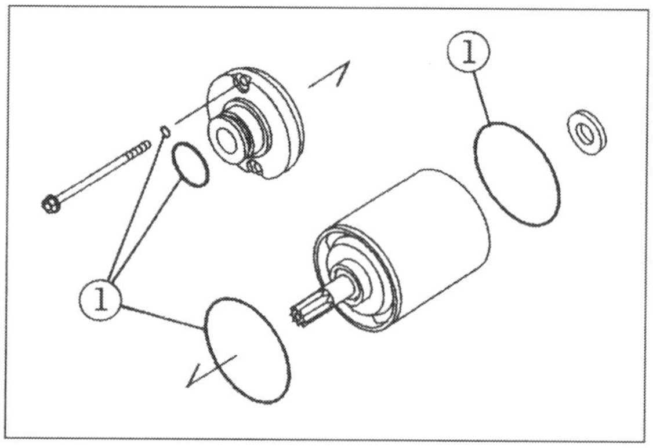

Bild 137 ➤
O-Ringe ① leicht gefettet montieren

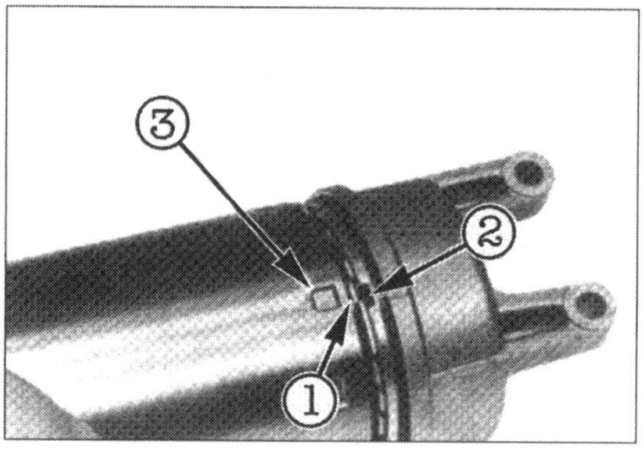

Bild 138
Aussparungen und Markierungen aufeinander ausrichten
1 Bürstenhalter-Aussparung
2 Rückdeckel-Aussparung
3 Gehäuse-Markierung

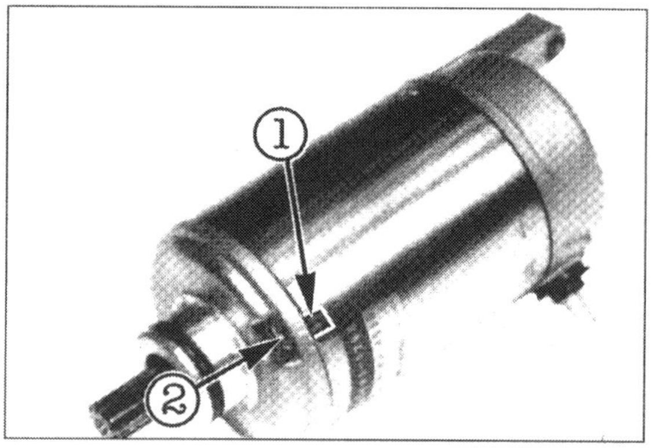

Bild 139 ➤
Frontdeckel montieren
1 Gehäuse-Markierung
2 Gehäuseschraube

6 Generator

6.1 Ausbau

- ⚠ Der Generator muss zur Prüfung der Ladespannung nicht ausgebaut werden.
- TIP Generatorrotor muss zum Trennen der Kurbelgehäusehälften nicht ausgebaut werden.

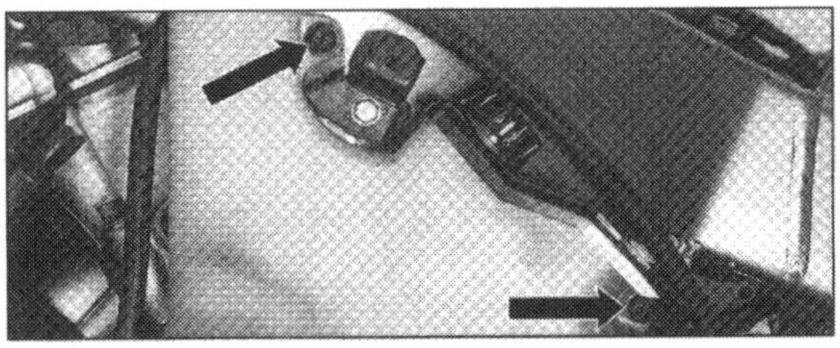

Bild 140
Befestigungsschrauben des Kühlmittel-Ausgleichsbehälters

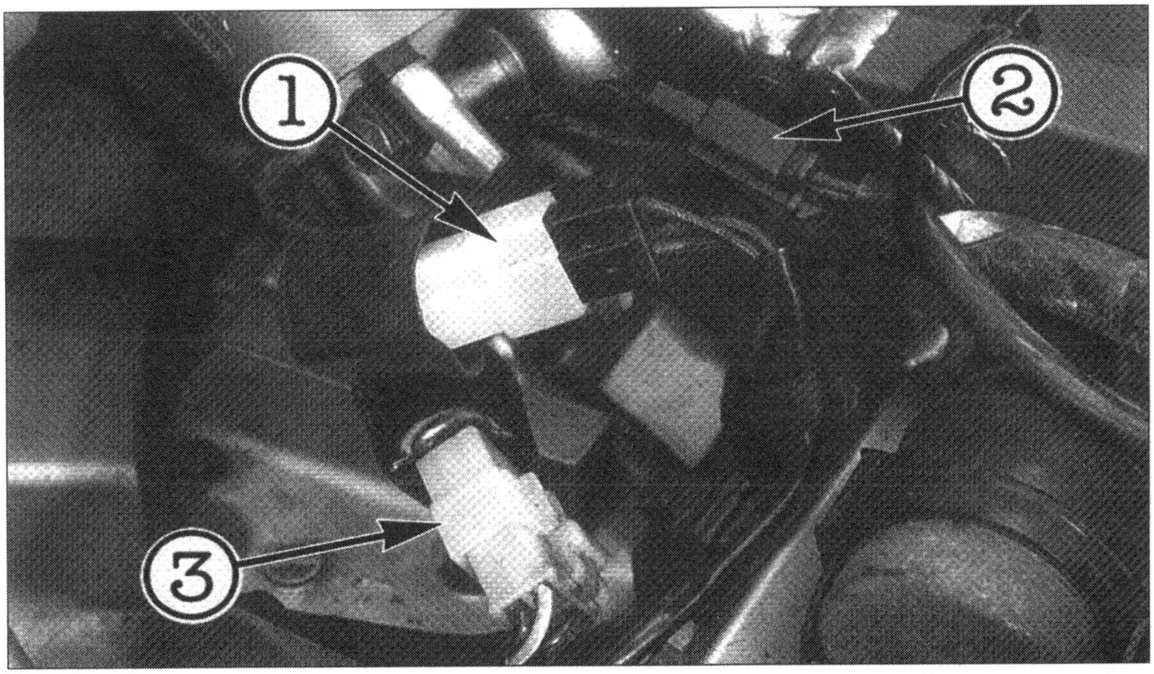

Bild 141
Elektrikstecker unter Tank
1 Generatorstecker
2 Benzinpumpenstecker
3 Stecker für Pickup, Öldruck und Temperatur-Anzeige

Generatordeckel und Statorspulen

- Linke untere Seitenverkleidung und Tank abnehmen (Kapitel 3.2).
- Kühlflüssigkeits-Ausgleichsbehälter abnehmen (Bild 140). (Es genügt, ihn nach oben zu schieben und dort mit Klebeband provisorisch zu befestigen.)
- Generatorstecker trennen und Kabel freilegen (Bild 141).
- Auffanggefäss für Lecköl unter Generatordeckel stellen.
- Acht Befestigungsschrauben (Bild 142) ausdrehen und Generatordeckel abnehemen.
- Zum Ausbau der Statorspulen Schrauben ① und ② (Bild 143) ausdrehen.

Bild 142
Generatordeckelschrauben

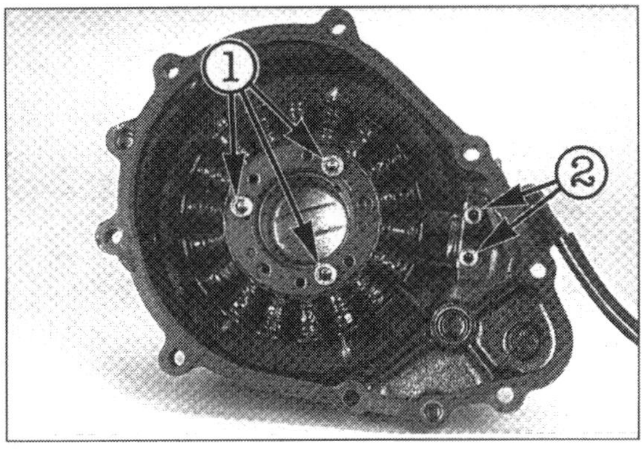

Bild 143
Statorspulen
1 Statorschrauben
2 Kabelführungsschrauben

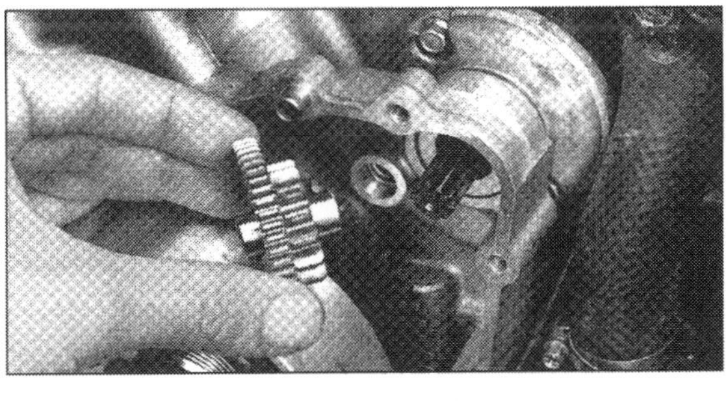

◄ **Bild 144**
Starterzwischenrad mit Welle

Rotor

- Starterzwischenrad mit Welle entnehmen (Bild 144).
- Motoröl vom Rotorumfang abwischen.
- Mit Blockierwerkzeug (z.B. KAWASAKI-Werkzeug 57001-1313) festhalten und Rotormutter ausdrehen (Bild 145).
- Mit den KAWASAKI-Werkzeugen 57001-1223 und 57001-1216 (Schwungradabziehwerkzeug und Rotorabziehwerkzeug; etwas irritierende Namensgebung seitens KAWASAKI) Rotor ausbauen: Werkzeuge auf Rotor auf- und einschrauben, und mit Stahlhammer auf Kopfstück des Abziehwerkzeugs schlagen (Bild 146).
- ⚠ Keinesfalls auf Rotor schlagen – Rotor entmagnetisiert sich durch Erschütterung!
- Starterfreilaufrad vom Kurbelstumpf abnehmen. Falls defekt, Freilaufrollen, Hülsen und Feder aus Rotor entnehmen (Bild 147).

Regler/Gleichrichter

- Regler/Gleichrichter (Bild 148) nach Trennen des Steckers und Ausdrehen der Befestigungsschrauben abnehmen.

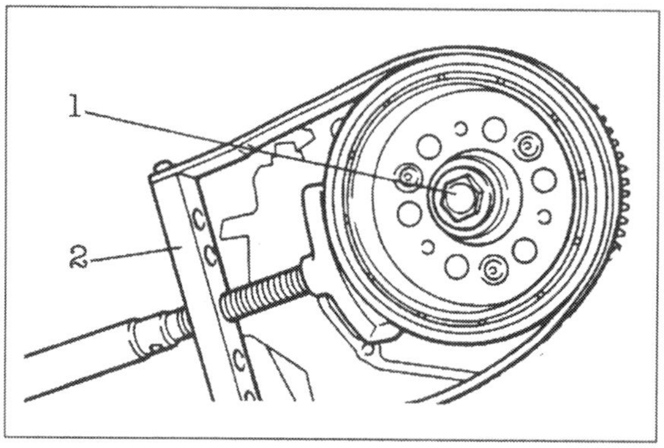

Bild 145
Rotormutter aus- und eindrehen
1 Rotormutter
2 Blockierwerkzeug (z.B. KAWASAKI-Werkzeug 57001-1313)

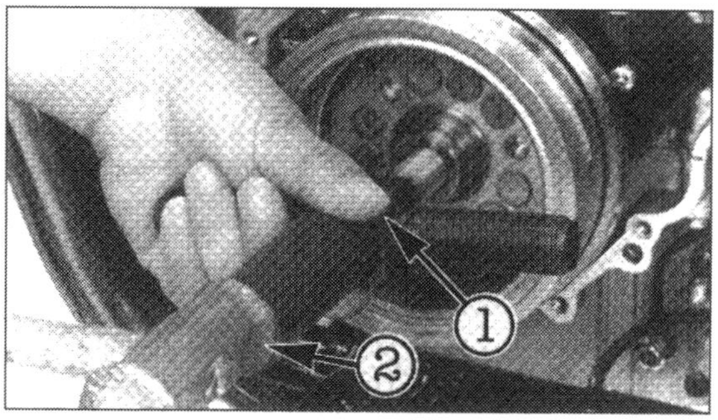

Bild 146
Rotorausbau (hier prinzipgleiche Zweizylinder-Kawa)
1 Abziehwerkzeug
2 Stahlhammer

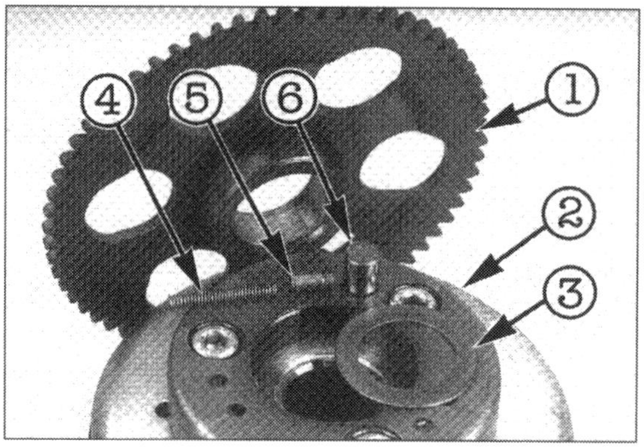

Bild 147
Starterfreilauf
1 Freilaufrad
2 Rotor
3 Scheibe
4 Feder
5 Hülse
6 Freilaufrolle

➤ **Bild 148**
Regler/Gleichrichter

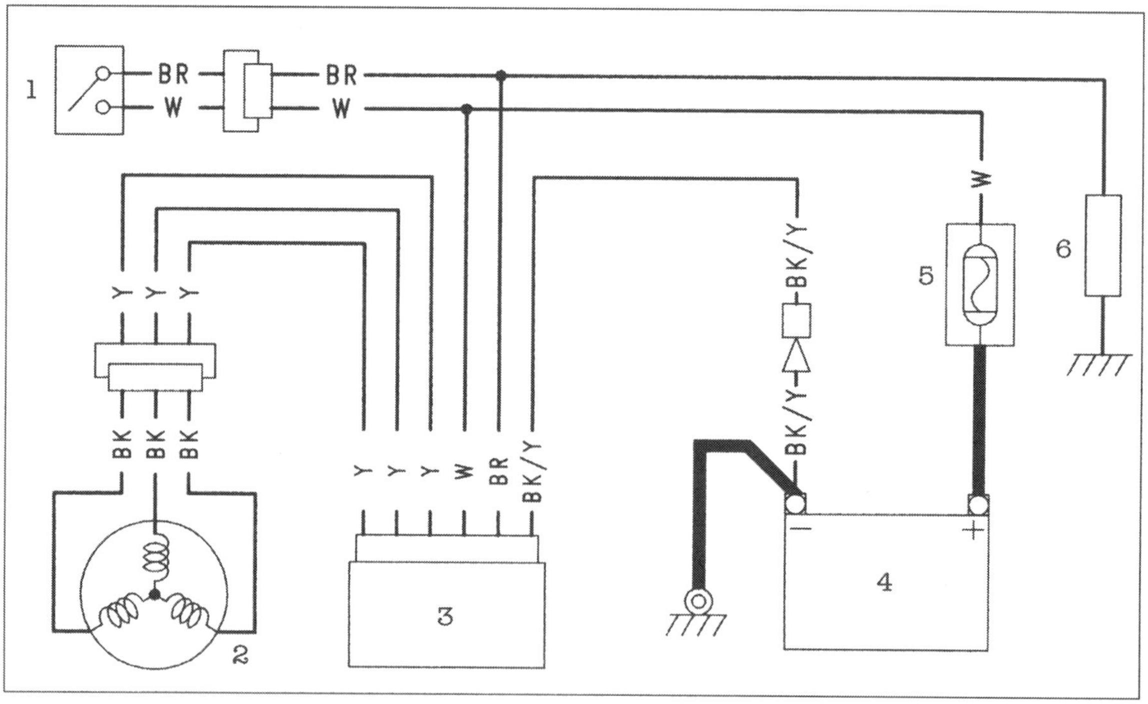

Bild 149
Ladesystem-Stromlaufplan
1 Zündschloss
2 Generator
3 Regler/Gleichrichter
4 Batterie
5 Hauptsicherung 30 A
6 Verbraucher
Kabelfarben
BR Braun
BK Schwarz
BL Blau
R Rot
W Weiss
Y Gelb

6.2 Prüfen und Vermessen

- Ladesystem-Stromlaufsplan (Bild 149).
- Vor Prüfung des Ladesystems müssen Stecker auf Wackelkontakte oder korrodierte Kontaktstifte untersucht werden.

Bei einem defekten Generator können drei Arten von Störungen auftreten: Kurzschluss, Unterbrechung oder Ausfall der Magnetwirkung des Rotors. In allen drei Fällen ist die Spannung zu niedrig oder überhaupt nicht vorhanden.

Die Magnetwirkung des Rotors kann sich durch Erschütterung/Schlag, oder einfach durch Alterung mindern.

Freilaufspannung

Freilaufspannung wird die Spannung genannt, die der Generator ungeregelt abgibt (hat also nichts mit dem Starterfreilauf zu tun).

- Tank abnehmen und Handtester (Messbereich bis 250 V) an Stecker ① (Bild 141) anschliessen.
- Benzinzufuhr mit Hilfstank oder verlängerten Schläuchen improvisieren und Motor starten.
- Zwischen allen drei schwarzen Kabeln Spannung bei 4000/min des Motors messen (insgesamt drei Messungen); Sollwert 45 V.
- Bei Erreichen des Sollwerts ist der Generator o.k. und der Regler/Gleichrichter vermutlich defekt.
- Widerstand der Statorspulenanschlüsse am Stecker untereinander messen (drei Messungen; Sollwert 0,2 – 0,6 Ω). Es darf kein Durchgang zu Masse bestehen.

Regelspannung

- Zur Messung der Regelspannung muss Batterie in gutem Zustand (Batteriespannung mindestens 12,8 V) und Motor auf Betriebstemperatur sein.
- Staubschutz des Reglersteckers abziehen (Bild 148; Reglerstecker nicht abziehen!).
- Voltmeter (Messbereich bis 25 V) an Rückseite des Reglersteckers (positive Messspitze an weisses Kabel; negative an schwarz/gelbes Kabel) anschliessen.
- Motor starten und Drehzahl allmählich erhöhen.
- Spannung am Voltmeter bei unterschiedlichen Drehzahlen und Belastung (Licht ein/aus) beobachten.
- Spannung muss bei Leerlaufdrehzahl etwa Batteriespannung erreichen und sich bei erhöhter Drehzahl auf 14 – 15 Volt einregeln.
- Falls sich Regelspannung nicht einstellt und auch Ladespulen in Ordnung sind, Anschlüsse des Reglers kontrollieren. Gegebenenfalls Regler ersetzen.

Regler/Gleichrichter-Stromkreis

- Widerstand der drei Y-Anschlüsse (Bild 150) jeweils gegen W- und BK/Y-Anschluss messen.
- In einer Richtung sollte der Widerstand niedrig sein, in der anderen etwa zehnmal so hoch. Andernfalls Regler/Gleichrichter ersetzen.
- TIP Praxisgerechter ist der Austausch des Reglers gegen ein bekanntermassen funktionierendes Exemplar.

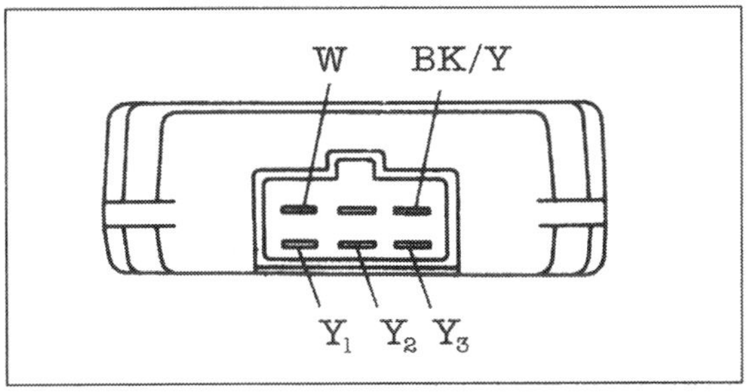

Bild 150
Regleranschlüsse

Starterfreilauf

- Freilaufrad mit allen Einzelteilen (Bild 147) in Rotor montieren.
- Freilaufrad muss sich in Richtung ① (Bild 151) frei durchdrehen lassen und Richtung ② sperren.

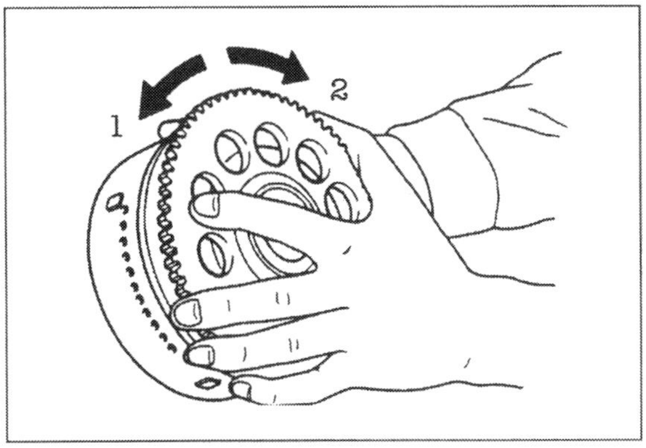

Bild 151
Starterfreilauf prüfen
1 Frei drehen
2 Sperren

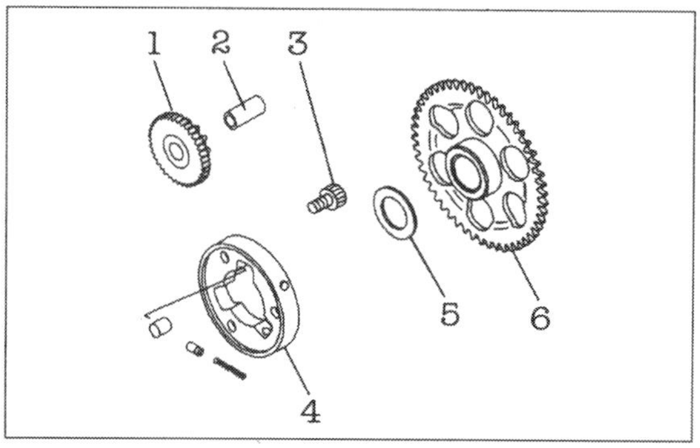

Bild 152
Starterfreilauf
1 Zwischenrad
2 Welle
3 Befestigungsschraube 33 Nm
4 Gehäuse
5 Scheibe
6 Freilaufrad

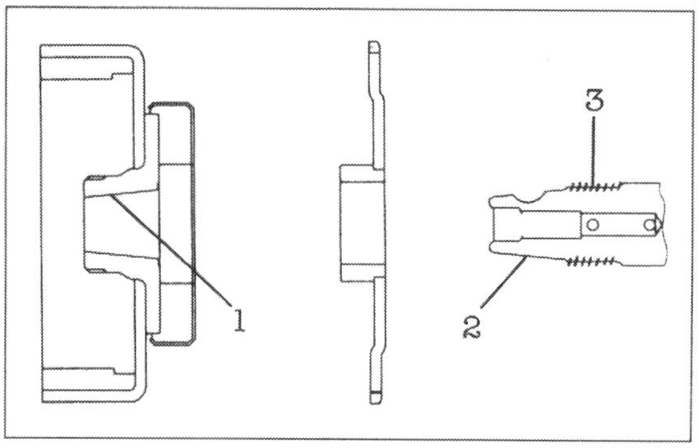

Bild 153
Freilaufrad und
Rotor montieren
1 Rotor-Innenkonus
2 Kurbelwellenkonus
3 MoS_2-Fettschicht auf
Kurbelstumpf

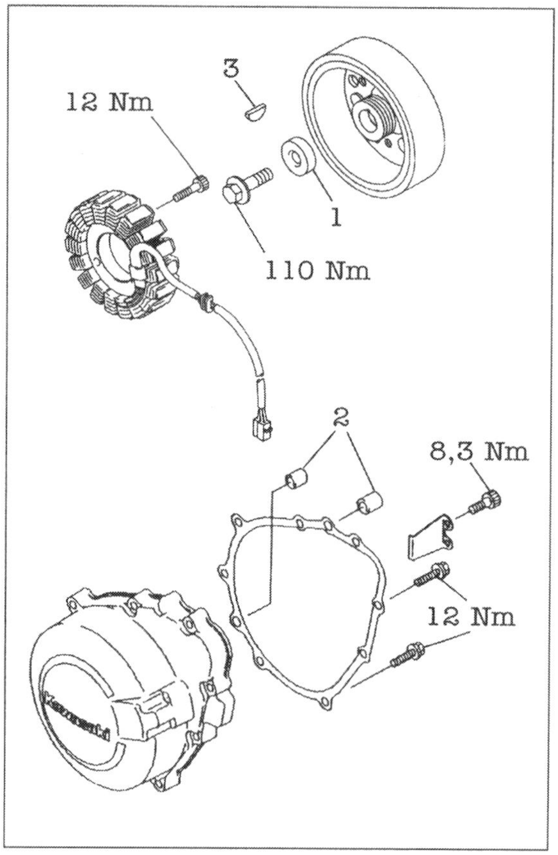

Bild 154
Generatormontage mit
Anzugsmomenten
1 Scheibe
2 Passhülsen
3 Wellenkeil

6.3 Montage

Starterfreilauf

- Falls demontiert Starterfreilauf-Gehäuse ④ (Bild 152) an Generatorrotor anbringen (siehe auch Bild 147). Dabei flüssige Schraubensicherung auf Gewinde der Befestigungsschrauben ③ beigeben.

Rotor

- Kubelwellenkonus ① und Rotor-Innenkonus ② (Bild 153) reinigen (öl- und fettfrei).
- Dünne MoS_2-Fettschicht auf Kurbelstumpf ③ auftragen.
- Freilaufrad und Scheibe ⑤ (Bild 152) auf Kurbelstumpf aufsetzen.
- Kurbelwellenkonus ② (Bild 153) nochmal reinigen (öl- und fettfrei).

Wellenkeil (Bild 154) korrekt in Nut des Kurbelwellenkonus einsetzen.

- Rotor aufsetzen und dabei gleichzeitig Freilaufrad im Uhrzeigersinn drehen, damit Freilaufrollen ins Gehäuse eingedrückt werden und Platz machen für Rotor.
- Scheibe ① (Bild 154) so einbauen, dass abgeschrägte Seite nach aussen weist.
- Rotor blockieren (Bild 145) und Rotorschraube eindrehen (110 Nm).
- Zwischenrad und Welle einbauen (Bild 144).

Statorspulen und Generatordeckel

- Statorspulen in Deckel anbringen und Befestigungsschrauben anziehen (Bilder 143 und 154; 12 Nm).
- Kabeltülle der Generatorleitung aussen mit Silikondichtmasse balsamieren und in Aussparung des Gehäusedeckels eindrücken.
- Kabelniederhalter anbringen (8,3 Nm).
- Dichtfläche säubern (öl- und fettfrei) und auf Höhe der Kurbelgehäuse-Trennlinie etwa 10 mm nach oben und unten dünn Silikondichtmasse auftragen.
- Neue Dichtung und zwei Passhülsen einsetzen.
- Acht Befestigungsschrauben des Gehäusedeckels (Bild 142) schrittweise über Kreuz anziehen (12 Nm).
- Übrige Arbeitsschritte in umgekehrter Ausbaureihenfolge (Kühlmittel-Ausgleichsbehälter, Verkleidung und Ölstandkontrolle).

7 Zündsystem

Bild 155
Einbaulage der Zündspulen im Rahmen unter Tank
1 Temperaturanzeige-Stecker
2 Zündspule von Zylinder #1 und #4
3 Zündspule von Zylinder #2 und #3

7.1 Ausbau

● ⚠ Zündungsbauteile müssen zur Prüfung der Widerstandswerte der Spulen und des Zündzeitpunkts nicht ausgebaut werden.
● Einbaulage der Zündspulen (Bild 155).
● Einbaulage der Zündbox (Bild 156).
● Zum Ausbau der Impulsgeberspule (Pickup) Stecker ③ Bild 141 trennen und Kabel freilegen.
● Dieser Stecker dient auch als Verbinder von Temperatur-Anzeige und Öldruck.
● Deswegen auch Kabel vom Öldruckschalter (Bild 157) und Temperaturanzeige-Stecker ① (Bild 156) abnehmen.
● Zündkontrolldeckel (Bild 35) abnehmen.
● Pickup nach Ausdrehen der Befestigungsschrauben ① Bild 158, Rotor nach Ausdrehen der Schraube ② abnehmen.

Bild 156
Zündbox rechts am Heckrahmen

Bild 157
Kabelanschluss des Öldruckschalters rechts unten am Motor

7.2 Prüfen und Vermessen

● Systemstromlaufplan siehe Bild 159.

Zündzeitpunkt
Der Zündzeitpunkt moderner elektronischer Zündanlagen unterliegt keinem Verschleiss und ist daher auch nicht einstellbar.
Die Kontrolle des Zündzeitpunkts dient daher einzig der Kontrolle der einwandfreien Funktion aller Zündungs-Bauteile.
KAWASAKI macht übrigens auch keine Angaben

Bild 158
Zündsteuerung
1 Befestigungsschraube des Zündrotors
2 Befestigungsschrauben des Pickups
3 F- (Zünd-)-Markierung für Zylinder #2 und #3
4 Drehrichtungs-Anzeigepfeil
5 Kabeltülle

zum Prüfverfahren des Zündzeitpunkts. Das folgende Verfahren ist also nicht das «amtliche», sondern ist nach eigenem Ermessen durchzuführen. Warum? Zündrotor und Pickup laufen quasi im Ölbad (zumindest im Ölsprühnebel), und wir könnten bei abgenommenem Deckel und laufendem Motor der Kurbelwelle hübsch beim Drehen zukucken – was natürlich eine riesen Ölsauerei verursacht!

Also sollte mit einem zurechtgemachten Blechstück zumindest die untere Hälfte der Gehäuseöffnung wieder geschlossen werden (dabei Drehbewegung des Rotors nicht behindern!).

- Stroboskoplampe gemäss Herstellerangabe anschliessen (in der Regel mit einer Induktionsklemme, die an Zündkabel von linkem Zylinder #1 oder rechtem Zylinder #4 angeschlossen wird).
- Zündkontrolldeckel (Bild 35) abnehmen.
- Maschine mit normaler Betriebstemperatur im Leerlauf tuckern lassen und Stroboskoplampe auf Zündrotor richten.
- Zündmarke ③ (Bild 158) muss mit Gehäuse-Trennlinie fluchten. (Gemäss Bild 158 muss Induktionsklemme der Stroboskoplampe natürlich an Zylinder #2 oder #3 angeschlossen sein.)

Zündspule

- TIP Bei Prüfung der Zündspule sind gemessene Widerstandswerte mit Vorsicht zu geniessen, da eine schadhafte Zündspule «im Trockenen» durchaus Sollwerte aufweisen kann, im Betrieb aber durch Erwärmung Zündfunken überall hingeben kann, nur nicht an Zündkerzen.
- Zündspule braucht zur Widerstandsmessung nicht ausgebaut zu werden. Widerstand der Primärwicklung zwischen Steckkon-

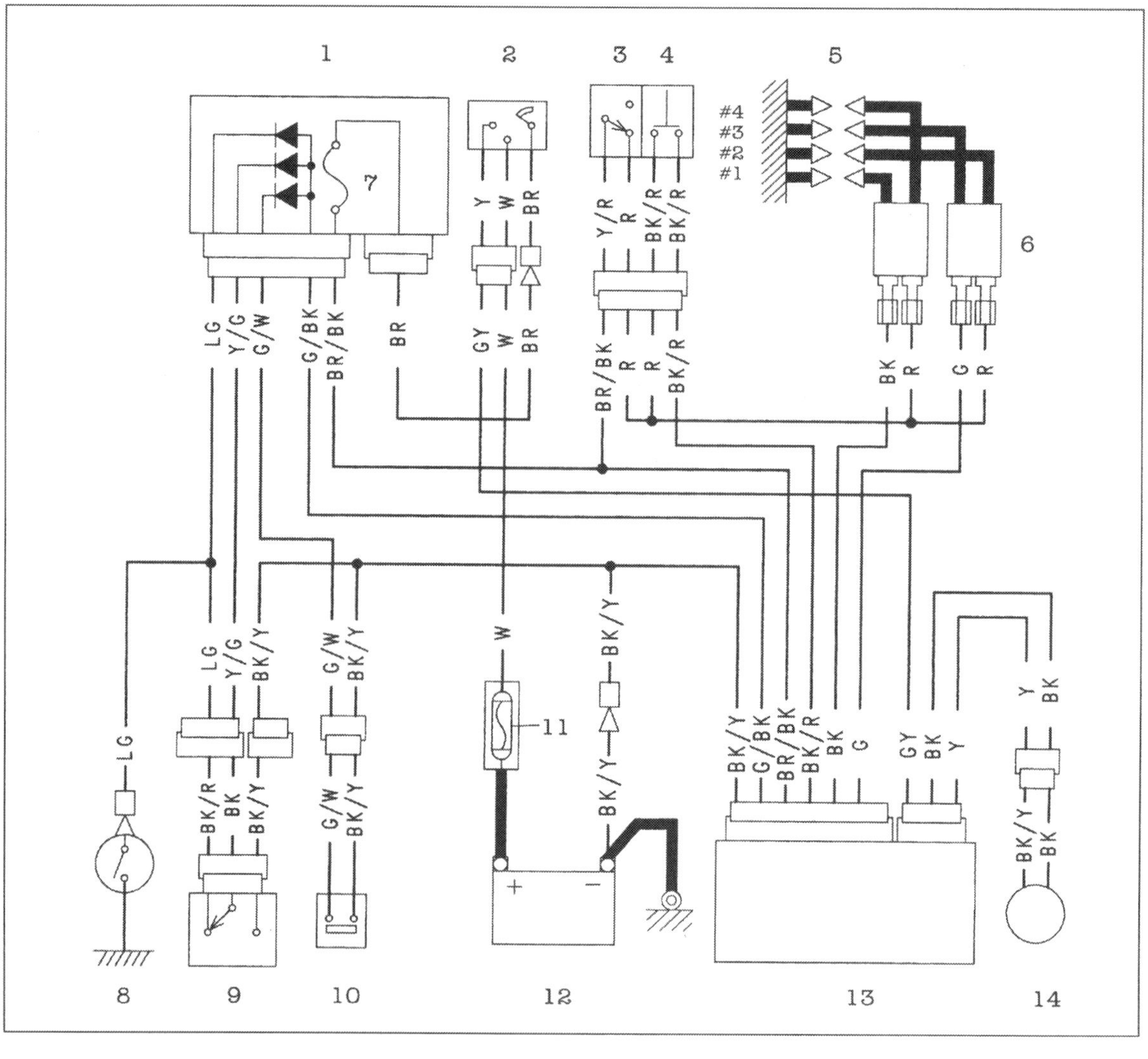

Bild 159
Zündsystem-Stromlaufplan
1 Verteiler-/Sicherungskasten
2 Zündschloss
3 Motorstoppschalter
4 Starterknopf
5 Zündkerzen
6 Zündspulen
7 Zündungssicherung 10 A
8 NEUTRAL-Schalter
9 Startersperrschalter
10 Seitenständerschalter
11 Hauptsicherung 30 A
12 Batterie
13 Zündbox
14 Pickup
Kabelfarben
BR Braun
BK Schwarz
BL Blau
R Rot
W Weiss
Y Gelb

takten der Zündspule messen (Bild 160); Sollwert: 2,6 – 3,2 Ω bei 20°C.

- [TIP] Wer auch nur mit vagen Grundkenntnissen in der manchmal wundersamen Welt der Elektrik und Elektronik behaftet ist, weiss, dass dermassen genaue Werte niemals genau eingehalten werden, dazu haben unsere Messgeräte eine viel zu hohe Toleranz. Die genaue Einhaltung ist auch nicht notwendig, es genügt, wenn Werte «in etwa» eingehalten werden.
- Widerstand der Sekundärwicklung zwischen Zündkabeln messen (Kerzenstecker mit Drehung gegen Uhrzeigersinn abschrauben; Bild 160); Sollwert: 13 – 17 kΩ.
- Zur Messung des Spulenwiderstands des Pickups (Zündimpulsgeberspule) Stecker abziehen. Widerstand zwischen schwarz/gelbem und schwarzem Kabel muss zwischen 380 und 570 Ω liegen (Bild 161).

Hat sich nach oben stehenden Prüfungen und Messungen immer noch kein Zündfunke eingestellt oder ist kein Defekt zutage gefördert worden, steht eine Erneuerung der Zündbox an. Wer sicher gehen will, dass auch wirklich nur Schrott weggeschmissen wird, kann Zündbox in einer KAWASAKI-Werkstatt, die über entsprechendes Messgerät verfügt, durchmessen lassen.

- [TIP] Praxisgerechter ist der Probeaustausch der Zündbox (gegebenenfalls auch Zündspulen oder Pickup) gegen ein bekanntermassen funktionierendes Exemplar.

7.3 Montage

- Pickup-Befestigungsschrauben eindrehen.
- Kabeltülle mit Silikondichtmasse balsamieren und in Gehäuseaussparung eindrücken (Bild 158).
- Auf sauberen Sitz der Kabeltülle im Gehäuse achten. Auch flüssige Dichtmasse auf Dichtfläche der Kabeltülle beigeben.
- Zündrotor auf Kurbelstumpf aufsetzen (passt nur in einer Stellung) und mit Innensechskantschraube befestigen (Bild 162).
- Dichtfläche säubern und auf Höhe der Kurbelgehäuse-Trennlinie etwa 10 mm nach oben und unten dünn Silikondichtmasse auftragen.
- Deckel mit neuer Dichtung aufsetzen.
- [TIP] Kontakte der Stecker reinigen und leicht mit Batterie-Polfett oder Vaseline balsamieren.
- Auf das korrekte Einrasten sämtlicher Stecker achten.

Zündspulen

- Zündspulen innen am Rahmen befestigen (Bilder 155 und 163).
- Kerzenkabel anschliessen (Bild 155):

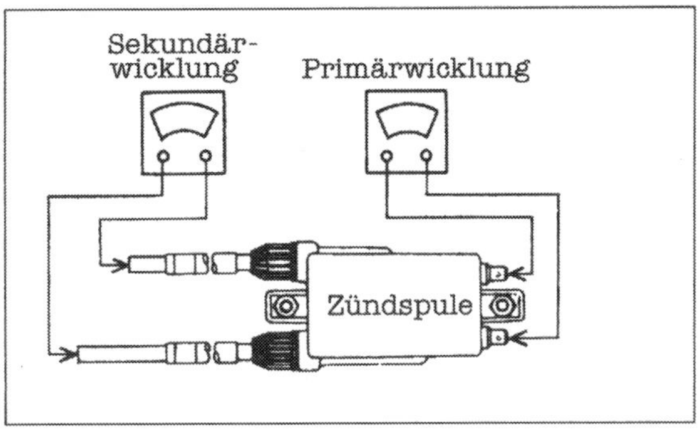

Bild 160
Zündspulenwiderstände messen
Primärwicklung 2,6 – 3,2 Ω
Sekundärwicklung 13 – 17 kΩ

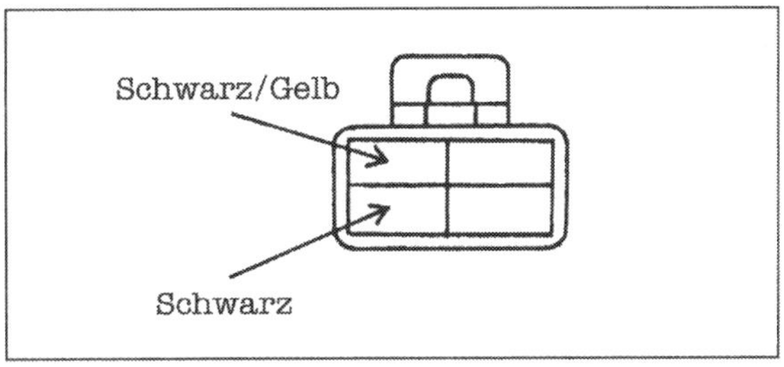

Bild 161
Pickup-Spulenwiderstand messen
Sollwert 380 – 570 Ω

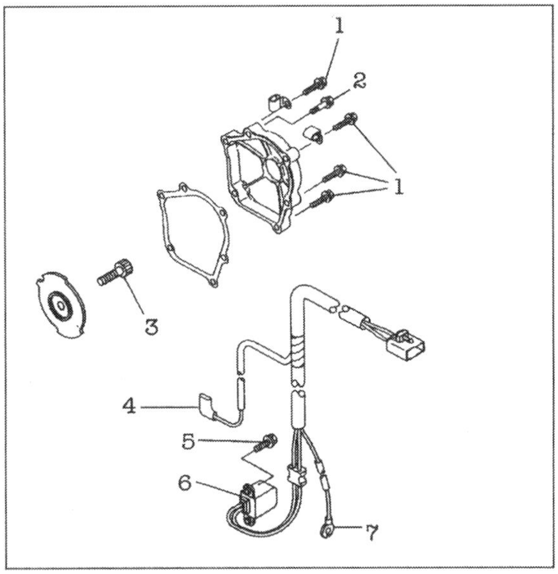

Bild 162
Pickupmontage
1 Deckelschrauben 12 Nm
2 Deckelschraube mit flüssiger Schraubensicherung 12 Nm
3 Rotorschraube 25 Nm
4 Temperaturfühler-Stecker
5 Pickup-Schrauben 5,9 Nm
6 Pickup
7 Öldruckschalter-Stecker

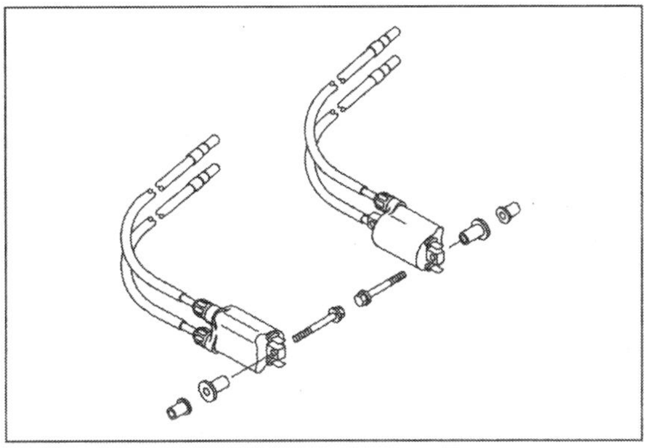

Bild 163
Zündspulen-Montage

Linke Zündspule ② → Zylinder #1 & #4
Rechte Zündspule ③ → Zylinder #2 & #3

- Primärspulenkabel anschliessen:

Schwarzes Kabel → linke Zündspule ②
Grünes Kabel → rechte Zündspule ③
Rotes Kabel → Zündspulen ② & ③

8 Kühlsystem und Ölpumpe

8.1 Ausbau

Der Ausbau der Ölpumpe wird in diesem (ungewöhnlichen) Zusammenhang natürlich nicht aus Jux und Dollerei abgehandelt, sondern weil sie eben konstruktiv eng zusammenhängen (die Ölpumpe sitzt direkt hinter der Wasserpumpe und wird von gemeinsamer Welle angetrieben). Die übrigen Bestandteile des Wasser-/Ölpumpenantriebs verteilen sich auf die Kapitel Kupplung und Motorgehäuse.
Die konstruktive Einheit der Wasser-/Ölpumpe ist Tribut an die kompakte Bauweise des potenten 600er-Trieblings.

- Motoröl ablassen wie in Kapitel 3.10 beschrieben.
- Kühlmittel ablassen (inklusive Verkleidungsabbau) wie in Kapitel 3.6 beschrieben.

Wasser-/Ölpumpe

- Schlauchschellen lösen und Schläuche ① und ② von Pumpe abnehmen (Bild 164).
- Drei Befestigungsschrauben der Pumpe (Kreise Bild 164) ausdrehen.
- Befestigungsschraube des Flügelrads (Bild 165) ausdrehen.
- Zum leichteren Ausbau der Wasser-/Ölpumpeneinheit M 6-Schraube in Gewinde der Flügelradschraube drehen und komplette Einheit an Schraube herausziehen (Bild 166).
- Eventuell im Gehäuse verbleibenden Innen- und Aussenrotor der Ölpumpe von Hand entnehmen.

Kühler und Temperaturschalter

- ⚠ Der Lüftermotor ist direkt mit der Batterie verbunden, d.h. er springt auch bei ausgeschalteter Zündung an. Deshalb:
- Lüftermotorstecker trennen (Bild 167).
- Obere Kühlerschläuche auf rechter Fahrzeugseite (Bild 168) nach Lockern der Schlauch- und Federschellen abnehmen.
- Stecker des Temperaturschalters ③ ausklinken und Schlauch ④ nach Lockern der Schlauchschelle abnehmen (Bild 169).
- Vier Befestigungsschrauben ① und ② ausdrehen und Kühler vom Rahmen/Halterung abnehmen (Bild 169).
- Falls defekt, Temperaturschalter ausdrehen.

Bild 164
Wasserpumpe
aus- und einbauen
1 Wasserschläuche zu Kühler und Zylinderblock
2 Schlauch zu Vergaserheizung

◄ **Bild 165**
Befestigungsschraube des Flügelrads

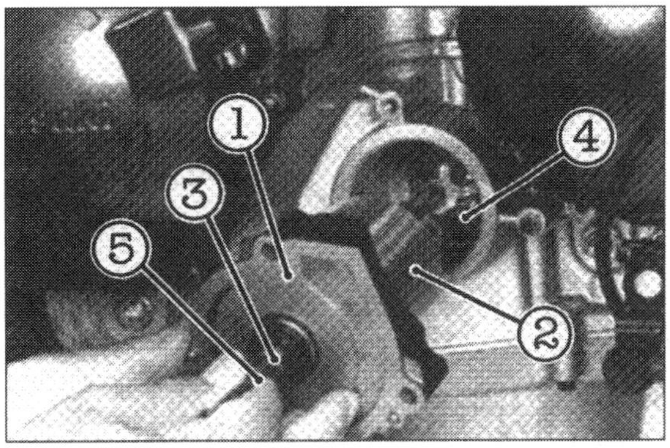

Bild 166
Wasser-/Ölpumpeneinheit ausbauen
1 Wasserpumpengehäuse
2 Ölpumpendeckel
3 Pumpenwelle
4 Innen- und Aussenrotor
5 Gehäuseschraube

◄ **Bild 167**
Kühlgebläsestecker

Thermostat und Temperaturfühler

- Tank und Luftfiltergehäuse abbauen (Kapitel 3.2 und 3.4).
- Gehäuseschrauben des Thermostat-Gehäuses ausdrehen (Kreise in Bild 170).
- Thermostatventil Bild 171 entnehmen.
- Stecker ① vom Thermofühler abnehmen und Thermofühler ausdrehen.

8.2 Prüfen und Vermessen

- Kompletter Ölkreislauf siehe Kapitel 19 Kabel und Seilzüge, Bild 333.

Wasserpumpe

- Flügelrad, Dicht- und O-Ringe auf Abnutzung und Beschädigung untersuchen. Gegebenenfalls auswechseln.
- Andere als diese und die im Wartungskapitel 3.6 beschriebenen Prüf- und Reparaturmöglichkeiten bestehen nicht. Ersatzteile für die Erneuerung der mechanischen Keramikdichtung (Bilder 171 und 172) sind nicht einzeln erhältlich.

Dies ist absolut kein unlauteres und schon gar kein unehrenhaftes Geschäftsgebaren. Denn KAWASAKI ist ein gigantisches und ernsthaftes Industrie-Unternehmen, in dem die Motorrad-Abteilung – überspitzt gesagt – die Lehrlings-Abteilung für junge, heissspornige und ambitionierte Ingenieure ist, die sich dort die Hörner abstossen sollen (und wo sich natürlich auch der Marketing-Nachwuchs tummelt).
(Wir hoffen, es finden sich weiterhin solche

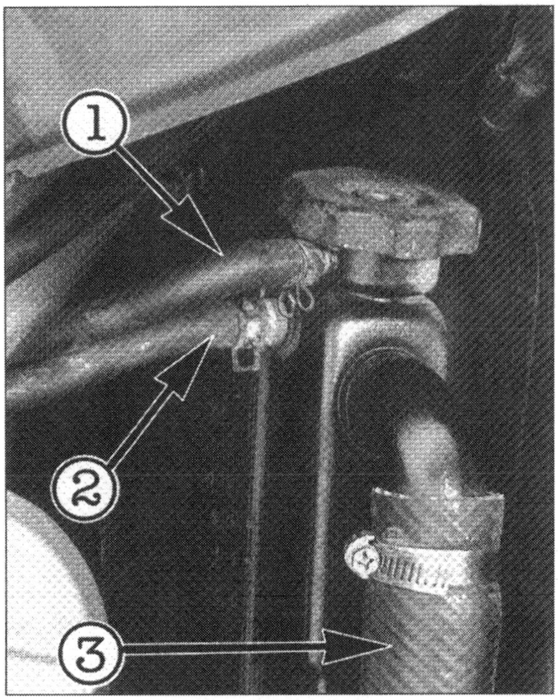

Bild 168
Kühlerschläuche auf rechter Seite
1 Zum Ausgleichsbehälter
2 Vom Zylinderkopf (Bypass-Schlauch)
3 Vom Zylinderblock

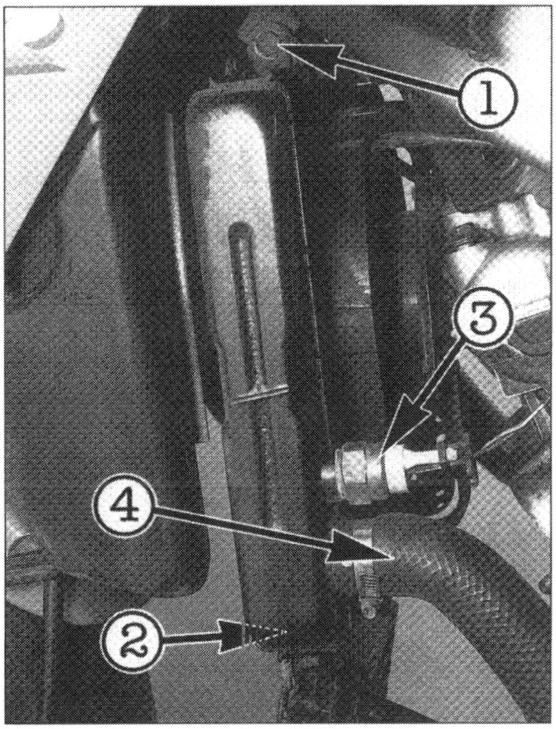

Bild 169
Kühlerschläuche auf linker Seite und Befestigung
1 Obere Befestigungsschrauben (1 von 2)
2 Untere Befestigungsschrauben (1 von 2)
3 Temperaturschalter
4 Zur Wasserpumpe

Enthusiasten, die den KAWASAKI-«Spirit» so überzeugend wie mit der ZX-6R auf die Räder bringen. Let the good times roll, KAWASAKI-San!)

Zum Thema: Der «natürliche» Verschleiss dieser Bauteile ist so gering, dass die Lagerhaltungskosten der einzelnen Bauteile für Importeur oder Händler in keinem Verhältnis zum Umsatz stehen.

Thermostatventil und Temperaturfühler

- Thermostatventil muss bei Zimmertemperatur geschlossen sein (Bild 173).
- Ventil bzw. Fühler mit Thermometer in Wasserbad hängen und Wasserbad erwärmen (Bild 174).
- Bauteile so in Wasserbad hängen, dass deren Temperatur-empfindliche Teile (auch Gewinde) im Wasser sind.
- Darauf achten, dass Teile nicht Wand oder Boden des Behälters berühren.
- Durch Rühren des Wassers für gleichmässige Erwärmung sorgen.
- Ventil muss bei 60° ± 2°C beginnen zu öffnen.
- Falls Wert nicht erreicht wird, Ventil austauschen (keine Reparaturmöglichkeit).
- Ohmmeter (Widerstandsmessgerät) mit Krokodilklemmen o.ä. an Fühler anschliessen und entsprechend Bild 174 in Wasserbad hängen.
- Der Fühler muss bei folgenden Temperaturen die entsprechenden Widerstandswerte aufweisen:

80°C	→ 47 – 57 Ω
100°C	→ 25 – 30 Ω

- Andernfalls besteht der Verdacht, dass Anzeige-Instrument defekt ist.

Kühler und Temperaturschalter

- Verbogene Kühlrippen vorsichtig mit kleinem Schraubendreher geradebiegen (Bild 175).
- ⚠ Falls Druckluft zur Verfügung steht, um Schmutz und «Fremdkörper» zu entfernen, Mündung der Pistole nicht zu nah an Kühler halten und Anblaswinkel nicht zu schräg halten, da sonst die Kühlerlamellen leicht beschädigt werden können. Ansonsten mit weichem (!) Wasserstrahl entfernen.
- Temperaturschalter wie oben beschrieben bei Fühler und Thermostat in Wasserbad hängen und Wasserbad erwärmen.
- Ohmmeter (Widerstandsmessgerät) mit Krokodilklemmen o.ä. an Schalter anschliessen.
- Schalter muss bei ansteigender Temperatur schalten:

OFF	→ ON bei 93 – 103°C
ON	→ OFF bei 91°C

Bild 170
Kühlsystem-Details (hier aufgenommen bei abgebautem Tank und Vergaserbatterie)
1 Temperaturfühler (Geber für Temperaturanzeige im Cockpit)
2 Anschluss-Stutzen für Bypass-Schlauch nach ② Bild 168
3 Anschluss-Stutzen Rücklaufschlauch von Vergaserheizung
4 Zum Kühler
5 Von Wasserpumpe

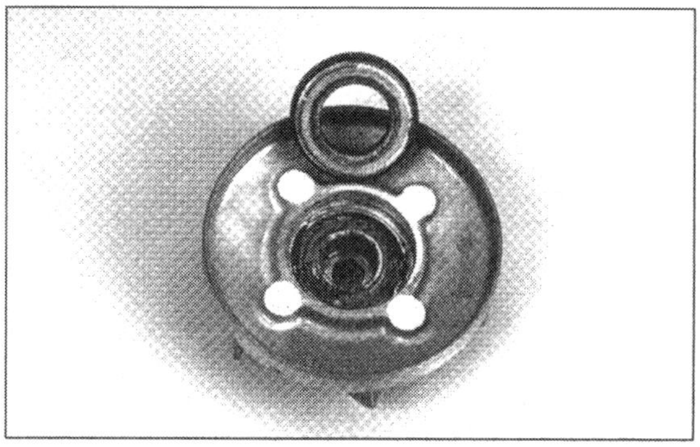

Bild 171
Flügelrad mit Dichtung

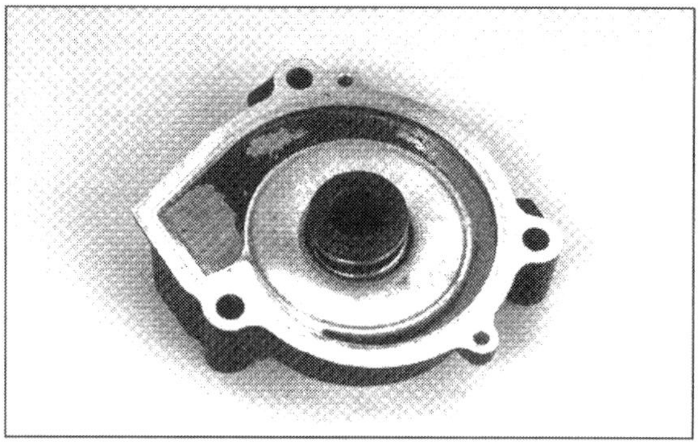

Bild 172
Wasserpumpen-Gehäuse mit mechanischer Keramikdichtung

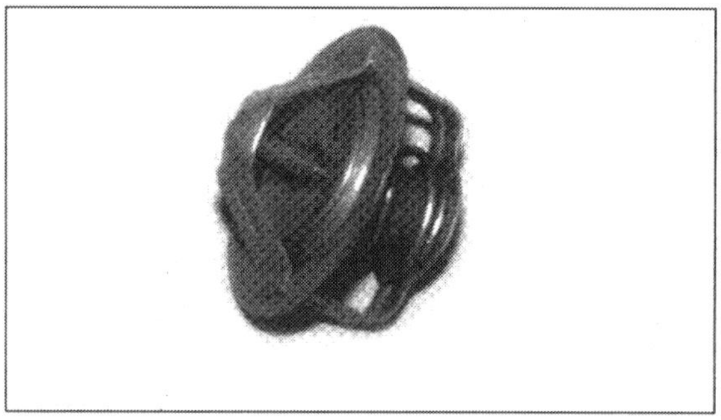

Bild 173
Thermostatventil ist bei Zimmertemperatur geschlossen

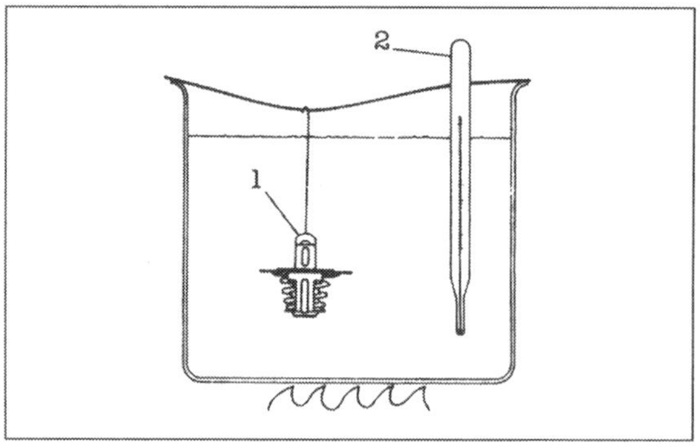

Bild 174
Regelbauteile Temperaturschalter, Thermostatventil ① und Temperaturfühler im Wasserbad mit Thermometer ② prüfen

OFF: weniger als 0,5 Ω
ON: mehr als 1 MΩ

Ölpumpe

KAWASAKI macht keine Ölpumpen-spezifischen Verschleissmass-Angaben, ausser den in Kapitel 3.10 genannten Öldruckwerten.

Dies mit gutem Recht, da die Ölpumpe «praktisch» keinem mechanischen Verschleiss unterliegt, es sei denn, dass Verunreinigungen im Öl oder die Ausläufer kapitaler Motorschäden im Inneren der Ölpumpe wüten.

- Rotoren und Welle auf Ausbrüche oder Riefen sichtprüfen.
- Bei Anzeichen von Beschädigung oder ungenügendem Öldruck (siehe Kapitel 3.10), Pumpe komplett wechseln.

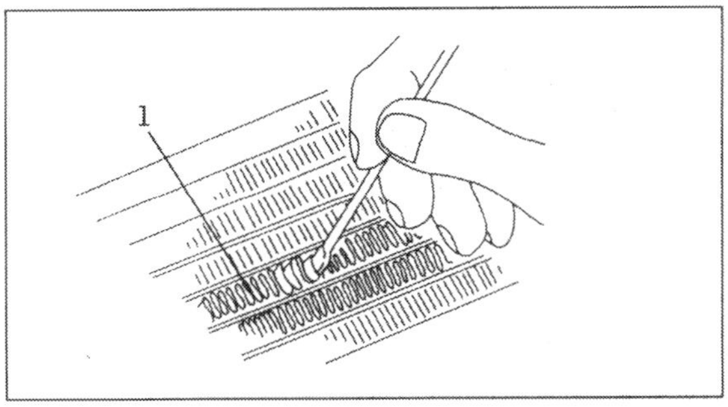

Bild 175
Kühlrippen ① geraderichten

8.3 Montage

Wasser-/Ölpumpe – Bild 176

- Sämtliche Bauteile gut geölt montieren.
- Beim Einsetzen der Pumpe darauf ach-

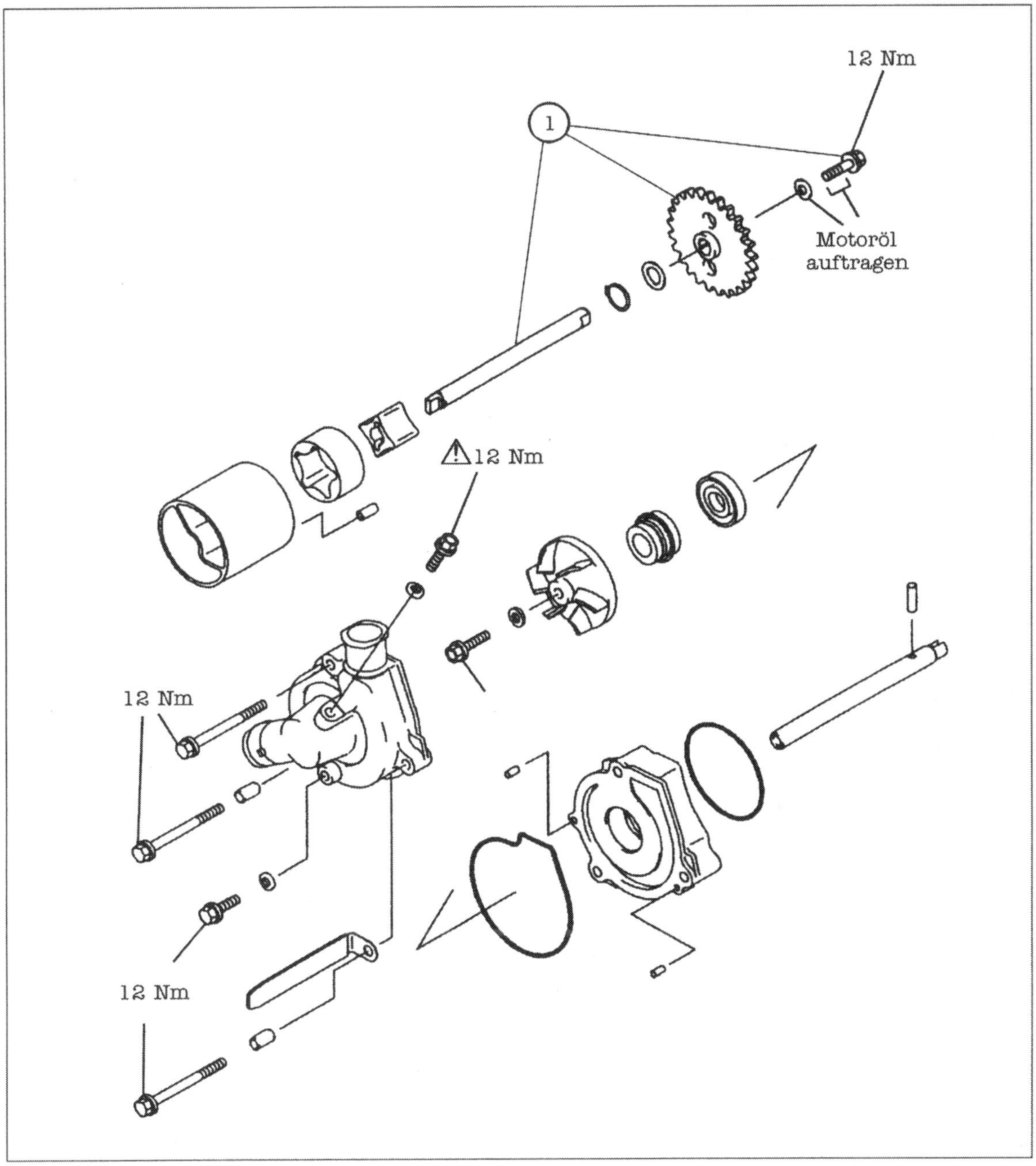

Bild 176
Wasser-/Ölpumpe
1 Siehe Kapitel Kupplung/Ölwanne
⚠ Anschluss-Stutzen der Vergaserheizung für A/CH/D

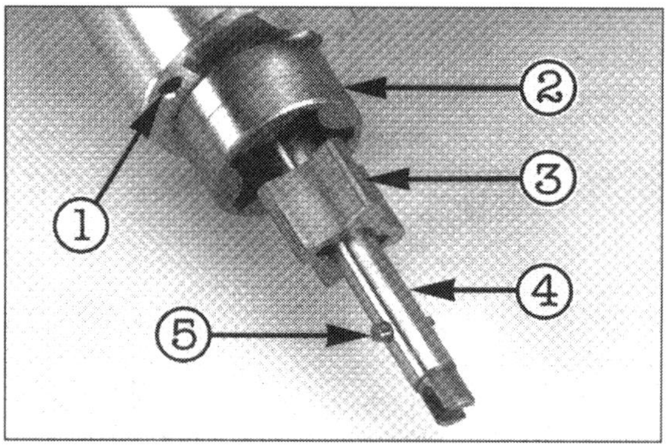

Bild 177
Ölpumpe
1 Passstift-Bohrung
2 Aussenrotor
3 Innenrotor
4 Welle
5 Mitnehmerstift

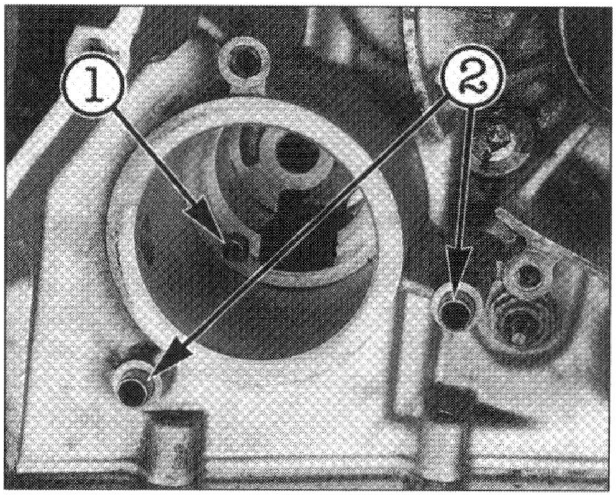

Bild 178
Ölpumpengehäuse
1 Passhülse für Ölpumpe
2 Passhülsen für Wasserpumpe

Bild 179
Wasserpumpendeckel mit korrekt sitzendem O-Ring

Bild 181
Thermostatventil mit Gehäusedeckel
1 Ventil
2 O-Ring

ten, dass Welle in Mitnehmer eingreift und Innenrotor in Mitnehmerstift (Bild 177).

- Bohrung der Passhülse im Pumpengehäuse ① Bild 177 auf Passhülse ① Bild 178 ausrichten.
- Rückteil des Wasserpumpengehäuses mit so gut wie neuem O-Ring (leicht geölt) auf Passhülsen ② Bild 178 ausrichten und montieren.
- Befestigungsschraube des Flügelrads (Bild 165) eindrehen.
- Pumpendeckel (Bild 179) mit korrekt sitzendem O-Ring aufsetzen und drei Befestigungsschrauben schrittweise über Kreuz anziehen.
- Schlauchschellen nach Montage auf korrekten Sitz kontrollieren.

Kühler und Temperaturschalter – Bild 180

- Lüftermotor mit drei Befestigungsschrauben an Kühler anbringen (Bild 180).
- Silikondichtmasse auf Gewinde des Schalters auftragen und Schalter in Kühler eindrehen (18 Nm).
- Kühler in der umgekehrten Ausbaureihenfolge montieren.
- Anzugswerte siehe Bild 180.

Thermostat und Temperaturfühler

- Thermostatventil einsetzen und Deckel mit einwandfreiem O-Ring (leicht ölig), der einwandfrei in seiner Nut sitzt (nicht wie im Bild 181) montieren.
- Deckelschrauben anziehen (6,9 Nm).
- Silikondichtmasse auf Gewinde des Thermofühlers ① Bild 170 auftragen und Thermofühler eindrehen (7,8 Nm).
- Stecker einklinken.

- Tank und Luftfiltergehäuse montieren (Kapitel 3.2 und 3.4).
- Nach Arbeiten an der Wasser-Ölpumpeneinheit Öl auffüllen und Pegel kontrollieren (Kapitel 3.10).
- System befüllen und entlüften (Kapitel 3.6).
- Bei laufendem Motor (Leerlaufdrehzahl) System auf Dichtheit sichtprüfen.

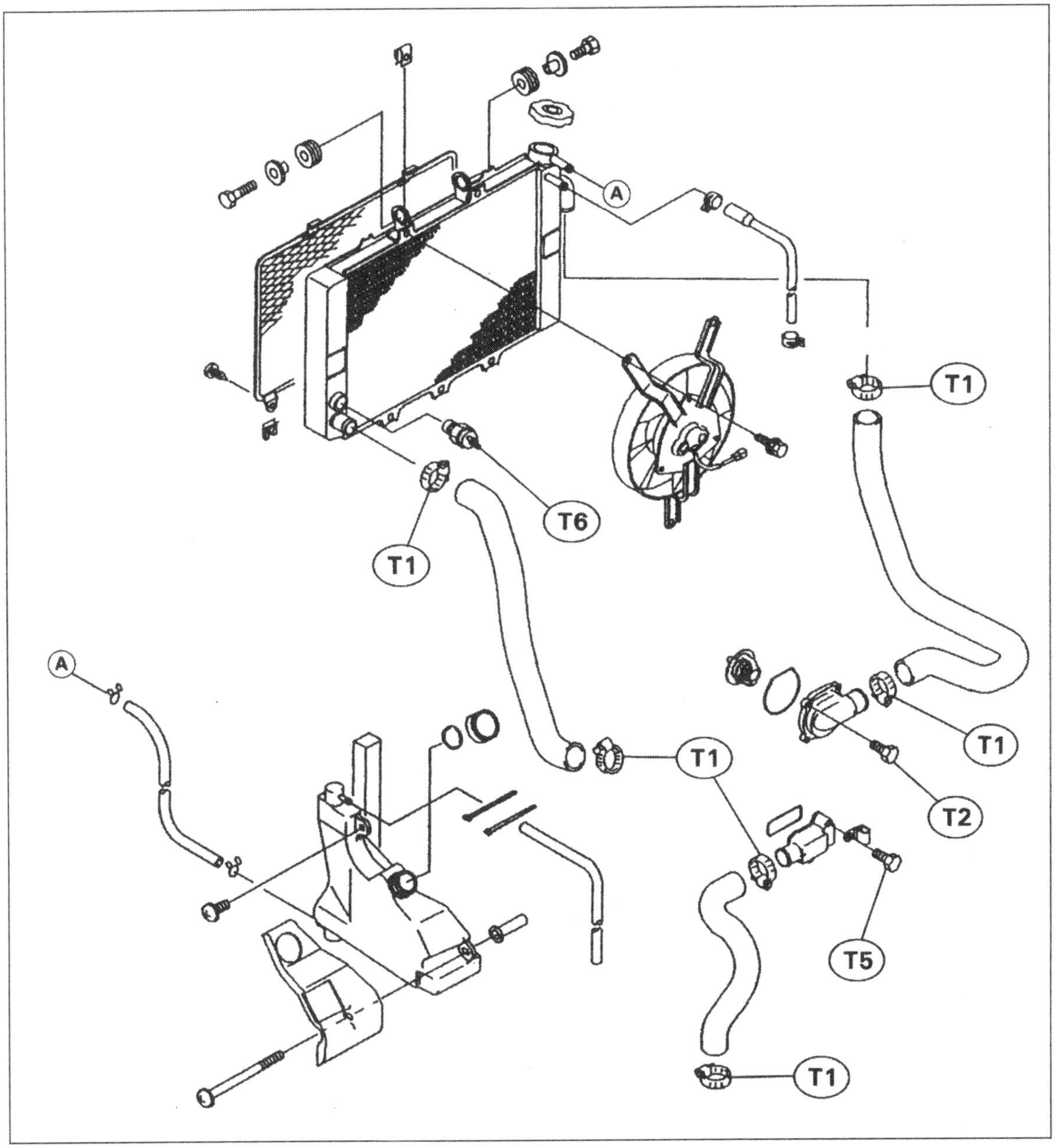

Bild 180
Kühlsystem-Anzugsmomente
T1 2 Nm
T2 6,9 Nm
T5 12 Nm
T6 18 Nm
A – A Schlauchverbindung

9 Kupplung und Schaltautomat

9.1 Ausbau

Die einzelnen Bauteile müssen in der angegebenen Reihenfolge ausgebaut werden (zuerst Kupplung, dann Schaltautomat).
Das Antriebsrad der Ölpumpe nur bei offensichtlicher Beschädigung und möglichst nur zur Motor-Komplettzerlegung ausbauen.

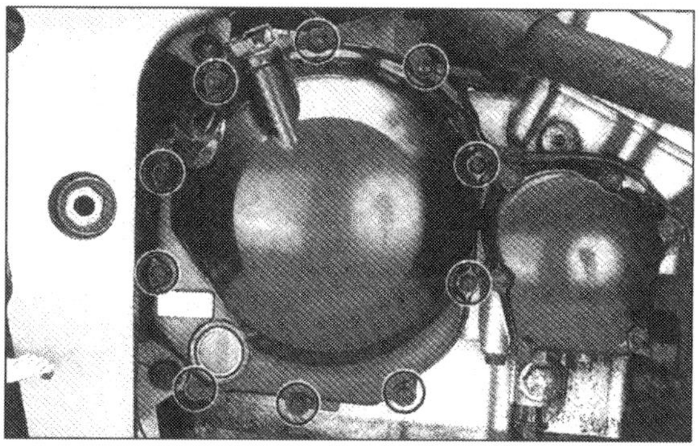

Bild 182
Kupplungsdeckelschrauben

Bild 183
Vier Federschrauben

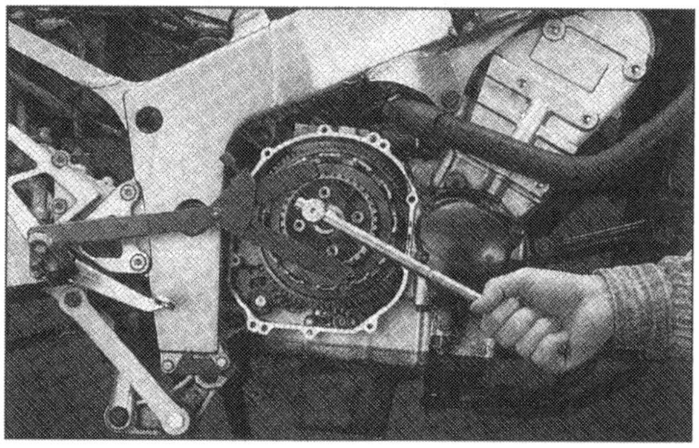

Bild 184
Nabe mit Kupplungshalter gegenhalten

Bild 185
Korbhülse entnehmen

Kupplung

- ⚠ Falls Kupplungsmutter ausgebaut wird, nur Neuteil zur Montage verwenden!
- Die Kupplungsbeläge und -federn können bei eingebautem Motor ohne Spezialwerkzeug (Kupplungshalter) gewechselt werden.
- TIP Falls kein Kupplungskorbhalter zum Lösen der Kupplungsmutter zur Verfügung steht, kann mittels eingelegtem Gang und gebremstem Hinterrad Hauptwelle blockiert werden.
- TIP Hinterrad kann auch mit Rundholz, das durch die Speichen gesteckt wird, an der Schwinge blockiert werden.
- Rechte Bauchverkleidung abnehmen.
- Motoröl ablassen oder Motorrad entsprechend weit nach links lehnen.
- Spieleinsteller des Kupplungsseilzugs oben und unten auf grösstmögliches Spiel einstellen und Seilzugnippel aus Aufnahme «herauspfriemeln».
- Gehäusedeckelschrauben schrittweise über Kreuz ausdrehen (Bild 182).
- Betätigungshebel um 90° nach hinten drehen und Deckel abnehmen.
- TIP Falls schwergängig, Deckel vorsichtig mit Gummihammer lockern.
- Auf Verbleib der Passhülsen achten.
- Vier Kupplungsfederschrauben schrittweise über Kreuz ausdrehen (Bild 183).
- Druckplatte mit Lager und Druckpilz, Stahl- und Belagscheiben abnehmen.
- Mit Universal-Kupplungshalter Nabe (Innenkorb) gegenhalten und Kupplungsmutter ausdrehen (Bild 184).
- Kupplungsnabe abnehmen.
- Auf Verbleib der dahintersitzenden Anlaufscheibe achten.
- Zwei M 6-Schrauben Korbführungshülse (Distanzhülse) eindrehen und herausziehen (Bild 185).
- ⚠ Dabei Kupplungskorb festhalten, damit Korb nicht auf Hauptwelle «kracht».
- Kupplungskorb vorsichtig herausführen.
- Auf Verbleib der Anlaufscheibe achten.

Schaltautomat

- Klemmschraube des Schalthebelgestänges ganz ausdrehen und Klemmstück von Welle herunterziehen (Bild 187). Gegebenenfalls Welle und Verzahnung säubern.
- Befestigungsschrauben der Ölleitung ausdrehen und Ölleitung abnehmen.
- Auf Verbleib der O-Ringe achten.
- Federratsche in Pfeilrichtung (Bild 188) schieben und Schaltwelle nach aussen ziehen.

● Weitere Zerlege-Arbeiten sind im Kapitel Kurbelgehäuse und im Kapitel Getriebe beschrieben, da sie nur im jeweiligen Zusammenhang sinnvoll sind.

9.2 Prüfen und Vermessen

● Dicke der Kupplungsreibscheiben mit Messschieber messen (Bild 189). Verschleissgrenze 2,2 mm.
● Reib- und Stahlscheiben auswechseln, wenn sie Anzeichen von Riefen oder Verfärbung aufweisen.
● Stahlscheiben auf Richtplatte mit Fühlerlehre auf Verzug prüfen (Bild 190). Verschleissgrenze 0,3 mm.
● ⚠ Scheiben immer im Satz auswechseln.
● Ungespannte Länge der Kupplungsfedern messen (Verschleissgrenze 78 mm).
● ⚠ Kupplungsfedern im Satz wechseln.
● Hebelstange auf Beschädigung oder Verschleiss prüfen (Bild 75 Seite 31).
● Kupplungsausrücklager auf ruckfreien und ungehinderten Lauf prüfen (Fingerprobe).
● Schlitze in Kupplungskorb und -Nabe dürfen keine von Scheiben verursachten Riefen, Kerben oder Scharten aufweisen. Gegebenenfalls mit Schlüsselfeile begradigen.
● Zahnräder von Kupplung, Primärtrieb und Ölpumpen-Antrieb auf aussergewöhnliche und übermässige Abnutzung oder Beschädigung untersuchen.
● Auch bei aussergewöhnlichen Geräuschen beim Ablaufen Zahnräder paarweise ersetzen (ist natürlich bei den Primärtriebrädern etwas pikant – dazu müsste die Kurbelwelle gewechselt werden!).
● Bei übermässigem Spiel zwischen Nadellager, Distanzhülse und Kupplungskorb, prüfen, ob Verwendung neuer Distanzhülse oder Nadellagers Spiel beseitigt (keine Verschleiss-Grenzwertangabe von KAWASAKI).

9.3 Montage – Bild 191

● Schaltautomat in umgekehrter Ausbaureihenfolge einbauen.
● Schaltwelle leicht gefettet in Gehäuse einschieben, Schaltratsche in Pfeilrichtung (Bild 188) über Schaltwalzen-Absatz lupfen und Schenkelfeder auf Gehäusezapfen aufschieben.
● Ölleitung (Bild 186) mit so gut wie neuen O-Ringen anbringen.
● Klemmstück der Schalthebelei auf Welle aufschieben und Klemmschraube anziehen.

Bild 186
Befestigungsschrauben der Ölleitung

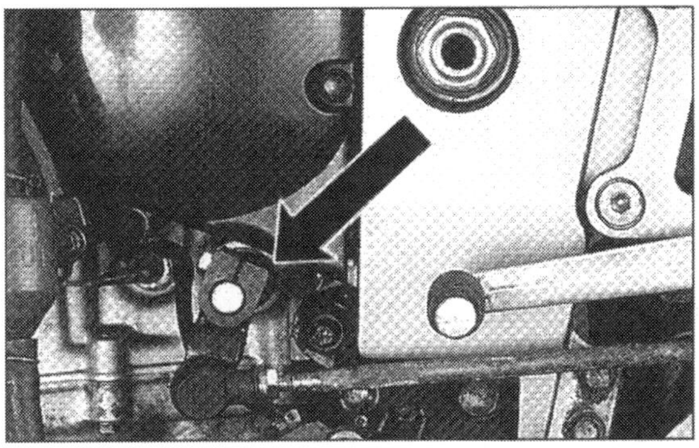

Bild 187
Klemmstück auf Schaltwelle

Bild 188
Schaltautomat
1 Schaltwelle
2 Federratsche

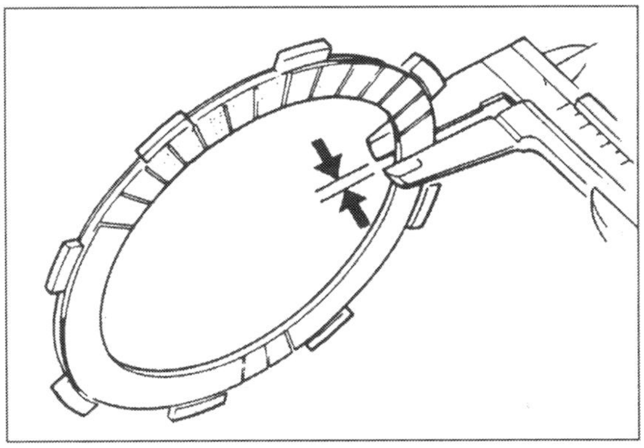

Bild 189
Reibscheibendicke messen
Neu: 2,72 – 2,88 mm
Verschleissgrenze: 2,2 mm

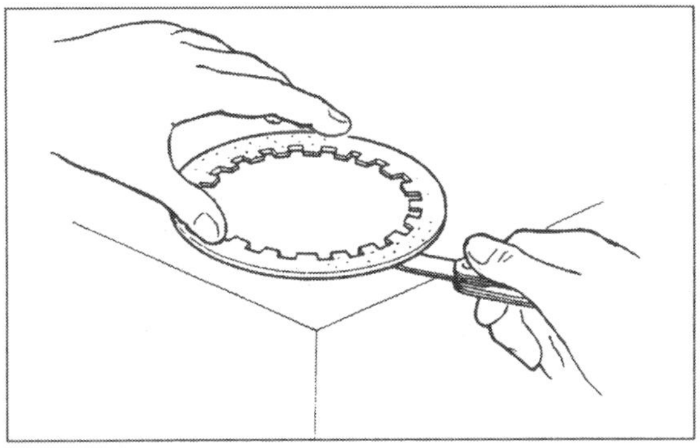

Bild 190
Stahlscheibenverzug messen
Verschleissgrenze: 0,3 mm

● Kupplungs-Anlaufscheibe mit Absatz nach aussen weisend auf Hauptwelle aufschieben (Bild 192).

● Kupplungskorb vorsichtig auf Hauptwelle aufsetzen und mit Ölpumpenabtriebsrad in Eingriff bringen. Dabei Pumpenrad vorsichtig drehen.

● Lagerhülse und Nadelkäfig MoS_2-gefettet einschieben.

● Es folgt Anlaufscheibe für Nabe (Bild 193).

● Nabe aufschieben.

● Unterlegscheibe (Bild 194) so aufschieben, dass OUTSIDE nach aussen zeigt.

● Hauptwelle per gebremstem Hinterrad bzw. Kupplungsnabe mit Kupplungshalter blockieren und **neue** Mutter anziehen (130 Nm).

● ⚠ Beim Einbau neuer Belagscheiben, diese mit sauberem Motoröl einbalsamieren.

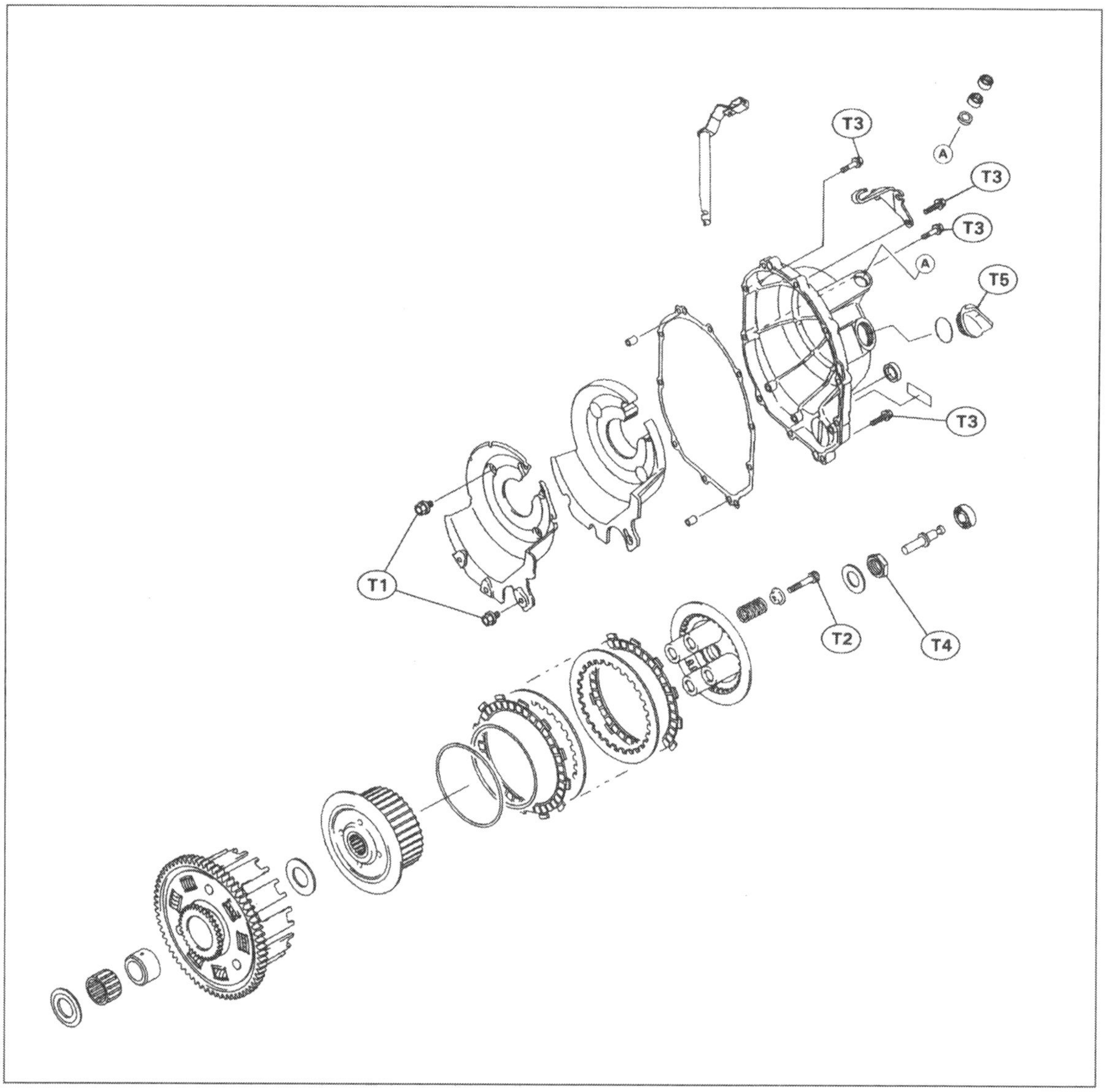

Bild 191
Kupplung-Anzugsmomente
T1 5,9 Nm
T2 8,8 Nm
T3 12 Nm
T4 130 Nm
T5 1,5 Nm

Bild 192
Absatz der Anlaufscheibe weist nach aussen

Bild 193 ➤
Anlaufscheibe für Nabe

- Zuerst Federsitz und Tellerfeder (eine Einrichtung zur Geräuschdämpfung) einbauen.
- Tellerfeder so einbauen, dass Aussendurchmesser nach aussen weist (Bild 195).
- Belag- und Stahlscheiben abwechselnd einsetzen. Mit Belagscheibe beginnen.
- Letzte Scheibe so aufsetzen, dass sie in eigene Nut eingreift (Bild 196).
- Ausrücklager und Druckscheibe wie in Bild 197 gezeigt (gefettet) einsetzen.
- Druckplatte aufsetzen.
- Federn in Druckplatte einsetzen und vier Federschrauben schrittweise über Kreuz anziehen (8,8 Nm).
- Dichtflächen von Kupplungsgehäuse und -deckel säubern (öl- und fettfrei).
- Die Silikondichtmasse (Drei-Bond o.ä.) dünn im Bereich der Motorgehäuse-Trennlinie etwa 10 mm nach oben und unten am Kupplungsgehäuse auftragen.
- Zwei Passhülsen einsetzen.
- Betätigungshebelwelle leicht gefettet in Gehäusedeckel einschieben (etwa 90° nach hinten gedreht – Ausbauposition).
- Deckel mit neuer Dichtung aufsetzen.
- Dabei kontrollieren, dass die Aussparung der Hebelwelle in Zugstück eingreift.
- Deckelschrauben schrittweise über Kreuz anziehen.
- Hebelwelle auf Eingriff mit Zugstück prüfen und im Uhrzeigersinn auf Anschlag drehen.
- Seilzug wieder anbringen und Spieleinstellung gemäss Wartungskapitel 3.12 vornehmen.
- Ölpegel kontrollieren und gegebenenfalls berichtigen.

Bild 194
OUTSIDE weist nach aussen

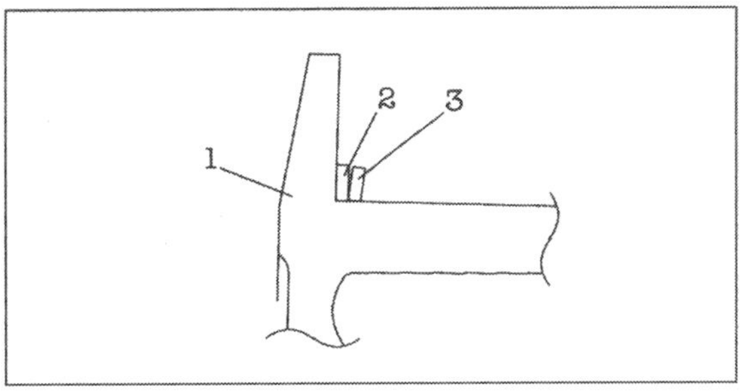

Bild 195
Scheiben einsetzen
1 Kupplungsnabe
2 Federsitz
3 Tellerfeder

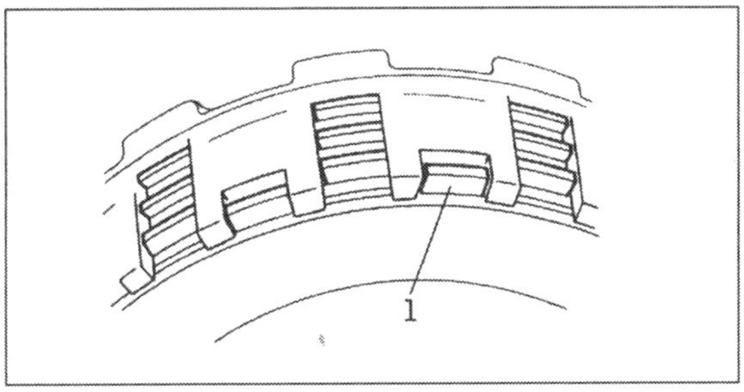

Bild 196
Letzte Scheibe 1 in eigene Nut einsetzen

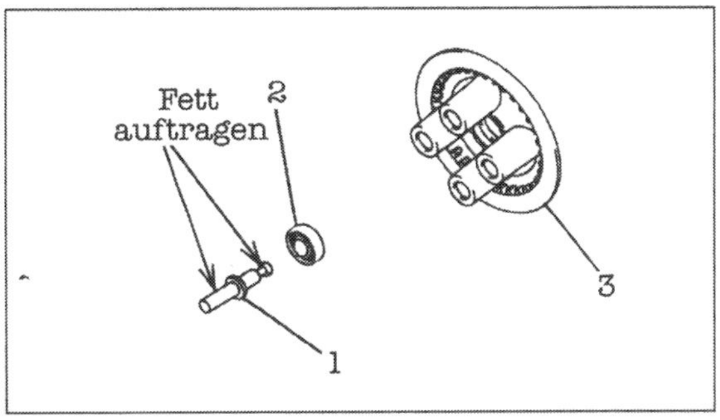

Bild 197
Ausrücklager montieren
1 Zugstück
2 Lager
3 Druckplatte

10 Motor

10.1 Ausbau

Der Motor muss zur Wartung von Kurbelwelle, Pleuel, Getriebe und Starterfreilauf ausgebaut werden.

- ⚠ Laut KAWASAKI können Zylinderkopf, Zylinder und Kolben bei eingebautem Motor ausgebaut werden, was aber wegen der beengten Platzverhältnisse nicht ratsam ist.
- ⚠ Motorrad sicher aufbocken, und folgende Vorarbeiten entsprechend den vorangegangenen Kapiteln durchführen:
- Tank und Seitenverkleidung abbauen (Kapitel 3.2).
- Kühlflüssigkeit ablassen, Kühler und Ausgleichsbehälter abnehmen (Kapitel 3.6).
- Motoröl ablassen und Ölfilter ausdrehen (Kapitel 3.9).
- Luftfiltergehäuse, Sekundärluft-Systembauteile, Zündkerzenstecker, Ölkühler und Vergaser abnehmen (Kapitel 3.7).
- Kupplungsseilzug abnehmen (Kapitel 3.12).
- Massekabel von Batterie trennen, dann Pluskabel abnehmen (Kapitel 3.16).
- Zündspulen ausbauen (Einbaulage, siehe Bild 155).
- Schaltwellenklemme abnehmen (Bild 187).
- Befestigungsschrauben des Auspuffdämpfers und des Auspuffkrümmers (Bild 198) lösen.
- Dämpfer und Krümmer abnehmen.
- Motorgehäuse-Entlüftungsschlauch abnehmen (Bild199).
- Vier Befestigungsschrauben ausdrehen und Ritzelabdeckung abnehmen (Bild 200).
- Innensechskant-Stehbolzen ① (Bild 201) ausdrehen und Sicherungsblechlasche ② flachbiegen.
- Hinterradbremse betätigen und Ritzelmutter ③ ausdrehen.
- Antriebskette lockern (Kapitel 3.13) und Rit-

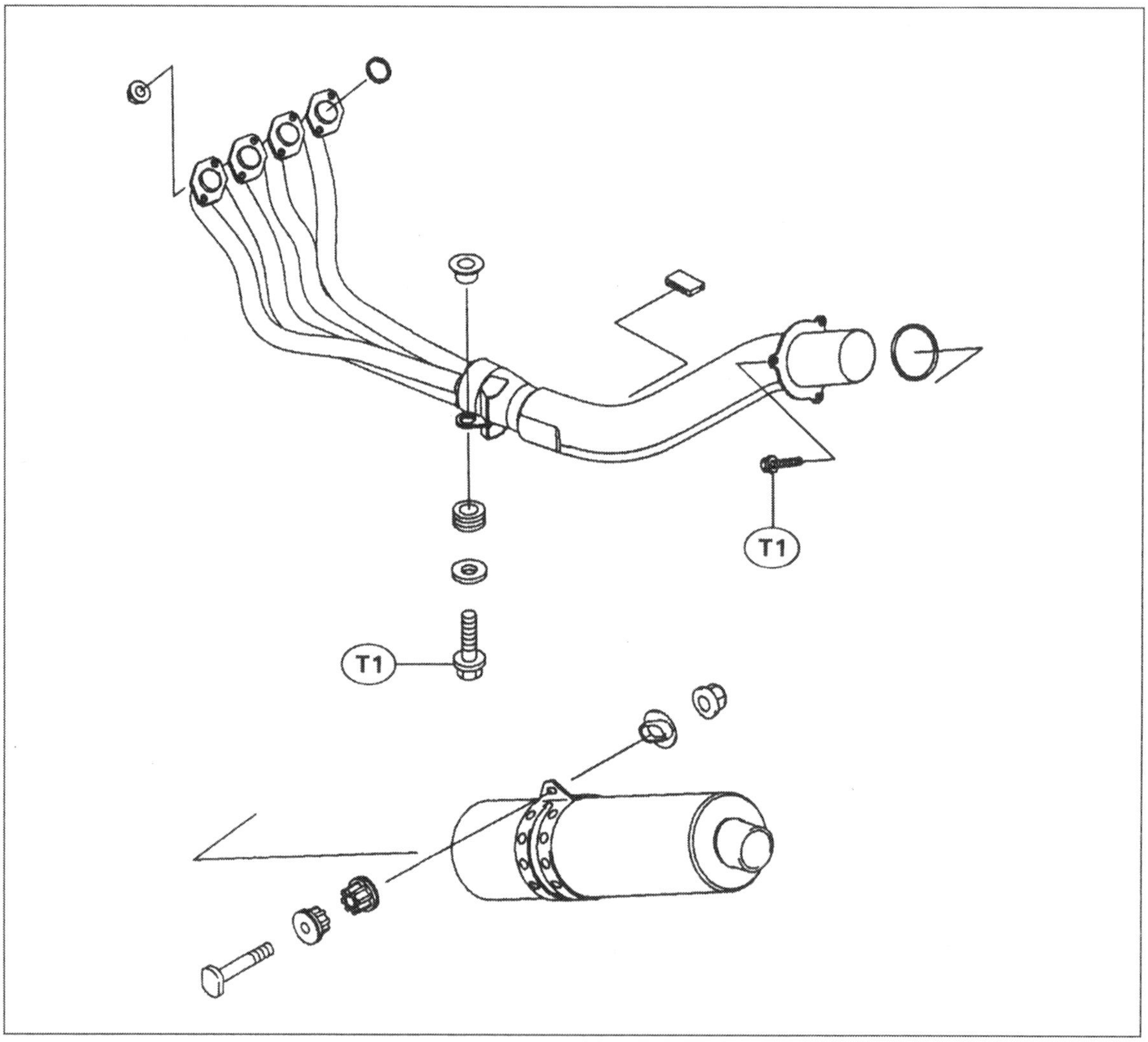

Bild 198
Auspuffanlage
T1 34 Nm

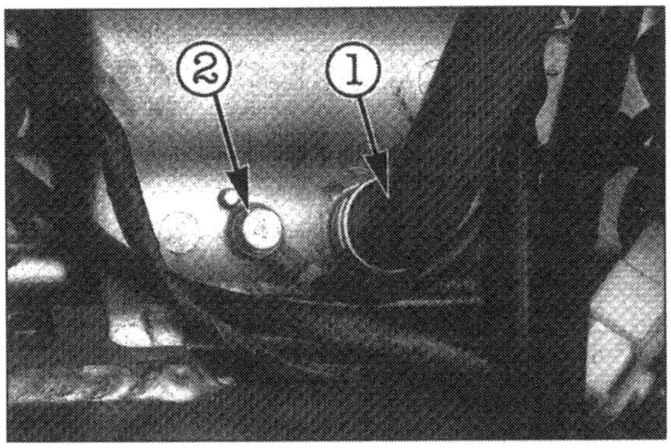

◄ **Bild 199**
Motorgehäuse-Entlüftungsschlauch ① und Motormassekabel ②

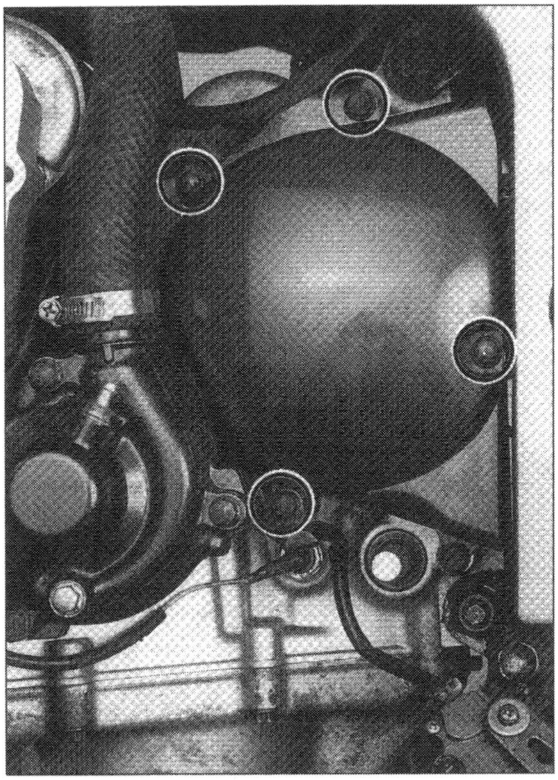

Bild 200
Vier Befestigungsschrauben der Ritzelabdeckung

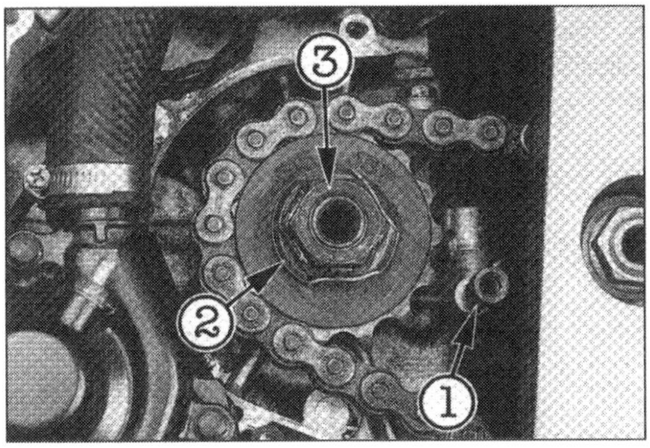

◄ **Bild 201**
Ritzelmutter mit angelegter Sicherungsblechlasche

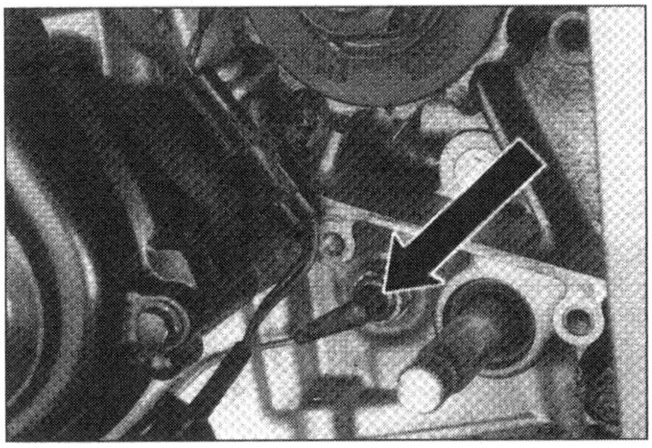

◄ **Bild 202**
NEUTRAL-Anzeigestecker

Bild 203
Ölkühler
1 Schlauchanschlüsse
2 Befestigungsschrauben

◄ **Bild 204**
Hintere Motorbefestigung oben und unten
1 Klemmschraube

Bild 205
Schraubverbindungen Motor/Rahmen (Kreise)
A Befestigungsschrauben des Halteblechs

zel samt Kette von Getriebewelle abnehmen.

- Stecker von Generator, Pickup, Ölstandgeber, Startermotor und Seitenständerschalter ausklinken bzw. trennen und Kabel freilegen.
- Stecker der NEUTRAL-Anzeige trennen und Kabel freilegen (Bild 202).
- Befestigungsschrauben der Schlauchanschlüsse (Bild 203) und des Ölkühlers ② ausdrehen und Ölkühler samt Schläuchen abnehmen.
- Vorderrad-Abdeckung mit Decke o.ä. schützen, um Lackschäden vorzubeugen.
- Motor mit hydraulischem Wagenheber untermauern, um Schraubverbindungen während des Ausbaus zu entlasten.

● Klemmschrauben ① (Bild 204) der hinteren Motorbefestigung lockern.

● Schraubverbindungen Rahmen/Motor und Befestigungsschrauben des Haltewinkels A (Bild 205) lösen.

● Motor vorsichtig anheben und nach links aus Rahmen bugsieren.

● TIP Falls sich dies als schwierig erweist, Rahmenheck mit freundlichem Helfer, der ansonsten nur gelangweilt 'rumsteht, vorsichtig anheben, Rahmen stabil untermauern und nochmal bugsieren.

10.2 Motoreinbau

● Motoreinbau erfolgt im wesentlichen in umgekehrter Reihenfolge des Ausbaus.

● Motor in Rahmen heben. Mit einstellbarer Stütze (hydraulischer Wagenheber) und Helfer Motor auf Aufhängungspunkte ausrichten, Haltewinkel A (Bild 205) montieren und Schrauben einschieben.

● Klemmschrauben ① Bild 204 zuletzt wieder anziehen.

● Anzugsmoment der Rahmen/Rahmen-Verbindungen (Bild 206):

Motorhalterung	44 Nm
Befestigungsschrauben des Haltewinkels	23 Nm
Klemmschrauben	23 Nm

● Auspuff und Auspuffdämpfer mit neuen Dichtungen anbringen.

● Anzugsmoment der Befestigungsschrauben an Zylinderkopf und Dämpfer 34 Nm (Bild 198).

● Ölleitungen (mit neuen Kupferdicht- und O-Ringen) und Ölkühler montieren.

● Anzugsmoment der Befestigungsschrauben der Ölleitungen 25 Nm.

● Sämtliche Elektrik-Verbindungen installieren:
→ Generator
→ Pickup
→ Starter
→ Ölstandgeber
→ Startermotor
→ Seitenständerschalter
→ NEUTRAL-Anzeigeschalter
→ Motormassekabel

● Zündspulen anbringen (Einbaulage Bild 155).

● Zündkerzenstecker (an Kabeln numeriert) der Zylindernumerierung entsprechend (von links nach rechts in Fahrtrichtung gesehen) montieren.

● Nuten der Getriebe-Ausgangswelle (Nebenwelle) und des Ritzels mit Kupferpaste dünn einbalsamieren.

● ⚠ Im Notfall zumindest Motoröl auf Getriebewelle und Sitzfläche des Motorritzels geben.

● Motorritzel in Kette einfädeln.

● Markierung «15T» zeigt nach aussen.

● Ritzel mit Kette auf Getriebewelle aufschieben.

● Sicherungsblechlasche auf Getriebewelle aufschieben und Ritzelmutter aufdrehen.

● Hinterradbremse betätigen und Ritzelmutter mit 125 Nm eindrehen.

● Blechlasche spielfrei an Flanke der Mutter anlegen.

● Ritzelabdeckung anbringen.

● Schaltwellenklemme montieren (Bild 187).

● Antriebskettendurchhang einstellen (Kapitel 3.13).

● Motorgehäuse-Entlüftungsschlauch anbringen (Bild199).

● Übrige Schläuche, Züge und Kabel wie in Kapitel 19 gezeigt verlegen.

● Ölfilter eindrehen und Motoröl einfüllen (Kapitel 3.9).

● Tank und Seitenverkleidung montieren (Kapitel 3.2).

● Kühler und Ausgleichsbehälter montieren.

● Kühlflüssigkeit einfüllen und Pegel nach Entlüften kontrollieren (Kapitel 3.6).

● Luftfiltergehäuse, Sekundärluft-Systembauteile, Zündkerzenstecker, Ölkühler und Vergaser montieren (Kapitel 3.7).

● Kupplungsseilzug einhängen (Kapitel 3.12).

● Batterie anschliessen (Kapitel 3.16).

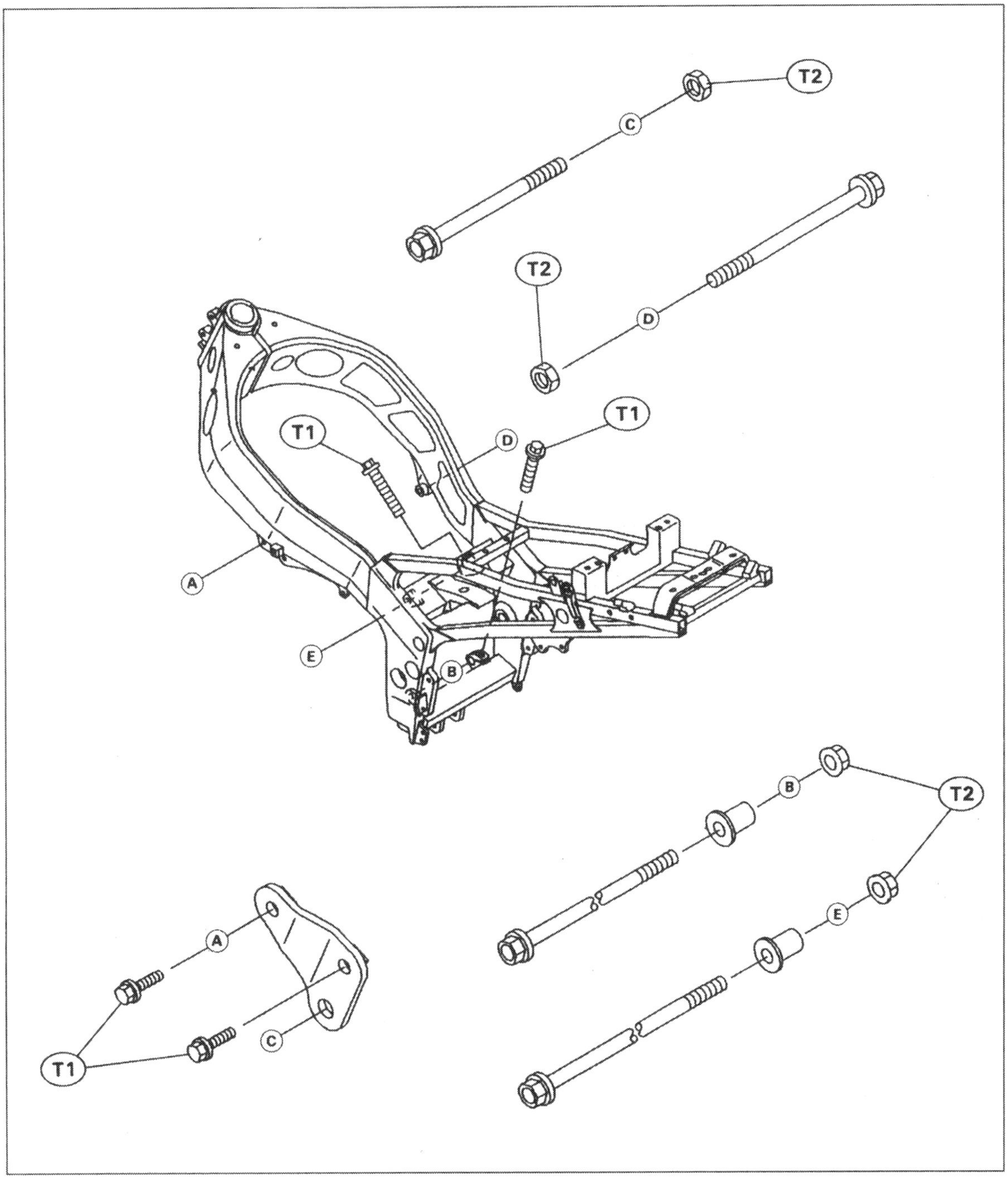

Bild 206
Anzugsmomente der Motor/Rahmen-Verbindungen
T1 23 Nm
T2 44 Nm

10.3 Inbetriebnahme des überholten Motors

● Motor mit Öl befüllen, alle nötigen Kontroll- und Einstellarbeiten an Bremse, Kupplung, Antriebskettenspannung, Vergaser und Gaszugbetätigung vor dem ersten Start durchführen.

● Es kann sein, dass die Abgase des Motors in den ersten Minuten des Motorlaufes eine stark blaue Färbung haben. Das ist auf die Verbrennung desjenigen Motoröls zurückführen, das bei der Montage des Motors aus Sicherheitsgründen in etwas zu reichlichem Masse beigegeben wurde. Also nicht von der beschriebenen Erscheinung beunruhigen lassen.

● Vor der Teilnahme am öffentlichen Strassenverkehr Bremsen, Licht- und Blinkanlage, Kupplung und Gangschaltung auf Funktionstüchtigkeit kontrollieren.

● Neu eingebaute Motorenteile benötigen eine gewisse Einlaufzeit. Deshalb während der ersten 500 km Fahrstrecke den Motor nicht im oberen Drehzahlbereich «jubeln» lassen, ihn aber auch nicht untertourig Steigungen «hinaufquälen».

● Nach etwa 1000 km Ventilspiel kontrollieren und im Rahmen eines Ölwechsels auch neues Ölfilter spendieren.

11 Zylinderkopf

Bild 207
Hohlschraube der Ölleitung

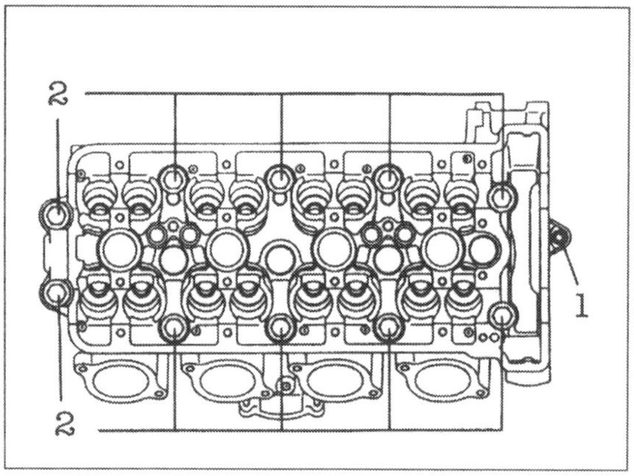

Bild 208
Zylinderkopfschrauben ausdrehen
1 6 mm-Schraube
2 8 mm-Schrauben

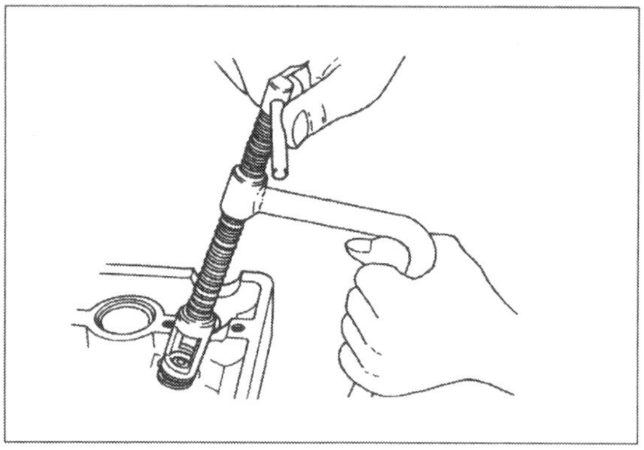

Bild 209
Ventile ausbauen

11.1 Ausbau

Der Zylinderkopf kann bei eingebautem Motor ausgebaut werden. Allerdings ist dies wegen der beengten Platzverhältnisse nicht empfehlenswert.

Der Motorausbau ist in Kapitel 10.1 beschrieben.

- Luftfiltergehäuse, Vergaser und Zylinderkopfdeckel wie in Kapitel 3.7 beschrieben ausbauen.
- Kühlflüssigkeit ablassen (Kapitel 3.6).
- Nockenwellen und Tassenstössel wie in Kapitel 3.7 beschrieben ausbauen. Steuerkette gegen Abtauchen sichern.
- Stecker des Thermofühlers ① (Bild 155) am Zylinderkof abnehmen.
- Ölleitung nach Ausdrehen der Hohlschraube (Bild 207) abnehmen.
- Zuerst 6 mm-Zylinderkopfschraube ① (Bild 208), dann Zylinderkopfschrauben ② entgegen der Anzugsreihenfolge (Bild 218) schrittweise jeweils um ½ Umdrehung lockern, dann erst ganz ausdrehen.
- TIP Falls Zylinderkopf festgebacken, helfen leichte Gummihammerschläge in Gegend von Ein- und Auslass, um Kopf zu lockern.
- Zylinderkopf nach oben abnehmen. Auf Verbleib der Passhülsen achten!
- ⚠ Darauf achten, dass Teile der Zylinder und Ventile nicht vertauscht werden.
- Tassenstössel mit Einstellplättchen aus Führungen entnehmen und so ablegen, dass sie beim Einbau wieder in ursprüngliche Einbaulage eingesetzt werden können.
- Ventile mit Ventilfederhalter ausbauen (Bild 209).
- Ventilfedern dabei nur soweit zusammendrücken, bis Ventilkeile mit Pinzette oder Magnetheber entfernt werden können oder herausfallen.
- ⚠ Teile nicht mischen und so aufbewahren, dass sie in ursprünglicher Einbaulage wieder montiert werden können!
- Vor Entnahme der Ventile Ventilkeilnuten auf Aufwerfungen oder Grate untersuchen (Bild 210). Gegebenenfalls mit feinem Ölstein Grate entfernen, da sonst Ventilführungen zerschrammt werden.
- Ventilschaft-Dichtungen mit Spitzzange abziehen.
- Brennräume und Ventile mit Schaber entkohlen bzw. im Fachbetrieb mit Sandstrahl reinigen lassen (Dichtflächen abkleben).

11.2 Prüfen und Vermessen

- Steuerketten-Führungsschienen auf Beschädigung und übermässigen Verschleiss prüfen.
- Ölkohleablagerungen aus den Brennräumen entfernen.
- Bereich der Zündkerzenlöcher und Ventilsitze auf Risse kontrollieren.
- Mit Haarlineal Zylinderkopf und Zylinderdichtfläche in mehreren Richtungen auf Verzug prüfen (Verschleissgrenze 0,05 mm). Gegebenenfalls in Fachbetrieb planen lassen.
- Ventilschaftende auf übermässigen Verschleiss untersuchen.
- Jedes Ventil auf Verbiegung, Kratzer und abnormalen Verschleiss am Schaft untersuchen.
- Jedes Ventil muss in seiner Führung sauber gleiten.
- Ventildichtflächen am Ventil und Zylinderkopf auf abnormalen Verschleiss (Grübchenbildung oder Ausbrüche) untersuchen. Ventilsitz muss glattes und riefenfreies Tragbild zeigen. Falls Sitzfläche am Ventilteller verbrannt oder ungleichmässigen Kontakt mit Ventilsitz hat, Ventil erneuern. Gegebenenfalls das Ventil erneuern und Sitz im Kopf in Fachwerkstatt neu fräsen lassen.
- Der Verschleiss der Ventilführung und des Schafts kann mit etwas Erfahrung wie in Bild 211 gezeigt «geschätzt» werden. Andernfalls empfiehlt sich der Weg in die mit extrem teuren Messinstrumenten ausgerüstetete Fach- oder Kawasaki-Werkstatt.
- Falls Ventilschaft zu dünn, mit neuem Ventil prüfen, ob Spiel wieder in Toleranz ist. Ventilsitz in jedem Fall im Fachbetrieb auf neues Ventil einschleifen lassen.
- Schliesst ein Ventil nicht einwandfrei dicht ab, Ventilsitz läppen. Prüfung: Zylinderkopf senkrecht halten und bei eingebautem Ventil in Einlass- oder Auslasskanal Kraftstoff giessen → am Ventil darf nichts auslaufen (Bild 212).
- Läppmittel auf Ventilsitz auftragen, Ventil von innen mit speziellem Gummisauger oder von aussen mit Schlauchstück und Holzstift quirlen (mit etwa 2 – 3 kg Druck).
- ⚠ Läppmittel darf nicht zwischen Ventilschaft und Führung geraten!
- Genügt Nachläppen nicht zum Abdichten, Ventil erneuern oder Dichtfläche in Fachbetrieb überschleifen lassen.
- Ventilsitzbreite messen:
- Ventil kurz mit feiner Läpp-Paste anschleifen und Sitzbreite messen (Bild 213). Sollbreite: 0,5 – 1,0 mm.
- ⚠ Ist Ventilsitzring im Zylinderkopf oder Ventil zu breit oder zu schmal, muss er in Fachwerkstatt neu gefräst werden.

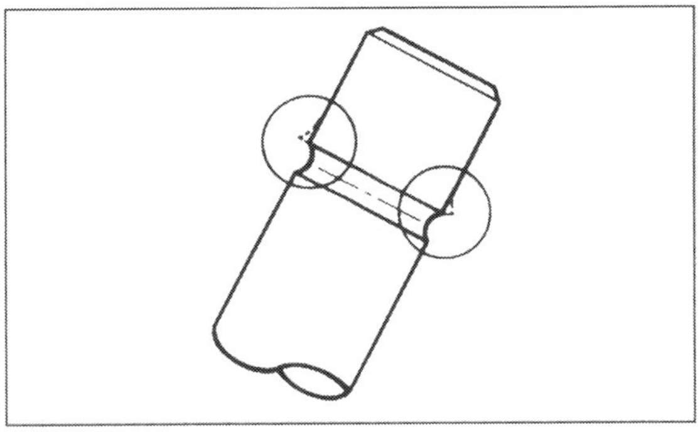

Bild 210
Grate und Aufwerfungen mit feinem Ölstein glattbügeln

Bild 211
Ventil darf beim Hin- und Herdrücken nicht «knacken»

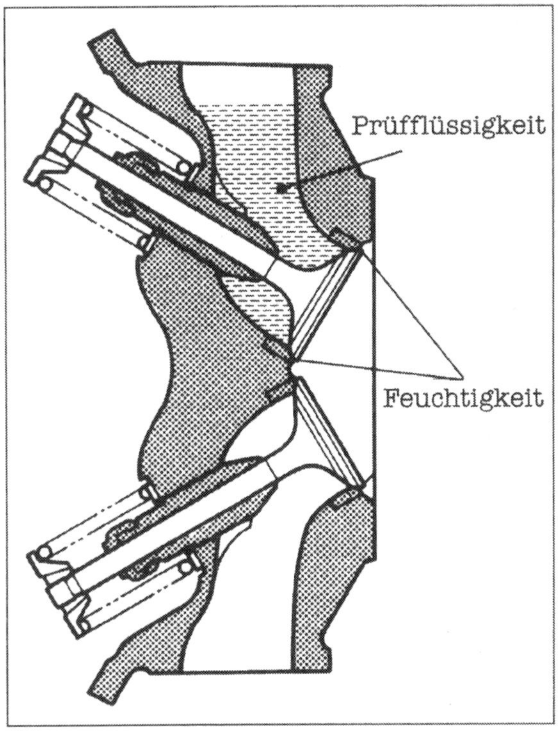

Bild 212
Ventilsitz-Dichtheit prüfen

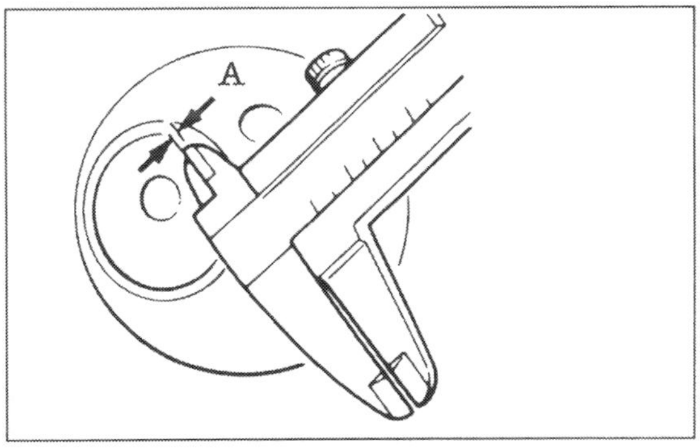

Bild 213
Ventilsitzbreite messen
A Sollmass 0,5 – 1,0 mm

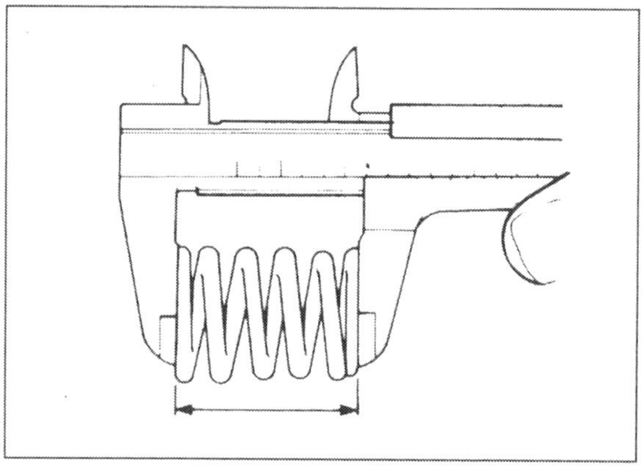

Bild 214
Ungespannte (freie) Federlänge messen

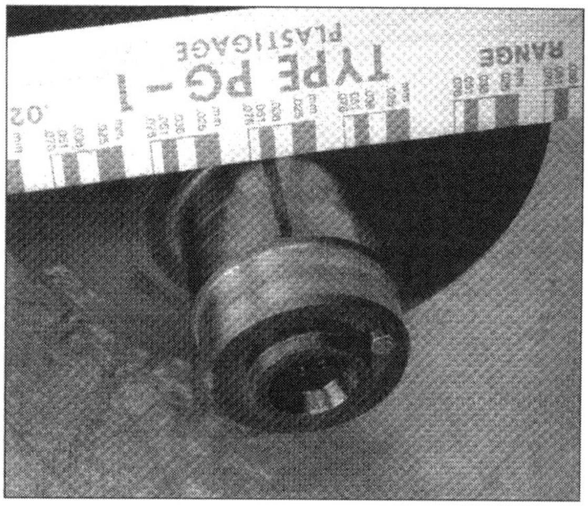

Bild 215
Plastigage-Spielmessung (hier an Kurbelwelle)

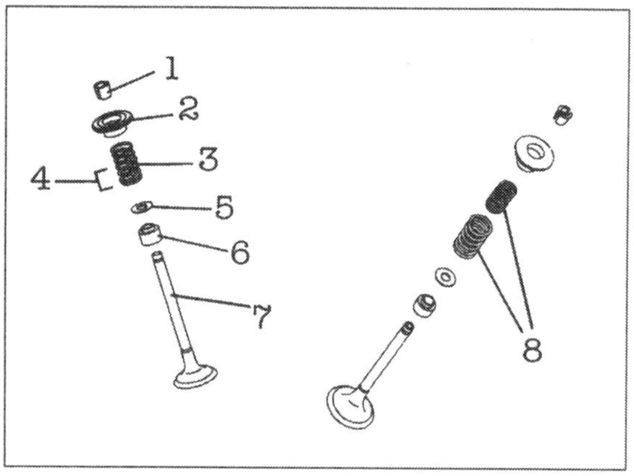

Bild 216
Ventile einbauen
1 Ventilkeile
2 Ventilteller
3 Ventilfeder
4 Enger Windungsabstand nach unten
5 Federsitz
6 Ventilschaftdichtung
7 Ventil
8 Bei Auslassventil Innen- und Aussenfeder

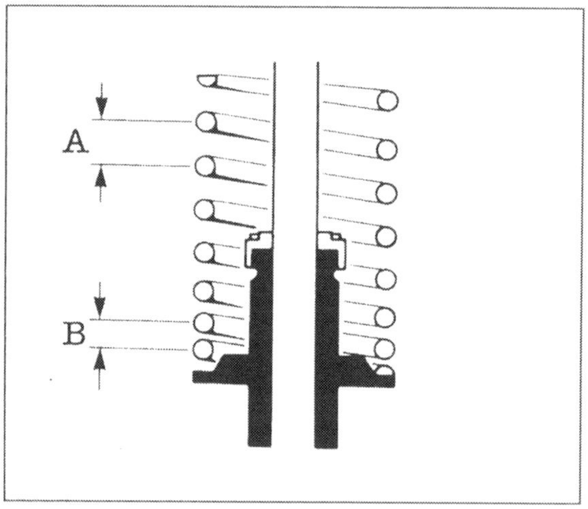

Bild 217
Ventilfedern einbauen
A Grosser Windungsabstand
B Kleiner Windungsabstand

- Fräswinkel werden von Kawasaki mit 32°, 45° und 60° angegeben
- Ventilschaftende darf keinen abnormalen Verschleiss (Ausbrüche oder Aufwerfungen) aufweisen. Gegebenenfalls kann Schaftende im Fachbetrieb nachgeschliffen werden.
- Ungespannte Länge der Ventilfedern messen (Bild 214).
  Verschleissgrenzen:
  Auslass: 48,10 mm.
  Einlass: Innenfedern: 42,60 mm; Aussenfedern: 46,60 mm.
- ⚠ Federn nur im Satz (Auslassseite: Innen- und Aussenfeder) auswechseln.
- Spiel der Nockenwellenlager mit Kunststoff- (Plastigage-) Streifen messen. Sollwert: 0,038 – 0,081 mm, Verschleissgrenze: 0,17 mm.
- Dazu Messstreifen in ölfreies geöffnetes Lager legen, Welle einsetzen, Lagerdeckel aufsetzen und mit vorgeschriebenem Drehmoment anziehen (12 Nm). **Welle nicht mehr drehen!**
- Nach Wiederöffnen Lagerspiel an Quetschbreite des Streifens ablesen (je breiter der Streifen, desto geringer das Spiel; Bild 215). Bei Überschreiten der Verschleissgrenze Innendurchmesser des Nockenwellenlagers und Lagerzapfen der Nockenwelle messen. Eventuell kann eine neue Nockenwelle Spiel wieder in Toleranz bringen, sonst muss Zylinderkopf komplett erneuert werden.
- Aussendurchmesser der Nockenwellen-Lagerzapfen mit Mikrometer messen. Sollwert: 23,940 - 23,962 mm, Verschleissgrenze: 23,91 mm.
- Lauf- und Lagerflächen und Nockenwelle auf Riefen, Beschädigungen oder Anzeichen unzureichender Schmierung untersuchen. Ölbohrungen dürfen nicht verstopft sein.
- Mit Dreikantschaber Ölkohleablagerungen aus Brennraum entfernen (keine Kratzer hinterlassen!) und Bereich zwischen Zündkerzengewinde und Ventilführungen auf Risse kontrollieren.
- Schlag der Nockenwelle mit Messuhr am mittleren Lagerzapfen messen (Verschleissgrenze 0,03 mm).

11.3 Montage

- ⚠ Sämtliche Einzelteile wieder in ursprüngliche Einbaulage einbauen.
- Ventilschäfte vollständig gefettet in Führungen schieben.
- Unteren Ventilfedersitz ⑥ (Bild 216) auflegen (nicht verwechseln mit Federteller ②).
- Neue Ventilschaftdichtringe ölbenetzt von Hand aufdrücken.

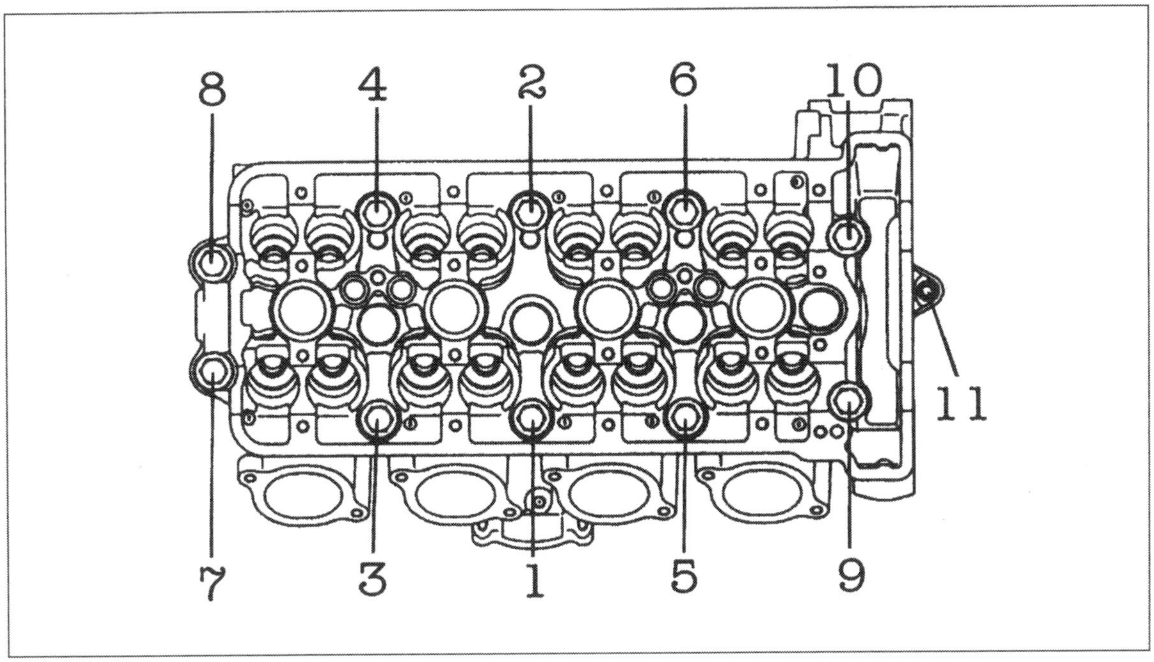

Bild 218
Anzugsreihenfolge der Zylinderkopfschrauben

- Ventilfedern mit engen Windungen nach unten weisend (zum Zylinderkopf hin) einsetzen (Bild 217).
- Federteller aufsetzen und mit Ventilfederspanner Federn soweit zusammendrücken, dass Ventilkeile eingesetzt werden können.
- ⚠ Ventilfedern nicht mehr als unbedingt nötig zusammendrücken.
- Mit Gummihammer vorsichtig leicht auf Ventilschäfte klopfen, damit sich Ventilkeile setzen. Dabei Schäfte nicht verbiegen!
- Dichtflächen von Kopf und Zylinder säubern (öl- und fettfrei).
- **Neue** Dichtung auflegen.
- Passhülsen einsetzen.
- Zylinderkopf auf Passhülsen ausrichten und aufsetzen. Dabei Steuerkette mit Draht durch Kettenschacht nach oben ziehen und sichern.
- Auf Unterlagscheiben der Zylinderkopfschrauben (Gewindegänge perfekt sauber) beidseitig und dünn sauberes Motoröl auftragen.
- 10 mm-Zylinderkopfschrauben ① – ⑩ (Bild 218) in zwei Durchgängen von innen nach aussen in der in Bild 218 angegebenen Reihenfolge anziehen.
- ⚠ Schrauben ⑦ und ⑧ sind kürzer!

Anzugsmoment	
erster Durchgang	20 Nm
zweiter Durchgang	49 Nm

- 6 mm-Zylinderkopfschraube mit 12 Nm anziehen.
- Hohlschraube der Ölleitung (so gut wie neue Dichtscheiben verwenden) mit 25 Nm anziehen.
- Thermostecker wieder anbringen.
- Ventilspiel-Einstellung, Vergaser- und Auspuffmontage siehe entsprechende Kapitel.

Bild 219
Kolbenbolzensicherung aushebeln

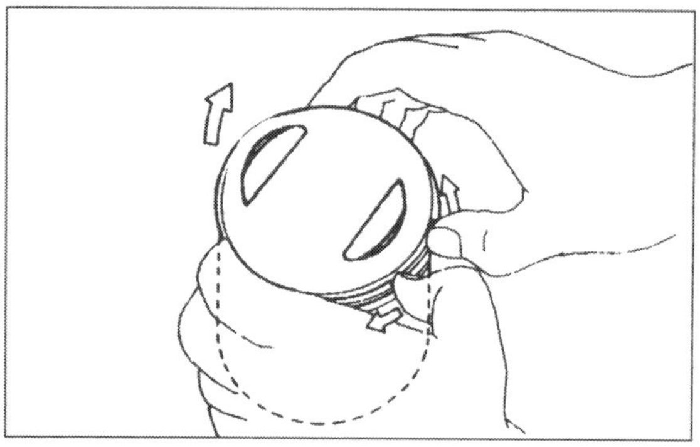

Bild 220
Kolbenringe abnehmen

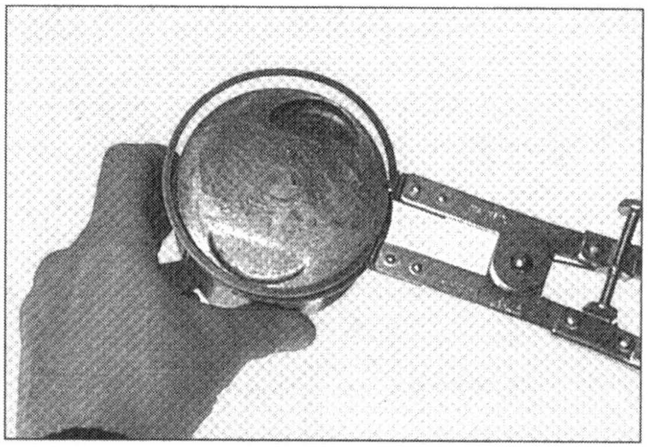

Bild 221
Komfortabel mit Kolbenringzange arbeiten

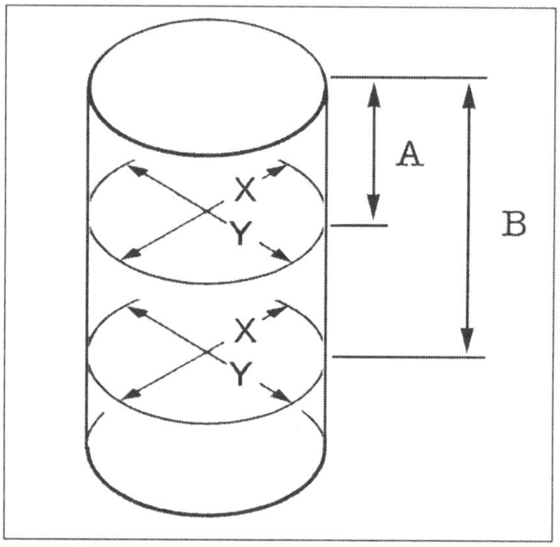

Bild 222
Zylinder in x- und y-Richtung messen
(Abbildung nicht massstabstreu)
A 10 mm
B 60 mm

12.1 Ausbau

Zylinderblock kann bei eingebautem Motor abgenommen werden, was aber wegen der beengten Platzverhältnisse nicht empfehlenswert ist, sozusagen nur unterwegs so vorgehen.

- Gegebenenfalls vorher Motorhaltewinkel A (Bild 205) abnehmen.
- Zylinder und Kolben bei abgenommenem Zylinderkopf ausbauen (wie sonst!?).
- Vor Ausbau Einbaulage der Kolben von links nach rechts mit ① bis ④ markieren (mit weichem Bleistift auf Kolbenhoden auftragen).
- Falls festgebacken, Zylinder vorsichtig mit Gummihammer lockern.
- Bevor Zylinder Kolbenringe freigibt und ganz nach oben abgezogen wird, Zylinderbohrung im Gehäuse mit Putzlappen bedecken, damit Bruchstücke eines eventuell gebrochenen Kolbenrings nicht ins Kurbelgehäuse fallen.
- Kolbenbolzen-Sicherungsring mit kleinem Schraubendreher aushebeln (Bild 219). Darauf achten, dass sich Sicherungsring nicht in's Kurbelgehäuse verabschiedet (Zylinderbohrung abdecken).
- Kolbenbolzen von Hand herausdrücken. Bolzenausdrücker nur verwenden, wenn Kolben schon Schrott ist.
- ⚠ Kolbenbolzen keinesfalls mit Durchschlag austreiben. Pleuel ist schnell krummgeschlagen!
- Kolbenringe mit beiden Daumen etwas aufweiten und über Kolben schieben (Bild 220).
- Das geht natürlich sehr komfortabel mit spezieller Kolbenringzange (Bild 221).
- ⚠ Ringe nicht zu weit aufbiegen, da sie leicht brechen.
- Mit Dreikantschaber Kolbenboden vorsichtig entkohlen (keine Riefen hinterlassen!).
- Ringnuten mit ausgedientem, eventuell gebrochenem Kolbenring entkohlen.

12.2 Prüfen und Vermessen

- Lauffläche im **Zylinder** und Kolbenhemd dürfen keine Ausbrüche, Riefen oder Kratzer aufweisen.
- Mit Haarlineal Dichtfäche des Zylinderblocks zum Zylinderkopf auf Verzug prüfen. Verschleissgrenze: 0,03 mm.
- Maximalen Zylinderdurchmesser und Ovalität 10 mm und 60 mm unter Oberkante in Fahrtrichtung und im rechten Winkel dazu mes-

sen (x- und y-Richtung Bild 222). Verschleissgrenze 66,100 mm.

● Zylinder auf maximale Konizität und Ovalität vermessen:

● Maximaler abzüglich minimaler Durchmesser Verschleissgrenze: 0,05 mm. Falls die Messung die Verschleissgrenze überschreitet, Zylinder in KAWASAKI- oder Fachwerkstatt mit Übermasskolben (erhältlich in 0,50 mm-Stufen) überholen lassen.

● Aussendurchmesser des **Kolbens** am Kolbenhemd 5,0 mm über Unterkante, im rechten Winkel zur Bolzenachse messen (Bild 223). Sollmass: 65,940 – 65,960 mm.

● Errechnetes Kolbenspiel im Zylinder (grösster Zylinderdurchmesser abzüglich Kolbendurchmesser) darf maximal 0,30 mm betragen.

● Für den Fall einer Reparatur Ringe und Kolben als Satz erneuern. Zylinder mit entsprechendem Einbau-Laufspiel von 0,03 – 0,05 mm in Fachwerkstatt aufbohren und honen lassen.

● **Kolbenring** muss frei, ohne zu klemmen, durchrollen.

● Kolbenring-Nutspiel erfühlen (Bild 224). Sollwert für 1. Ring: 0,050 – 0,090 mm; für 2. Ring: 0,030 – 0,070 mm.

● Kolbenringe einzeln in Zylinder schieben und rechtwinkelig zur Zylinderbohrung mit Kolben ausrichten. Messebene soll 20 mm unter Zylinderoberkante liegen. Mit Fühlerlehre Stoss-Spiel ausfühlen (Bild 225). Sollwert 1. Ring: 0,15 – 0,30 mm; 2. Ring: 0,30 – 0,45 mm.

● **Kolbenbolzen** darf leicht eingeölt weder im Pleuel noch im Kolben Spiel aufweisen und muss frei beweglich sein.

12.3 Montage

● Ölabstreifring und Kolbenringe an Kolben montieren.

● Herstellermarkierungen der Kolbenringe weisen nach oben (Bild 226).

● ⚠ Dabei Ringe nicht weiter als unbedingt nötig aufweiten, da sie leicht brechen.

● Kolbenringstösse gemäss Bild 227 am Kolbenumfang verteilen.

● Kolben entsprechend ihrer beim Ausbau gemachten Numerierung anbringen.

● Pleuelaugen des Kolbens mit MoS_2-Fett schmieren und Kolbenbolzen einschieben.

● ⚠ Kolben mit Pfeil in Fahrtrichtung auf Pleuelkopf aufsetzen und Bolzen durchschieben.

● TIP Mit Lappen Öffnung des Kurbelgehäuses abdecken, damit Sicherungsringe nicht hineinfallen können.

● Sicherungsringe (unbedingt Neuteile verwenden!) einsetzen.

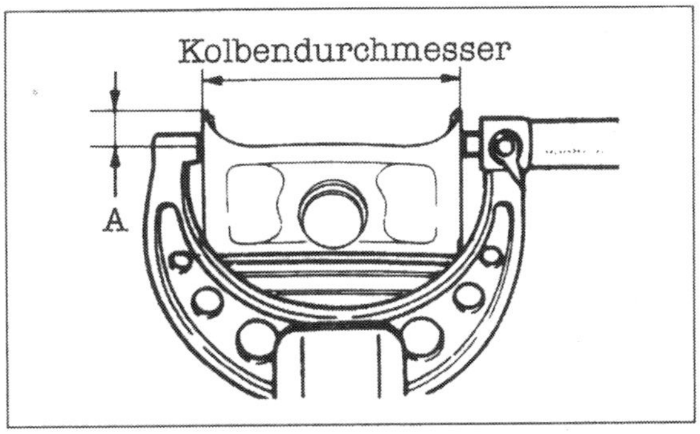

Bild 223
Kolbendurchmesser 5 mm über Unterkante messen
A 5 mm

Bild 224
Ringnutspiel erfühlen

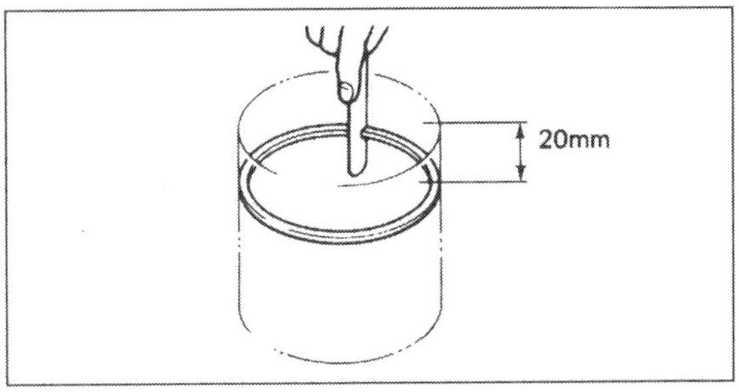

Bild 225
Ringstoss-Spiel erfühlen

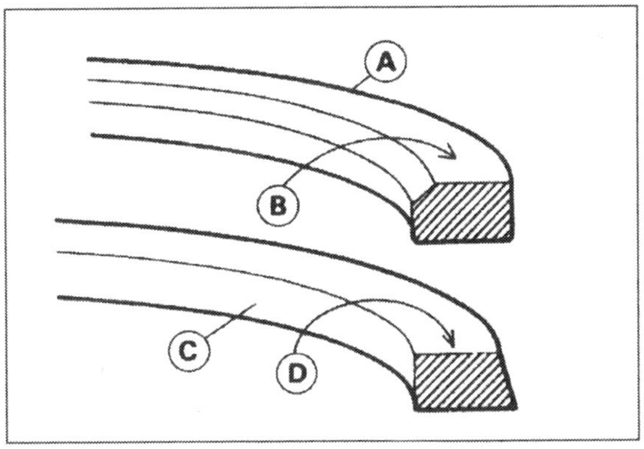

Bild 226
Einbaulage der Kolbenringe
A Erster Ring
B «R»-Markierung
C Zweiter Ring
D «RN»-Markierung

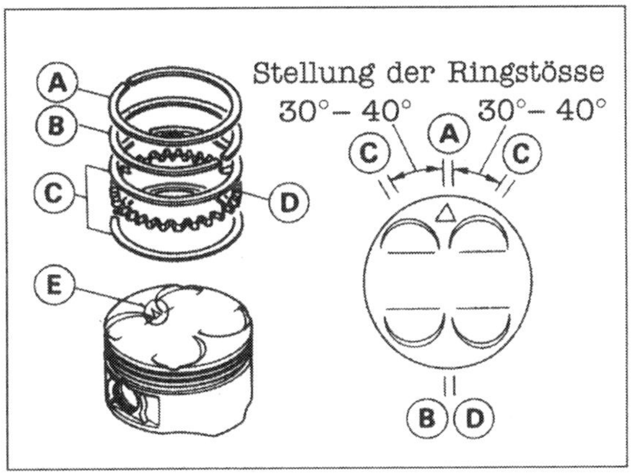

Bild 227
Ringversatz am Kolben
A Erster Ring
B Zweiter Ring
C Ölabstreifring
D Abstandhalter
E Pfeilmarkierung

● [icon] Sicherungsringe auf vollständigen und sauberen Sitz in Nut kontrollieren.

● Zwei Passhülsen (Bild 228) einsetzen und Fussdichtung mit wenig flüssiger Dichtmasse entweder an sauberer unterer Zylinder-Dichtfläche (öl- und fettfrei) oder direkt auf Dichtfläche des Kurbelgehäuses anbringen.

● Kolben #2 und #3 mit passenden Holzleisten «untermauern» (Bild 229) und Kolben und Zylinder gut geölt aufeinanderschieben, wobei Kolbenringe mit Fingern oder Ringspannern zusammengedrückt werden.

● Sobald Kolbenringe sauber in Zylinder eingespurt sind, Kurbelwelle weiterdrehen (und Zylinder dabei «mitführen»), bis Kolben #1 und #4 in Zylinder eingeführt werden können.

● ⚠ Auf Verbleib der Steuerkette achten! Eventuell vor vollständigem Absenken der Zylinder mit Draht oder Magnetheber durch Kettenschacht hochziehen.

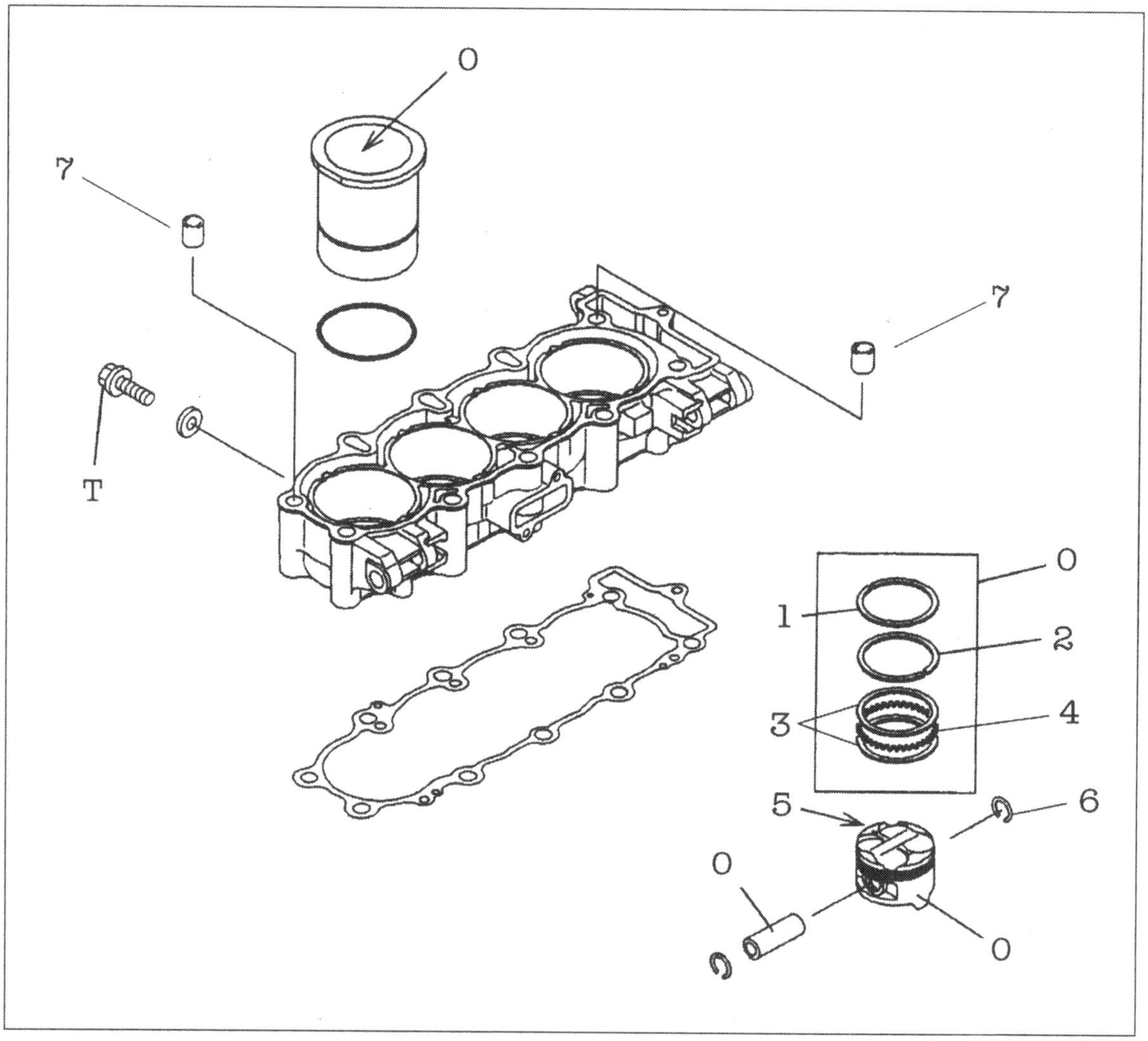

Bild 228
Zylinder-/Kolbenmontage
1 Oberer Kolbenring («R»-Markierung)
2 Unterer Kolbenring («RN»-Markierung)
3 Ölabstreifring
4 Abstandhalter
5 Pfeil weist in Fahrtrichtung
6 Sicherungsring
7 Passhülsen
0 Motoröl auftragen
T 12 Nm

Bild 229
Kolben untermauern

13 Kurbelgehäuse

13.1 Ausbau

Das Kurbelgehäuse muss zum Ausbau folgender Baueinheiten geöffnet werden:
→ Kurbelwelle und Pleuel
→ Getriebe
→ Schaltmechanismus
Folgende Baugruppen müssen ausgebaut sein:
→ Generator-Gehäusedeckel samt Generator
→ Zündimpulsgeberdeckel
→ Starter
→ Ölpumpe
→ Schaltautomat
→ Kupplungsdeckel (bei Getriebeausbau auch Kupplung selber)
→ Zylinderkopf, Zylinder und Kolben nur, wenn Kurbelwelle und Pleuel ausgebaut werden müssen (Kapitel 11/Kapitel 12).
Die Ölwanne kann auch bei montiertem Motor ausgebaut werden (Verkleidung und Auspuffanlage abgebaut).

- Zum Ausbau der **Ölwanne** (Bild 230) Ölkühlerschläuche abnehmen und vierzehn Sechskantschrauben schrittweise über Kreuz lösen und ausdrehen. Falls Ölwanne festgebacken ist, helfen beim Lösen leichte Gummihammerschläge.
- Ölansaugglocke (Bild 231) abnehmen.
- Obere Kurbelgehäuseschrauben ausdrehen (Bild 232). Zuerst 6 mm-Gehäuseschrauben, dann 7 mm-Gehäuseschrauben ausdrehen.
- Untere Kurbelgehäuseschrauben ausdrehen (Bild 233). Zuerst 6 mm-Gehäuseschrauben, dann 8 mm-Gehäuseschrauben ausdrehen.
- Alle Schrauben erst ¼ Umdrehung lösen, dann ganz ausdrehen. (Zuerst Schrauben der oberen, dann der unteren Gehäusehälfte ausdrehen).
- Untere Kurbelgehäuse-Hälfte von oberer abnehmen. Getriebewellen und Kurbelwelle verbleiben in oberer Hälfte.
- TIP Beim Trennen der Gehäusehälften sind neben einer Holzunterlage kräftige, aber bedachte (!) Gummihammerschläge nützlich. Stemmeisen müssen leider im Regal bleiben!

Lager und Wellendichtringe

- ⚠ Wellendichtringe bei jeder Motordemontage grundsätzlich erneuern. Sie können leicht ausgehebelt bzw. abgenommen werden.
- Zwei Befestigungsschrauben ausdrehen und Ölscheideplatte (Bild 234) von oberer Gehäusehälfte abnehmen.

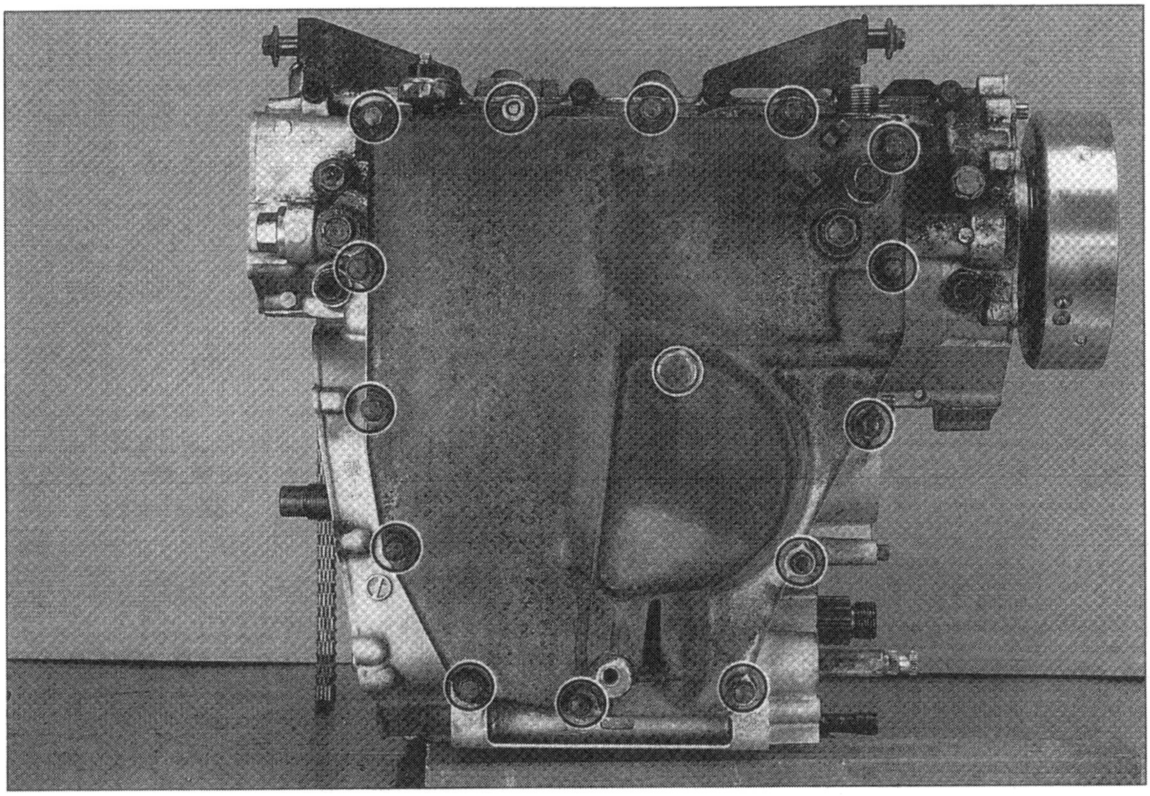

Bild 230
Befestigungsschrauben der Ölwanne

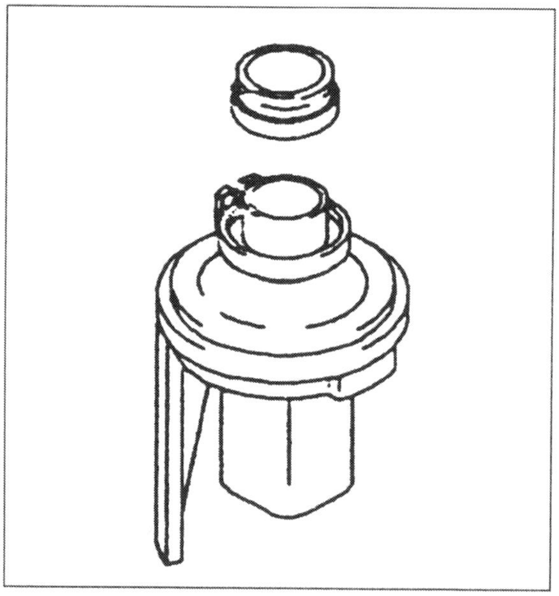

Bild 231
Ölansaugglocke

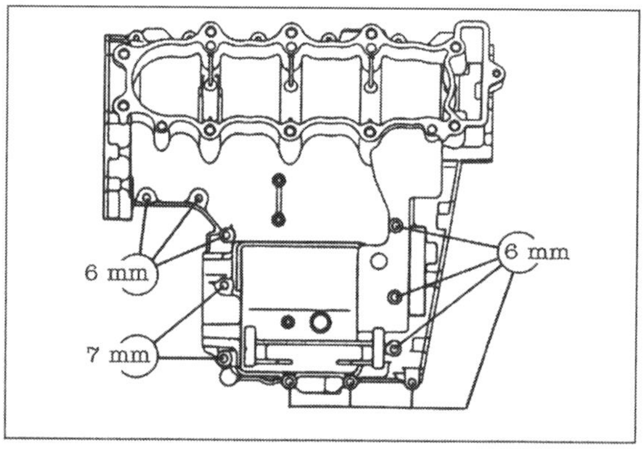

Bild 232
Obere Gehäuseschrauben
A 6 mm-Schrauben
B 7 mm-Schrauben

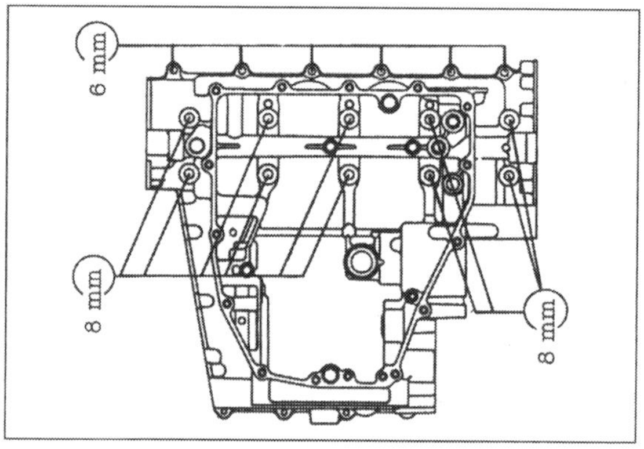

Bild 233
Untere Gehäuseschrauben
A 6 mm-Schrauben
B 8 mm-Schrauben

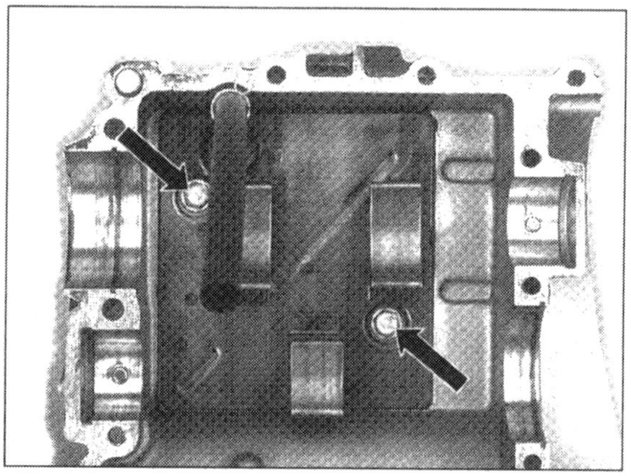

Bild 234
Befestigungsschrauben der Ölscheideplatte

13.2 Prüfen und Vermessen

- ⚠ Bei beschädigtem Kurbelgehäuse immer beide Hälften erneuern, da Lagerbohrungen ab Werk für beide Hälften gemeinsam gebohrt werden.

13.3 Montage (Bild 235)

- Ölkanäle vor Montage mit Druckluft freiblasen.
- Falls ausgebaut, Ölscheideplatte in oberes Motorgehäuse einsetzen:
- Auf öl- und fettfreie Auflagefläche Silikondichtmittel etwa 1 bis 1,5 mm dick auftragen und antrocknen lassen (Bild 236). Ölscheideplatte ① Bild 237 aufsetzen.
- Befestigungsschrauben ② mit flüssiger Schraubensicherung versehen und anziehen.
- Ölrücklaufschlauch ③ mit Klemmfeder anbringen.
- Drei Passhülsen in obere Gehäusehälfte einsetzen.
- Kurbelwelle mit Pleueln, Steuerkette, Schaltwalze und -gabeln und Getriebe einsetzen (siehe folgende Kapitel).
- Auf peinlich saubere Dichtflächen möglichst dünnen Dichtmassefilm (Drei-Bond-Silikondichtmasse o.ä.) auftragen (Bild 238).
- ⚠ Etwa 3 mm Abstand zu Kurbelwellenlagern einhalten!
- Wellendichtringe an Kurbelwelle, Getriebeabtriebslager und Kupplungsdruckstange anbringen. Dichtmasse dünn am Dichtringumfang auftragen.
- Untere Gehäusehälfte auf obere, die auf Holzunterlage sitzt, absenken.
- Darauf achten, dass Getriebelager-Zapfen und -Ringe in entsprechende Nuten und Bohrungen einspuren.
- Ölschlauch vom Ölabscheider nicht einklemmen oder knicken, da sonst Öl durch Belüftungsschlauch herausgeblasen werden kann.
- Genau kontrollieren, dass Schaltgabeln in zugehörige Schaltrillen der Getrieberäder eingreifen.
- Wenn Gehäusehälften satt aufeinander sitzen, 8 mm-Hauptlagerschrauben ① – ⑩ in der in Bild 239 angegebenen Reihenfolge in zwei Durchgängen anziehen.
  Erster Durchgang: 16 Nm
  Zweiter Durchgang: 31 Nm
- Halterung «A» anbringen und 6 mm-Schrauben mit 12 Nm anziehen.
- Motor umdrehen und Schrauben an oberer Gehäuseseite anziehen (Bild 232). Anzugsmo-

ment der 6 mm-Schrauben «A» 12 Nm. Anzugsmoment der 7 mm-Schrauben «B» 20 Nm.

- Getriebe muss sich unter Drehen der Getriebewellen von Hand durch alle Gänge schalten lassen.
- Kurbelwelle muss sich leicht drehen lassen (darauf achten, dass Pleuel nicht an Motorgehäuse anschlägt).
- Lagerschildschrauben mit flüssiger Schraubensicherung eindrehen.

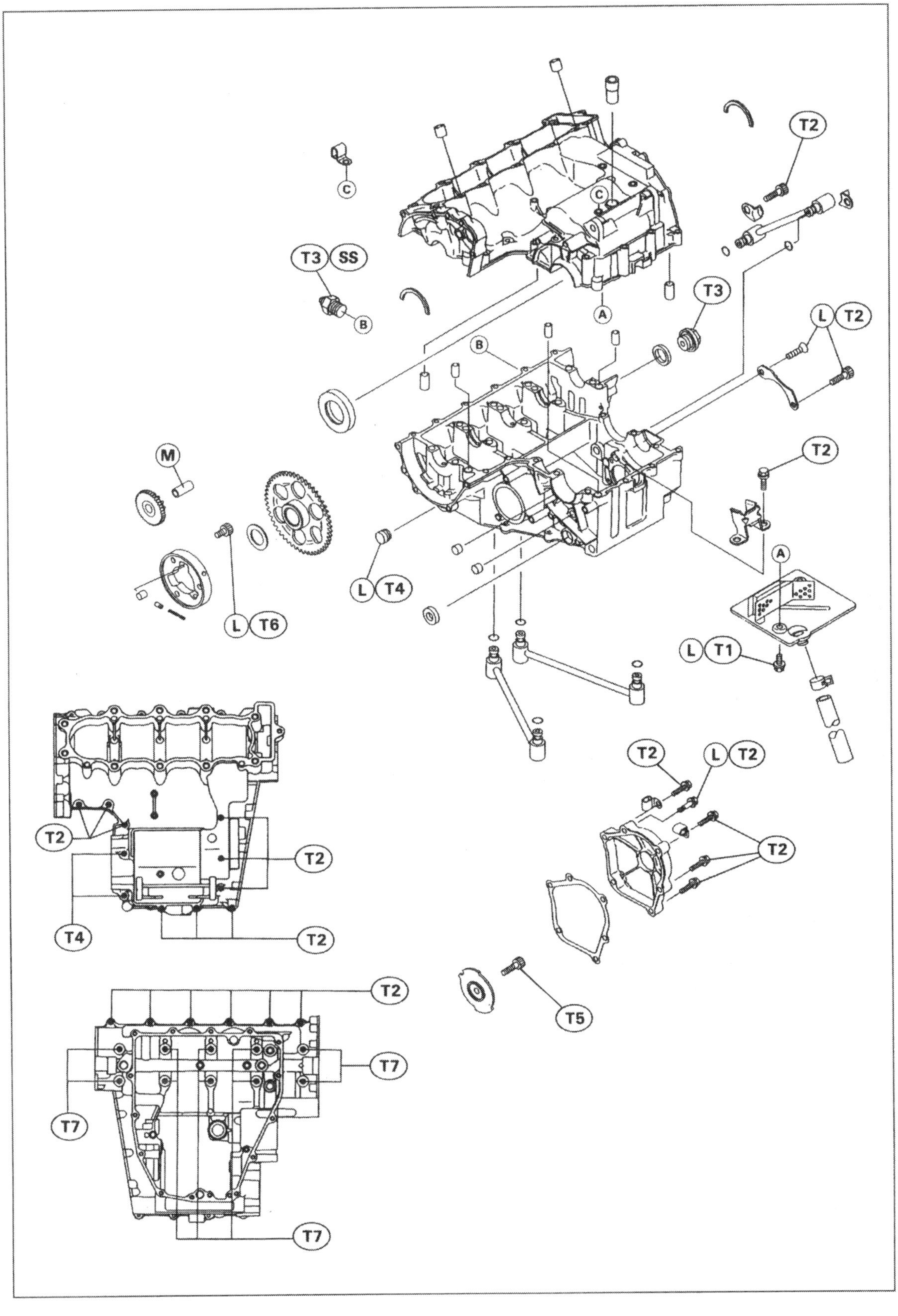

Bild 235
Kurbelgehäuse
T1 9,8 Nm
T2 12 Nm
T3 15 Nm
T4 20 Nm
T5 25 Nm
T7 31 Nm
L Schraubensicherung
SS Silikondichtmasse

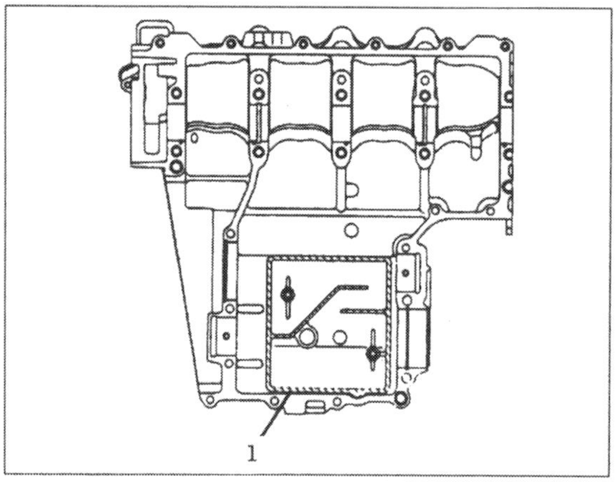

Bild 236
Auflagefläche der Ölscheideplatte
1 Silikondichtmittel auftragen

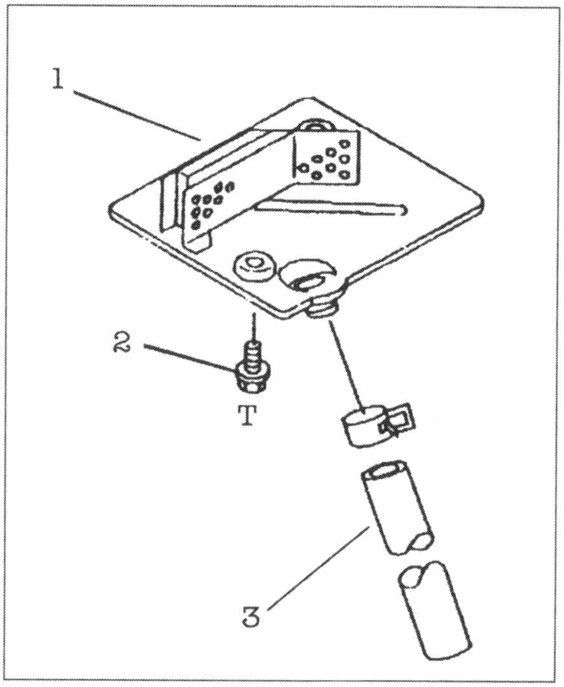

Bild 237 ➤
Ölscheideplatte
1 Ölscheideplatte
2 Befestigungsschraube
3 Ölrücklaufschlauch
T 9,8 Nm

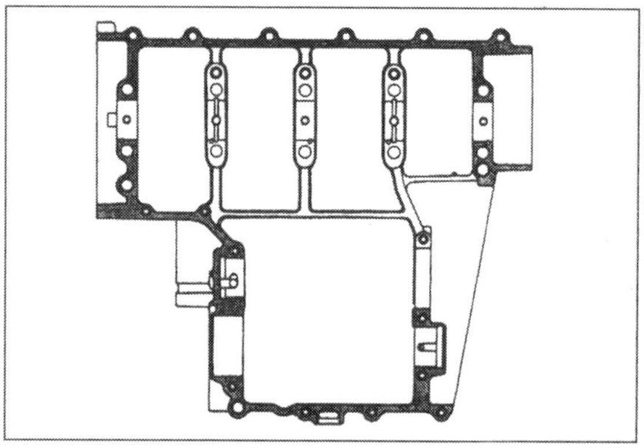

Bild 238
Auf schraffierte Fläche Dichtmittel auftragen

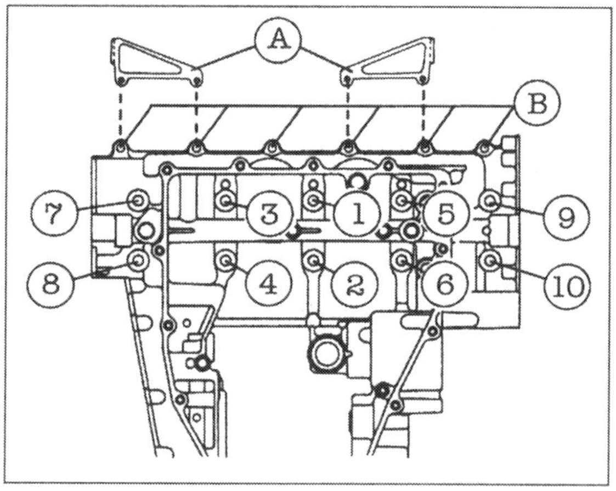

Bild 239 ➤
Anzugsreihenfolge der Hauptlagerschrauben
A Halterung
B 6 mm-Schrauben

Bild 240
1 Überdruckventil
2 Zapfen
3 Ölleitungen

Ölwanne:

- Gereinigte Ölansaugglocke anbringen. Dabei deren Nut auf Gehäusezapfen ② Bild 240 (untere Kurbelgehäusehälfte) ausrichten.
- Flüssige Schraubensicherung auf Gewinde des Überdruckventils ① Bild 240 auftragen und Ventil eindrehen (15 Nm).
- Neue O-Ringe mit flacher Seite zum Kurbelgehäuse weisend einsetzen.
- Auf öl- und fettfreie Dichtflächen neue Dichtung auflegen und Ölwanne aufsetzen (Bild 241).
- Befestigungsschrauben schrittweise über Kreuz anziehen (12 Nm).
- Ölschläuche so montieren, dass sie Krümmer nicht berühren.
- Ölkühlerschläuche an Ölwanne anbringen und Hohlschrauben, beidseitig mit neuen Dichtscheiben versehen, mit 25 Nm anziehen.

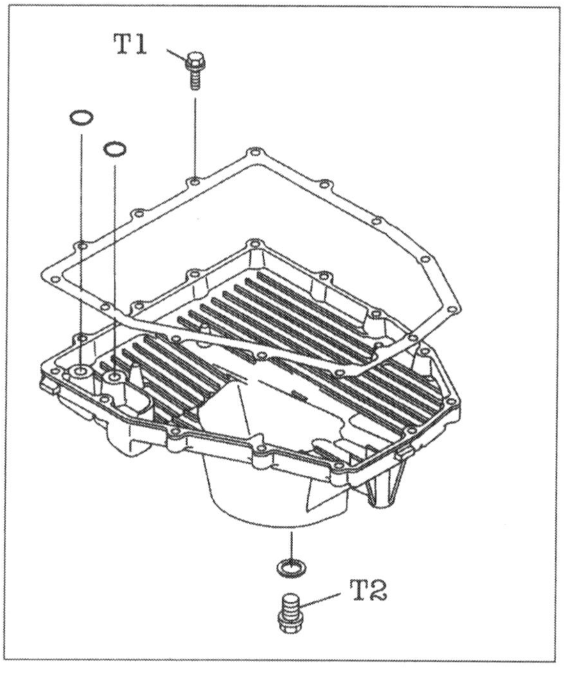

Bild 241 ➤
Ölwanne
T 3 12 Nm
T 5 20 Nm

14 Kurbelwelle und Pleuel

14.1 Ausbau

- ⚠ Vor Ausbau der Lagerschalen Pleuellager- und Kurbelwellenlagerspiel messen (siehe folgendes Kapitel).
- Kurbelwelle und Pleuel samt Steuerkette von Hand entnehmen.
- ⚠ Auf Verbleib der Hauptlagerschalen achten.
- Einbaulage der Pleuel und der Pleuel-Lagerdeckel kennzeichnen, damit sie später wieder in ursprünglicher Lage eingebaut werden können.
- Pleuelschrauben abwechselnd schrittweise lösen und Pleuel abnehmen.
- Lagerschalen (Kurbelwelle und Pleuel) nach Vermessen mit kleinem Schraubendreher aushebeln.

14.2 Prüfen und Vermessen

- Lagerschalen, Ketten und Zahnräder auf Beschädigung und übermässigen Verschleiss untersuchen.
- Seitenspiel der Kurbelwelle im Motorgehäuse prüfen. Mit Fühlerlehre zwischen Kurbelwange und Hauptlager Spiel erfühlen (Bild 242). Sollwert: 0,05 mm – 0,20 mm; Verschleissgrenze: 0,40 mm. Falls Verschleissgrenze erreicht, muss Motorgehäuse gewechselt werden.
- Kurbelwelle in Prismenblöcken auf äussere Lagerzapfen auflegen und mit Messuhr an Hauptlagerzapfen Schlag messen. Verschleissgrenze 0,05 mm Gesamtanzeige.
- Pleuellager-Spiel von Hand durch Hoch- und Runterdrücken der Pleuel erfühlen. Es darf kein Knacken spürbar sein und nur eine minimale Ausweichung beim Hin- und Herdrücken. Diese Messmethode setzt allerdings gewisse Erfahrung voraus.

Kurbelwellen-Lagerspiel

- Mit «Plastigage» (im gut sortierten Werkzeughandel erhältlich) Lagerspiel bei in obere Kurbelgehäusehälfte eingelegter Kurbelwelle feststellen.
- Öl an Lagerzapfen und Lagerschalen abwischen und Mess-Streifen über ganze Breite parallel zur Kurbelwelle auflegen.
- ⚠ Kurbelwelle darf jetzt nicht mehr gedreht werden!
- Untere Kurbelgehäusehälfte aufsetzen und Schrauben in der in Bild 239 angegebenen Reihenfolge anziehen (8 mm-Schrauben mit 31 Nm, 6 mm-Schrauben mit 12 Nm).

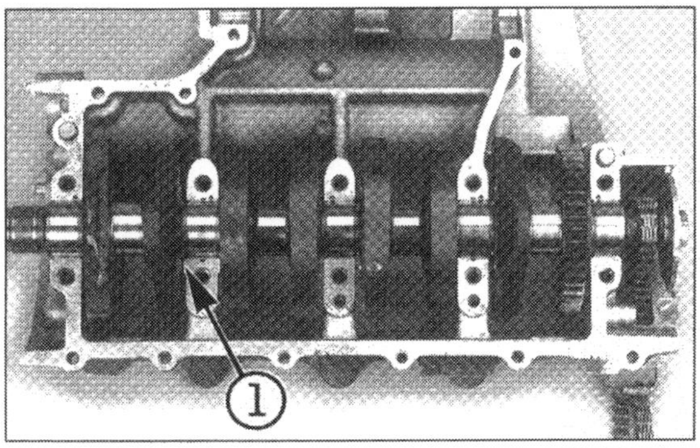

Bild 242
Kurbelwellen-Axialspiel messen
1 hier messen

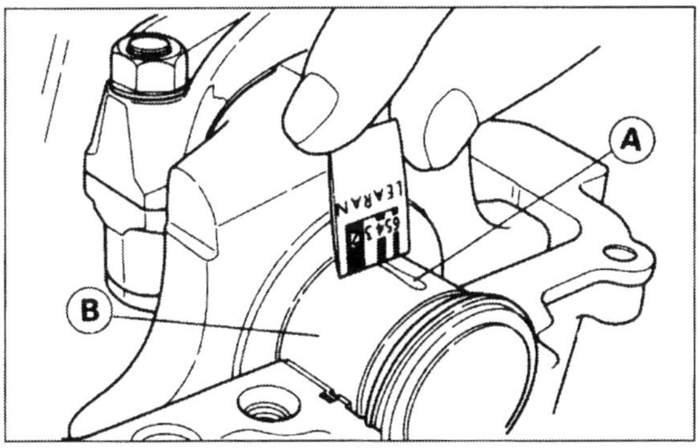

Bild 243
Hauptlagerspiel messen
A Messstreifen
B Lagerzapfen

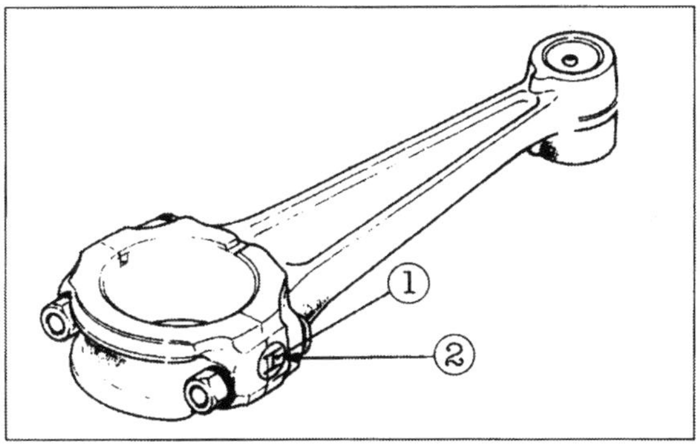

Bild 244
Pleuelstange
1 Gewichtsmarkierung
2 Durchmessermarkierung

- Schrauben wieder lösen und untere Gehäusehälfte abnehmen.
- Mit Plastigage-Skala Breite des Mess-Streifens bestimmen und so Lagerspiel feststellen (Bild 243). Sollmass 0,014 – 0,038 mm; Verschleissgrenze 0,07 mm.

Pleuel-Lagerspiel

- Lagerspiel der Pleuellager wie Kurbelwellenlager mit Plastigage PG-1 einzeln messen.
- Pleuel so an Kurbelwelle anbringen, dass sie in ursprünglicher Einbaulage montiert werden. Darauf achten, dass Buchstabenhälften an Pleuelstange und Lagerdeckel perfekt zueinander passen (Bild 244).
- MoS_2-Fett auf Gewinde ② (Bild 245) auftragen. Mess-Streifen einlegen und Lagerdeckel aufsetzen. Pleuelstangen nicht mehr drehen, bis Lagerdeckel abgenommen sind!

● TIP Pleuelfuss-Lagerdeckel und Befestigungsmuttern markieren (Bild 246), damit sie beim Anziehen um 120 Grad (zwei Ecken an Sechskantmutter) über das Anzugsmoment von 24 Nm hinaus angezogen werden können.

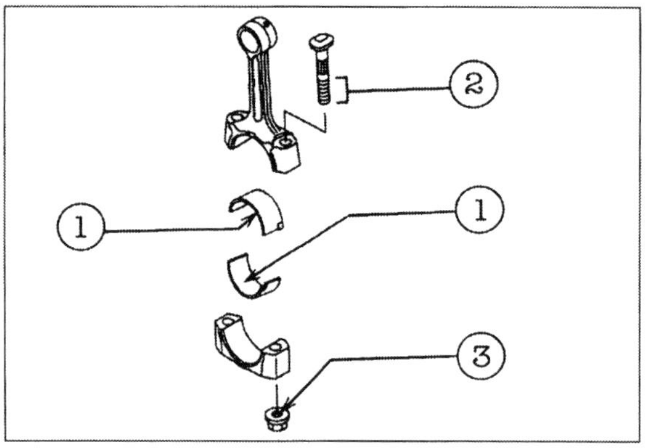

Bild 245
Pleuel
1 Lagerschalen
2 Gewinde
3 Befestigungsmutter

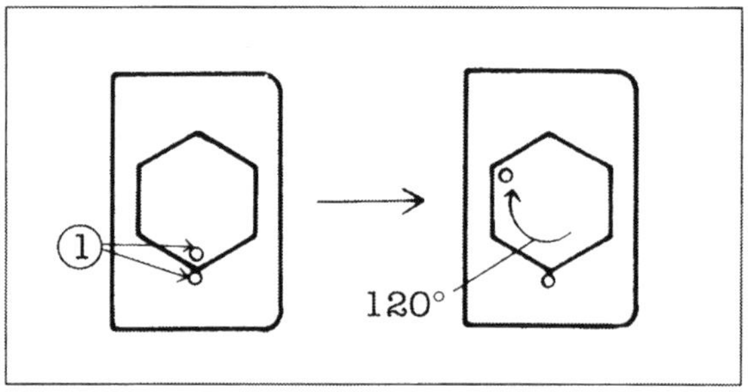

Bild 246
Pleuel-Einbau
1 Markierungen

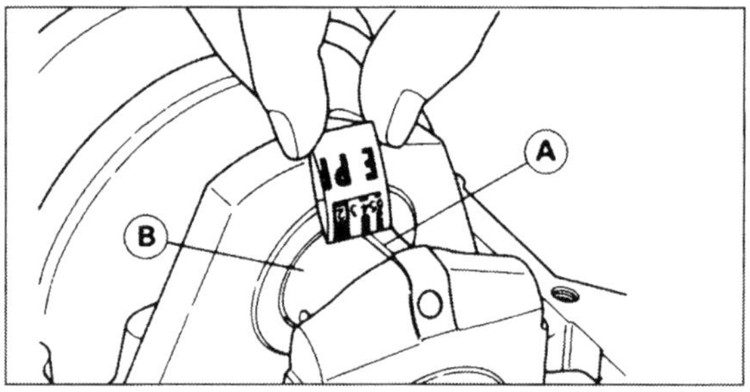

Bild 247
Pleuelfuss-Lagerspiel messen
A Messstreifen
B Kurbelzapfen

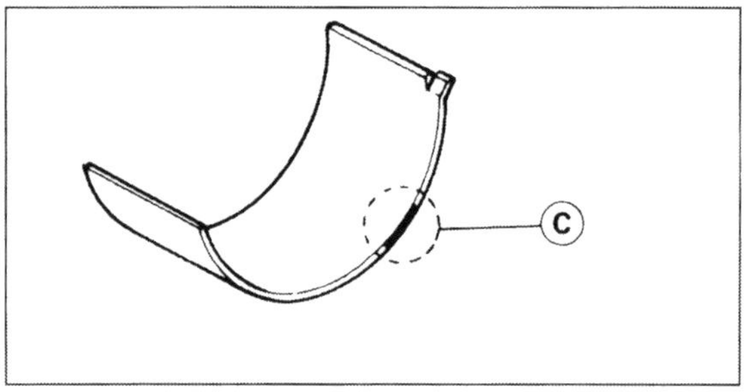

Bild 248
Lagerschale
C Farbmarkierung

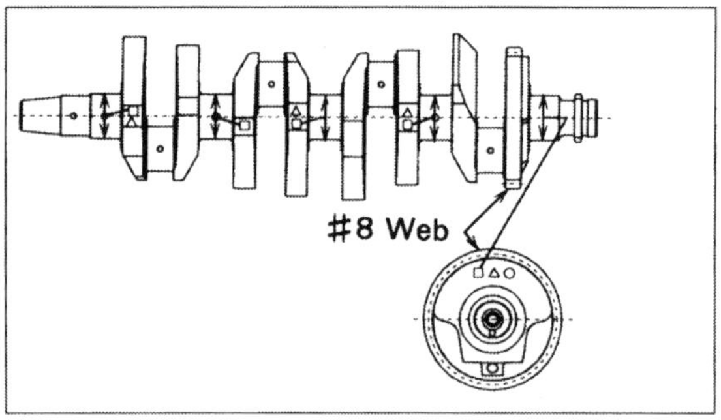

Bild 249
Hauptlager-Markierungen

● ⚠ Muttern mit vorgeschriebenem Anzugsmoment anziehen (24 Nm).
● ⚠ Neue Pleuel nur unter Verwendung neuer Schrauben und Muttern einbauen (Anzugsmoment 22 Nm).
● Befestigungsmuttern um weitere 120 Grad anziehen.
● Muttern wieder ausdrehen und Lagerdeckel abnehmen.
● Lagerspiel wie oben beschrieben mit Plastigage-Messstreifen bestimmen (Bild 247).
● Radialspiel Sollwert 0,031 – 0,059 mm; Verschleissgrenze 0,10 mm.

Auswahl der Kurbelwellen-Lagerschalen

● ⚠ Lagerschalen im Satz wechseln.
● Falls gemessenes Spiel zwischen 0,038 und 0,07 mm liegt, Lagerschalen gegen solche mit blauer Markierung an Stirnseite (Bild 248) tauschen.
● Spiel wie oben beschrieben erneut messen.
● ⚠ Spiel darf Sollwert geringfügig überschreiten, jedoch nicht unterschreiten, da sonst Lager festgehen («fressen») können!
● Falls Grenzwert überschritten, Lagerzapfen-Durchmesser der Kurbelwelle messen. Sollwert 29,984 – 30,000 mm, Verschleissgrenze 29,96 mm.
● Falls Grenzwert unterschritten wird, Kurbelwelle ersetzen.
● Falls Lagerzapfen-Durchmesser Grenzwert nicht unterschreitet, jedoch mit ursprünglicher Markierung an Kurbelwelle nicht übereinstimmt, neue Markierung anbringen, bzw. bei Auswahl neuer Lagerschalen berücksichtigen.

Grössenkennzeichnung der Kurbelwellen-Lagerzapfen (Bild 249)

Keine Markierung	29,984 – 29,994 mm
Markierung «1»	29,995 – 30,000 mm

● Durchmesser der Gehäusebohrungen (ohne Lagerschalen) kontrollieren.
● Kurbelgehäusehälften leer montieren und untere Gehäuseschrauben (Kapitel 13.3) anziehen.
● Messergebnis mit Gehäusemarkierung (Bild 250) vergleichen.

Grössenkennzeichnung der Kurbelwellen-Lagerbohrungen

Markierung «0»	33,000 – 33,008 mm
Keine Markierung	33,009 – 33,016 mm

● Passende Lagerschalen anhand der Tabelle in Bild 251 auswählen.
● Neue Lagerschalen einsetzen. Kurbelwelle montieren und Lagerspiel kontrollieren.

Auswahl der Pleuel-Lagerschalen

- ⚠ Lagerschalen im Satz wechseln.
- Falls gemessenes Spiel zwischen 0,059 und 0,10 mm liegt, Lagerschalen gegen solche mit schwarzer Markierung (Bild 248) tauschen.
- Spiel wie oben beschrieben erneut messen. Spiel darf Sollwert geringfügig überschreiten, jedoch nicht unterschreiten, da sonst Lager festgehen («fressen») können!
- Falls Grenzwert überschritten, Hubzapfen-Durchmesser der Kurbelwelle messen. Sollwert 29,984 – 30,000 mm, Verschleissgrenze 29,97 mm.

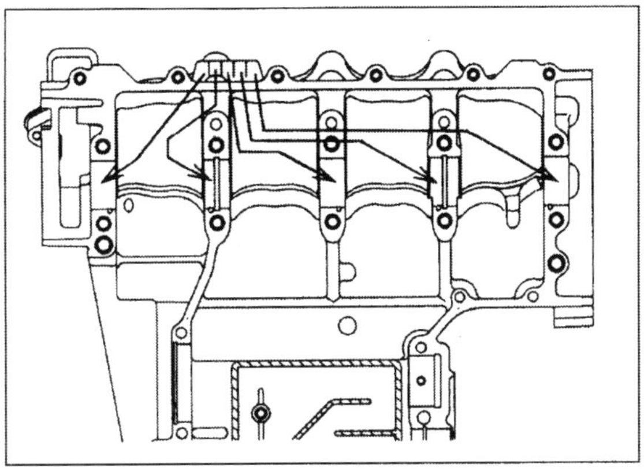

Bild 250
Lagerbohrung-Markierungen

Markierung der Kurbelgehäuse-Hauptlagerbohrung	Markierung der Kurbelwellen-Hauptlagerzapfen	Farbe	Lagereinsatz	
			Teile-Nummer	Lagerzapfen-Nr.
0	1	Braun	13034 - 1016 13034 - 1066	1, 2, 5 3, 4, 6
Keine	1	Schwarz	13034 - 1017	1, 2, 5
0	Keine		13034 - 1065	3, 4, 6
Keine	Keine	Blau	13034 - 1018 13034 - 1064	1, 2, 5 3, 4, 6

Bild 251
Auswahltabelle der Hauptlagerschale

- Falls Grenzwert unterschritten wird, Kurbelwelle ersetzen.
- Falls Hubzapfen-Durchmesser Grenzwert nicht unterschreitet, jedoch mit ursprünglicher Markierung an Kurbelwelle nicht übereinstimmt, neue Markierung anbringen, bzw. bei Auswahl neuer Lagerschalen berücksichtigen.

Grössenkennzeichnung der Hubzapfen-Durchmesser (Bild 252)

Keine Markierung	29,984 – 29,994 mm
Markierung «0»	29,995 – 30,000 mm

- Durchmesser der Pleuelbohrungen (ohne Lagerschalen) kontrollieren.
- Lagerdeckel an Pleuel montieren (24 Nm) Gewichtskennzeichnung muss erkennbar sein.

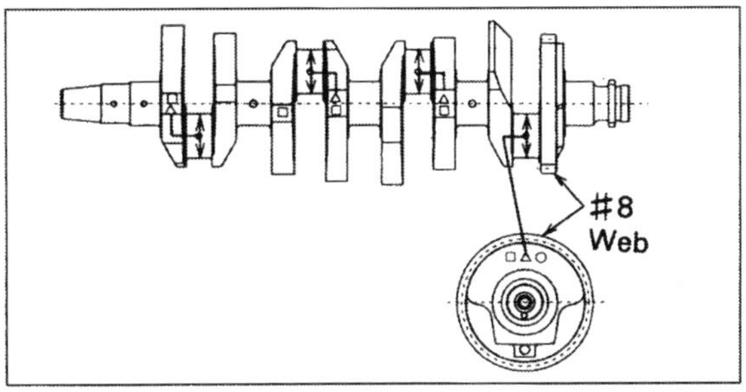

Bild 252
Kurbelzapfen-Markierungen

Grössenkennzeichnung der Pleuelbohrungen

Keine Markierung	33,000 – 33,008 mm
Markierung «0»	33,009 – 33,016 mm

- Passende Lagerschalen anhand der Tabelle in Bild 253 auswählen.
- Neue Lagerschalen einsetzen. Pleuel montieren und Lagerspiel kontrollieren.

Markierung des Durchmessers der Pleuelfussbohrung	Markierung des Kurbelzapfen-durchmessers	Lagereinsatz	
		Farbe	Teile-Nummer
Keine	0	Rosa	92028 - 1709
Keine	Keine	Braun	92028 - 1494
0	0		
0	Keine	Schwarz	92028 - 1493

Bild 253
Pleuelfuss-Lagerschalen-Auswahltabelle

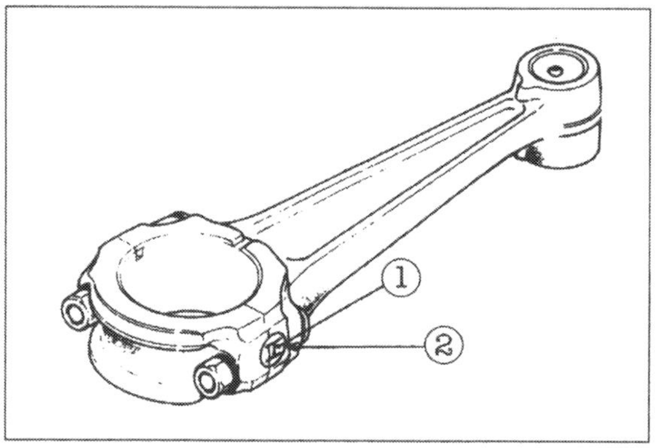

Bild 254
Pleuelstange
1 Gewichtskennzeichnung
2 Durchmessermarkierung

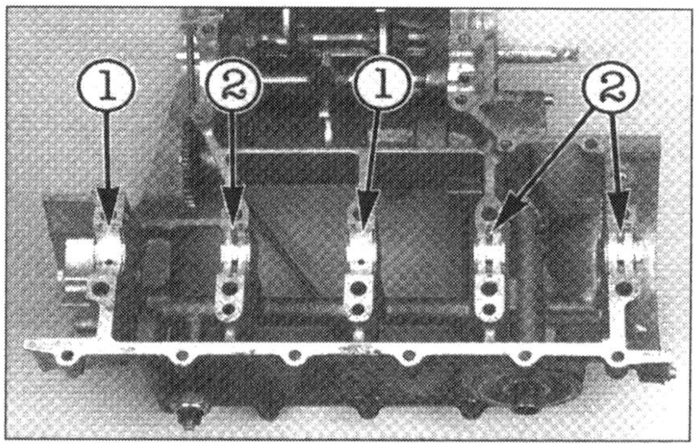

Bild 255
Untere Kurbelgehäuse-Hälfte
1 Lagerschale ohne Nut
2 Lagerschale mit Nut

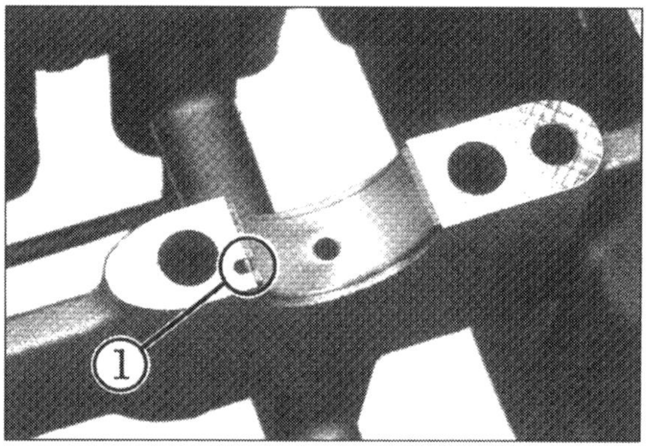

Bild 256
Lagerschalen einsetzen
1 Nut-/Nase-Passsung

14.3 Montage

- Falls Pleuel-Lagerschalen ausgebaut, Schalen so einsetzen, dass Nasen in Nute eingreifen (wie Kurbelwellenlagerschalen – Bild 256).
- MoS_2-Fett dünn auf Lagerschalen auftragen.
- Pleuel so an Kurbelwelle montieren, dass sie in ursprüngliche Lage (gemäss der beim Ausbau gemachten Markierung) eingebaut werden.
- Darauf achten, dass die Buchstabenhälften an Pleuelstange und Lagerdeckel perfekt zueinander passen (Bild 254).
- MoS_2-Fett auf Gewinde ② (Bild 245) auftragen.
- ⚠ Pleuelfuss-Lagerdeckel und Befestigungsmuttern markieren (Bild 246), damit sie beim Anziehen um 120 Grad (zwei Ecken an Sechskantmutter) über das Anzugsmoment von 24 Nm hinaus angezogen werden können.
- ⚠ Muttern mit vorgeschriebenem Anzugsmoment anziehen (24 Nm).
- ⚠ Neue Pleuel nur unter Verwendung neuer Schrauben und Muttern einbauen (Anzugsmoment 22 Nm).
- Befestigungsmuttern um weitere 120 Grad anziehen.
- Lagerschalen so in Kurbelgehäuse (Bild 255) einsetzen, dass Lagerschalen mit und ohne Ölnut wie gezeigt verteilt sind.
- Nasen müssen in Nut der Lagerbohrungen greifen (Bild 256).
- MoS_2-Fett auftragen.
- Kurbelwelle mit Pleueln samt Steuerkette in obere Gehäusehälfte einlegen.
- Getriebe einsetzen und Kurbelgehäusehälften montieren.

15 Getriebe

Bild 257
Getriebe-Einbaulage
1 Antriebswelle (Hauptwelle)
2 Abtriebswelle (Nebenwelle)

15.1 Ausbau

- Haupt- und Nebenwelle aus Gehäuse entnehmen (Bild 257).
- Getriebewellen können leicht mit Seegerringzange und kleinem Schraubendreher zerlegt werden.
- Zur leichteren Leerlauffindung sind in fünftes Abtriebszahnrad (Zahnrad für den fünften Gang auf Abtriebswelle) drei Stahlkugeln eingebaut. Um 5. Abtriebszahnrad «A» Bild 258 von Nebenwelle abzunehmen, 3. Abtriebszahnrad «B» festhalten und Zahnrad des fünften Ganges «A» schnell in angegebener Richtung «C» drehen und von Welle abziehen.
- Einzelteile in Reihenfolge des Ausbaus aufbewahren und notieren.
- ⚠ Seeger- und Sicherungsringe sind Einwegartikel – einmal ausgebaut wandern sie zum Schrott. Nur Neuteile verbauen!
- Schaltwalzen-Anschlaghebel ① Bild 259 nach Ausdrehen der Innensechskant-Schraube abnehmen.
- Befestigungsschrauben ② des Schaltwalzenlager-Halteblechs ③ (hält auch die Schaltgabelschienen) ausdrehen und Halteblech abnehmen.
- Schaltgabelschienen herausziehen. Dabei Schaltgabeln von Hand festhalten und entnehmen.
- Schaltwalze entnehmen.

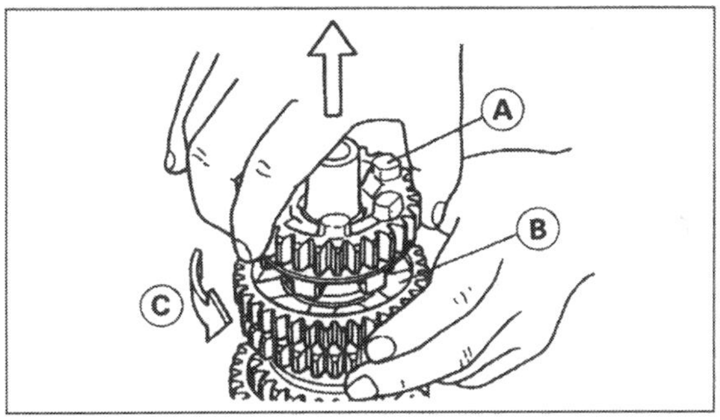

Bild 258
Nebenwelle zerlegen
A Zahnrad 5. Gang
B Zahnrad 3. Gang
C Drehrichtung

Bild 259
1 Schaltwalzen Anschlaghebel
2 Befestigungsschrauben
3 Halteblech
4 Schaltwalze

15.2 Prüfen und Vermessen

- Sämtliche Zahnräder auf aussergewöhnliche und übermässige Abnutzung oder Beschädigung untersuchen.
- Schaltgabeln, Schaltwalze und Zahn-

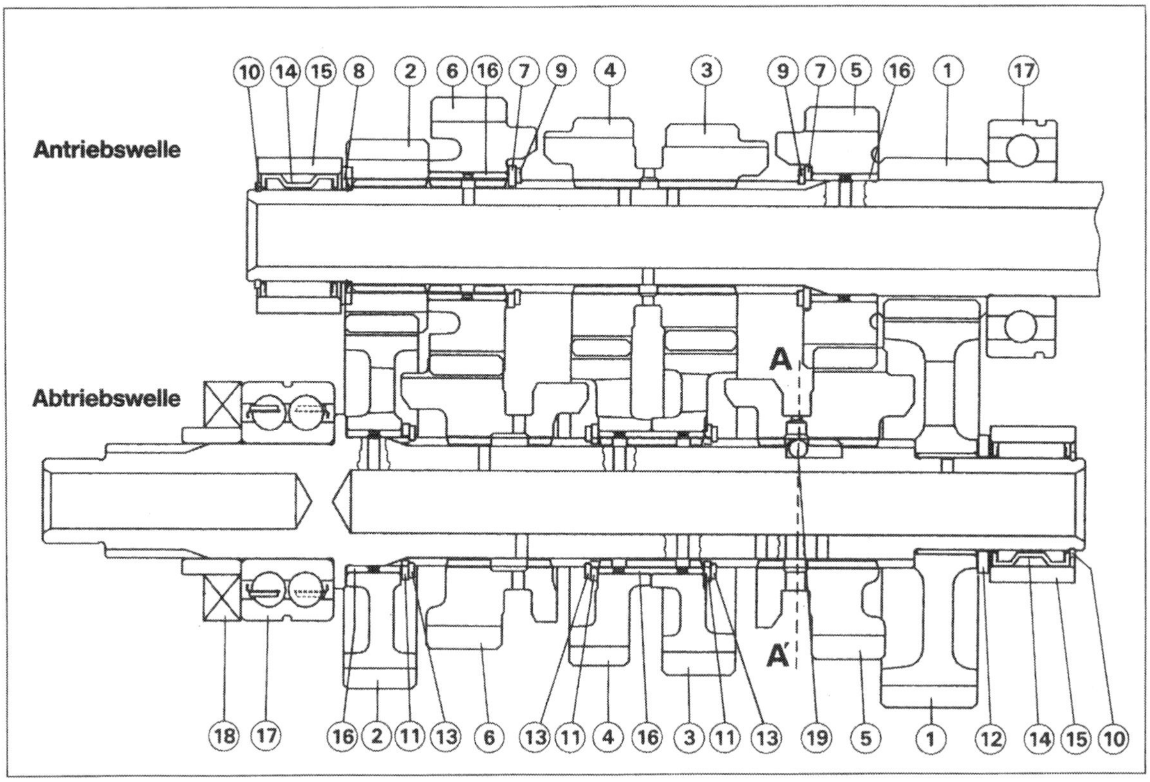

Bild 260
Einbaulage der Sicherungs- und Federringe
1 Zahnrad 1. Gang
2 Zahnrad 2. Gang
3 Zahnrad 3. Gang
4 Zahnrad 4. Gang
5 Zahnrad 5. Gang
6 Zahnrad 6. Gang
7 Zahnscheibe
8 Druckscheibe (dünn)
9 Sicherungsring
10 Sicherungsring
11 Zahnscheibe
12 Druckscheibe (dick)
13 Sicherungsring
14 Nadellager
15 Lageraussenlaufring
16 Buchse
17 Kugellager
18 Öldichtring
19 Stahlkugel
A…A´ Schnitt 5.Abtriebszahnrad (Bild 265)

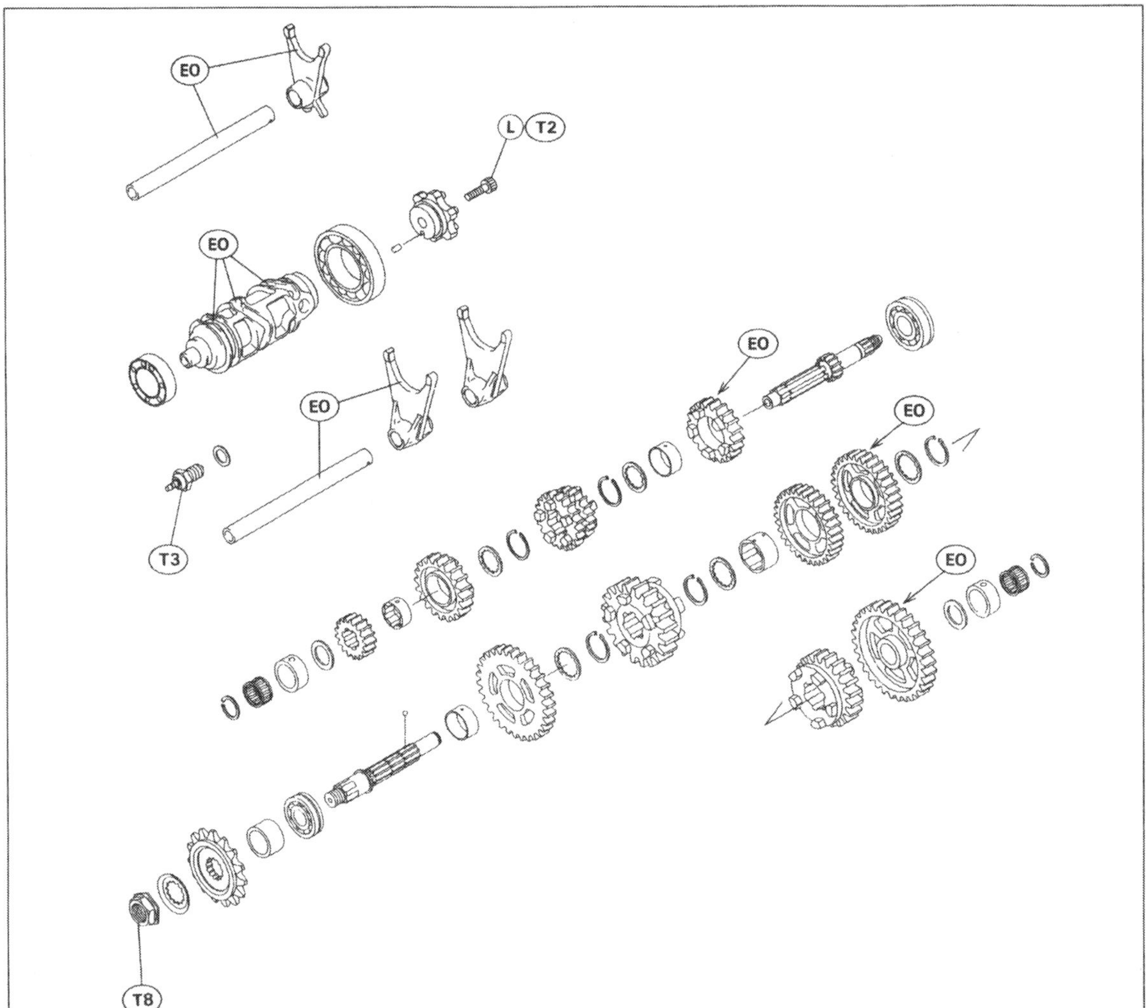

Bild 261
Getriebe-Einzelteile
EO Motoröl auftragen
L Flüssige Schraubensicherung auftragen
T2 12 Nm
T3 15 Nm
T8 125 Nm

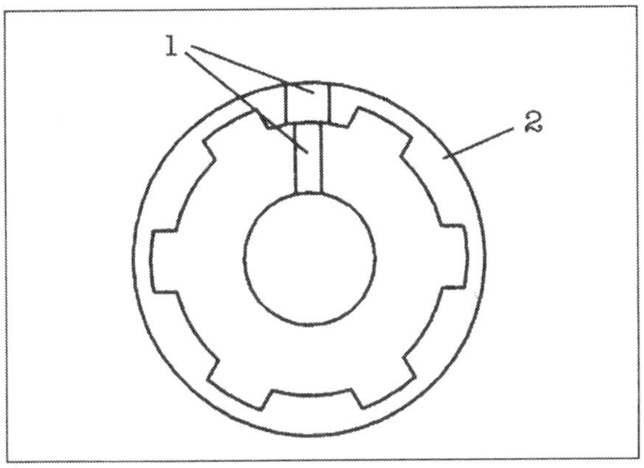

◄ **Bild 262**
Einbaulage der Zahnradbuchsen
1 Buchse
2 Ölbohrungen

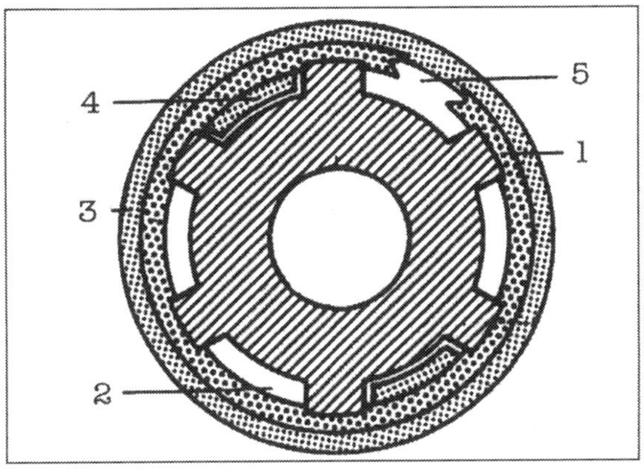

Bild 263
Einbaulage der Sicherungsringe
1 Sicherungsring
2 Nut
3 Zahnscheibe
4 Zahnscheibe
5 Ringspalt

räder auf Ausbrüche in der Härteschicht, Anlaufverfärbungen (Ölmangel und Überhitzung) oder übermässigen Verschleiss untersuchen.

- ⚠ Zahnräder nur paarweise erneuern!
- Schiene der Schaltgabeln über Richtplatte oder Glasplatte rollen. Bei Verbiegung Schiene erneuern.
- Lager von Hand drehen. Lager müssen leicht und geräuschlos laufen. Festsitz des Lagerinnenrings auf Welle prüfen.

15.3 Montage

- Getriebewellen lassen sich leicht mit Seegerringzange und kleinem Schraubendreher vormontieren. Ausnahme: Kugellagerinnenring der Hauptwelle muss zum Aufpressen auf Welle eventuell erwärmt werden. Dies ist gegebenenfalls Arbeit für die KAWASAKI- oder Fachwerkstatt.
- ⚠ Einbaureihenfolge beachten (Bilder 260 und 261).
- ⚠ Darauf achten, dass Ölbohrungen von Buchsen und Wellen fluchten (Bild 262).
- ⚠ Darauf achten, dass Spreng- und Seegerringe (nur Neuteile verbauen!) einwandfrei in ihren Nuten sitzen (Bild 263).
- Scharfe Kanten der Seegerringe weisen gegen Druckrichtung der Zahnräder (Bild 264).
- Reichlich MoS_2-Fett oder entsprechendes Produkt beigeben.
- Falls Stahlkugeln des fünften Abtriebsrads mit Fett fixiert werden, Fett nach Montage mit frischem Motoröl wegspülen, um Leerlauffindung nicht zu behindern (Bild 265).
- Zahnräder auf Leichtgängigkeit und Bewegungsfreiheit auf Welle prüfen.
- Wellen komplett montiert einsetzen (Bild 266).
- Fixierringe einschieben und Fixierstifte auf Gehäusenuten ausrichten.
- Falls Schaltwalze zerlegt, Walze entsprechend Bild 267 zusammenbauen.
- Darauf achten, dass Stift ① in äussere Bohrung eingesetzt wird.

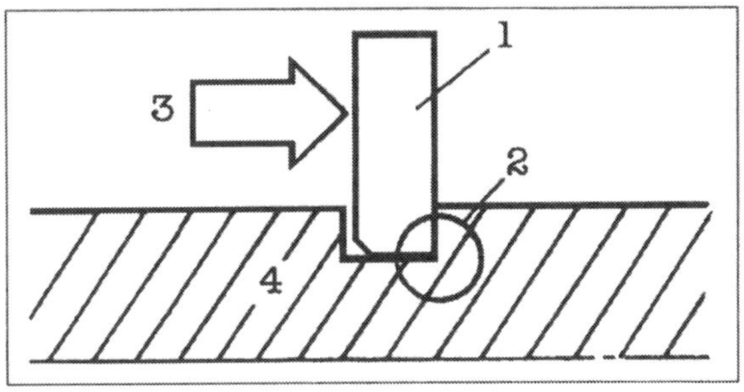

Bild 264
Seegerringmontage
1 Seegerring
2 Scharfe Kante
3 Druckrichtung
4 Welle

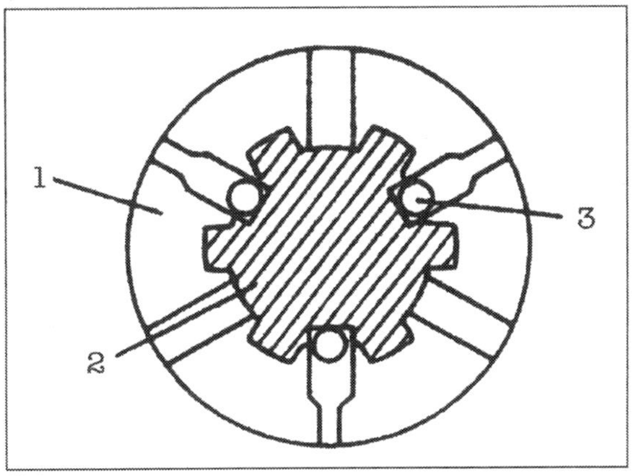

Bild 265
Zahnrad 5. Gang auf Abtriebswelle
1 Zahnrad
2 Welle
3 Kugel

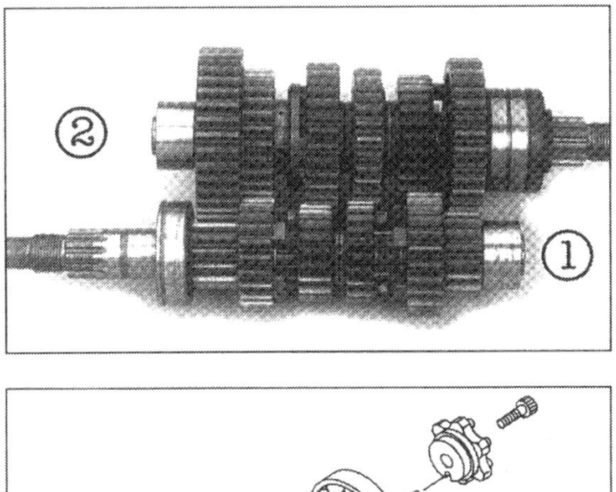

Bild 266
Getriebe
1 Antriebswelle (Hauptwelle)
2 Abtriebswelle (Nebenwelle)

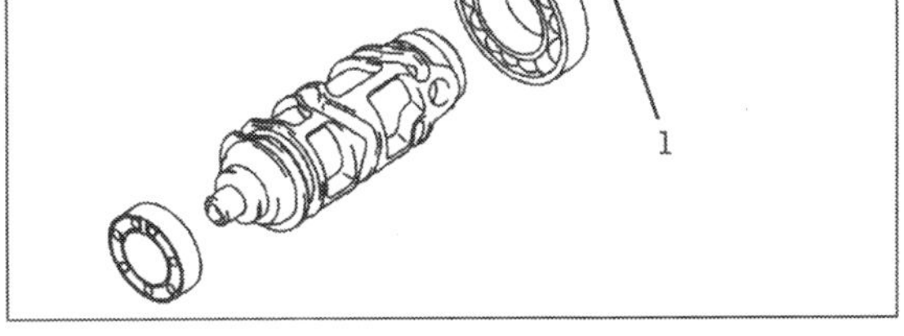

Bild 267
Einzelteile der Schaltwalze
1 Passstift

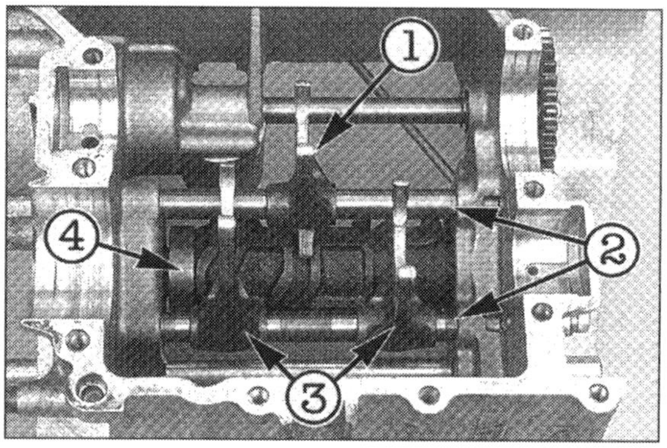

Bild 268
Schaltwalze- und gabeln
1 Schaltgabel auf Antriebswelle
2 Schaltgabelwellen
3 Schaltgabeln auf Abtriebswelle
4 Walze

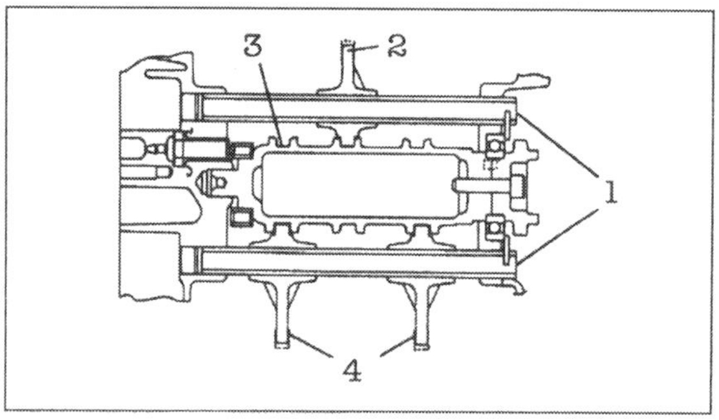

Bild 269
Einbaulage der Schaltgabeln
1 Schaltgabelwellen
2 Schaltgabel auf Antriebswelle
3 Walze
4 Schaltgabeln auf Abtriebswelle

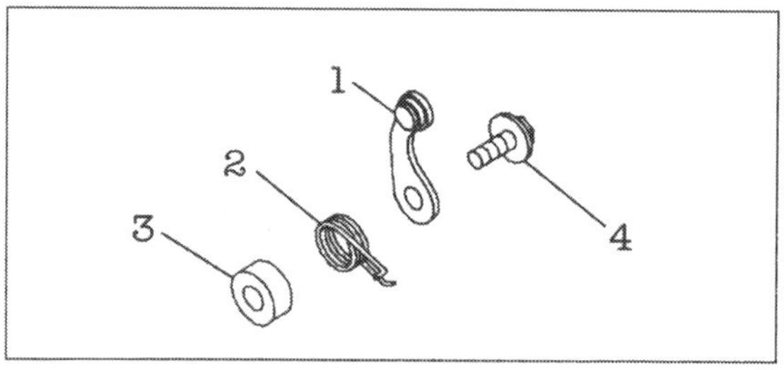

Bild 270
Schaltwalzen-Anschlag
1 Anschlaghebel
2 Feder
3 Druckscheibe
4 Befestigungsschraube

- Nut der Schaltratsche auf Stift ① ausrichten und einsetzen.
- Schaltwalze in untere Gehäusehälfte einführen.
- Schaltgabel mit beidseitig kurzen Ansätzen so einsetzen und auf Antriebswelle ausrichten, dass sie mit ihrem Stift in mittlere Nut der Schaltwalze eingreift (Bilder 268 und 269).
- Schaltgabelschiene einschieben (Seite mit Nut weist nach aussen).
- Zwei Schaltgabeln der Abtriebswelle so einsetzen, dass sie mit ihren Stiften in äussere Nuten der Schaltwalze eingreifen und ihre Absätze nach innen weisen.
- Schaltgabelschiene einschieben (Seite mit Nut weist nach aussen).
- Schaltwalzenlager-Halteblech in Nuten der Schaltgabelschienen einspuren.
- Befestigungsschrauben mit flüssiger Schraubensicherung versehen und eindrehen (12 Nm).
- Schaltwalzen-Anschlaghebel (Bild 270) an Gehäuse anbringen (9,8 Nm).
- Die Schalthebelwelle (Bild 271) mit Distanzbüchse für Schenkelfeder und Schenkelfeder einschieben (Federratsche beim Aufsetzen von Walze wegziehen; Bild 188 Seite 69).
- Darauf achten, dass Schenkelfeder beidseitig an Gehäusezapfen anliegt.
- Ölleitung mit neuen O-Ringen (Bild 186 Seite 69) anbringen.
- Gegebenenfalls Schaltgestänge auf sauberer Wellenverzahnung montieren.

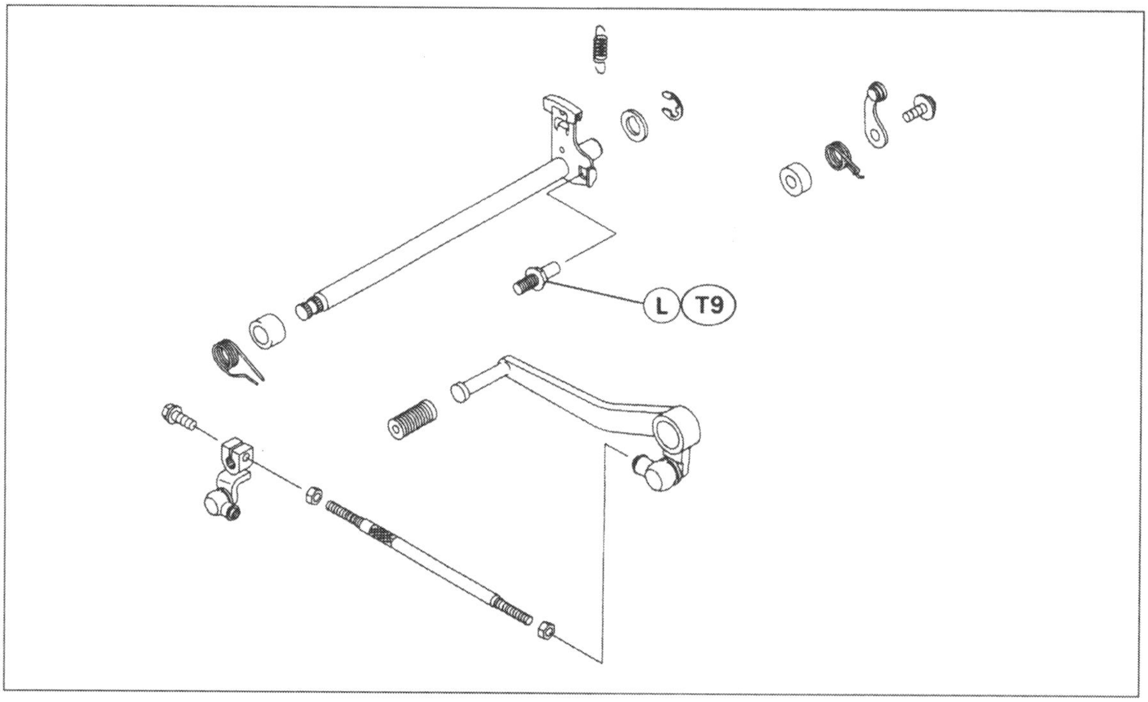

Bild 271
Schaltgestänge
L Flüssige Schraubensicherung auftragen
T 9 29 Nm

16 Bremsen

16.1 Ausbau

Es wurde zwar schon im Kapitel 3 Wartung erwähnt, trotzdem hier nochmals die Warnung: Wer wenig Durchblick in die Funktion einzelner Bremsbauteile hat, soll die Finger von dieser überlebenswichtigen Baugruppe lassen und lieber einen absoluten Spezialisten mit deren Betreuung beauftragen. Die Bremse muss jederzeit hundertprozentig in Ordnung sein!

- Bremsflüssigkeit ablassen (Kapitel 3.11).
- Bremsschlauch vom Sattel entfernen und Bremsflüssigkeit geduldig in Auffanggefäss austropfen lassen. Ein paar Tröpfchen, die da immer noch raustropfen, können schon grossen Lackschaden anrichten! Verkleckerte Bremsflüssigkeit von lackierten Flächen sofort abwischen!
- Bremsflüssigkeit aus Vorratsbehälter absaugen (z.B. mit Einwegspritze aus Apotheke). Im folgenden wird von «trockener» Bremsanlage ausgegangen!
- Bremssattel nach Ausdrehen der Befestigungsschrauben abnehmen und Bremsbeläge ausbauen (Kapitel 3.11).
- **Vorn:** Verbindungsschrauben ① (Bild 272) ausdrehen und Bremssattelhälften trennen.
- Zum Ausbau der Kolben aus Bremssattelhälften Ölkanal ⑤ Bild 273 abdichten, wobei Ölkanal ③ offen bleibt. Druckluft in Ölkanal ③ einblasen bis Kolben Gummidichtung berühren. Gleichzeitig Hydraulikanschluss ⑥ verschliessen, Kolben von Hand entnehmen. Selbes Prozedere gilt selbstverständlich auch für die andere Bremsattelhälfte.
- Staubkappe abnehmen und Entlüftungsventil ausdrehen.
- **Hinten:** Druckluft in Bremsschlauch-Anschlussgewinde blasen, um Kolben herauszustossen. Lappen um Bremssattel legen, um Kolben weich aufzufangen (Bild 274).
- ⚠ Vorsicht im Umgang mit Druckluft! Vorsichtig dosieren, Mündung der Blaspistole nicht zu dicht an Einlassöffnung halten!
- Staubdichtungen ① (Bild 275) und Kolbendichtringe ② hineindrücken und mit Schraubendreher heraushebeln, wobei diese zerstört werden.
- ⚠ Ausgebaute Kolbendichtringe dürfen nicht mehr verwendet werden! Nur Neuteile verbauen!
- ⚠ Vorsicht beim Entfernen der Dichtringe, Kolbengleitflächen nicht beschädigen!
- ⚠ Beim Zerlegen der Hand- und Fusspumpe gelten natürlich dieselben Vorsichtsmassnahmen in punkto Bremsflüssigkeit.

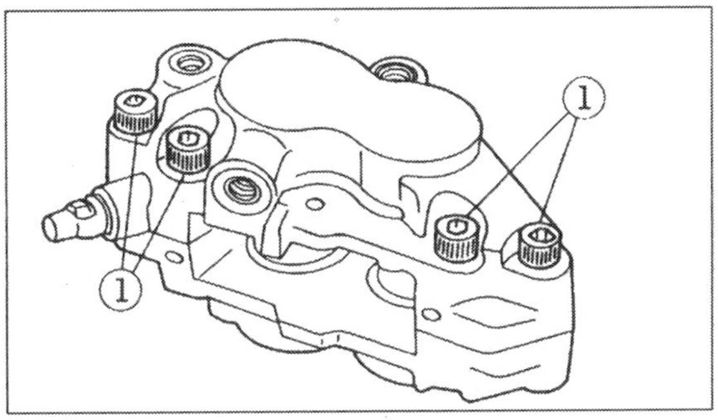

Bild 272
Vorderer Bremssattel
1 Verbindungsschrauben

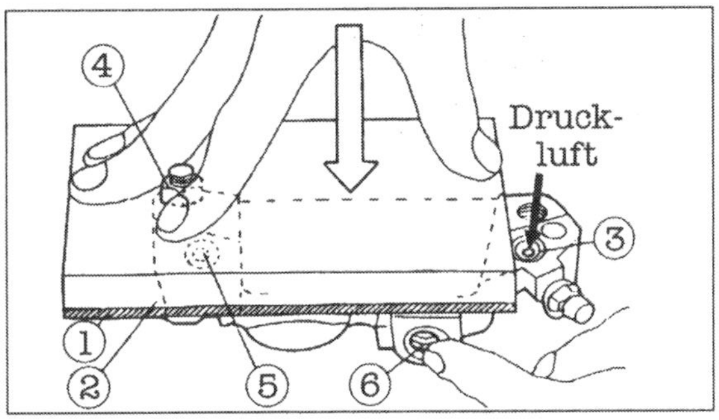

Bild 273
Bremskolben mit Druckluft ausdrücken
1 Gummidichtung
2 Holzbrett (10 mm dick)
3 Ölkanal
4 Schraube mit Mutter
5 Abgedichteter Ölkanal
6 Schlauchanschluss

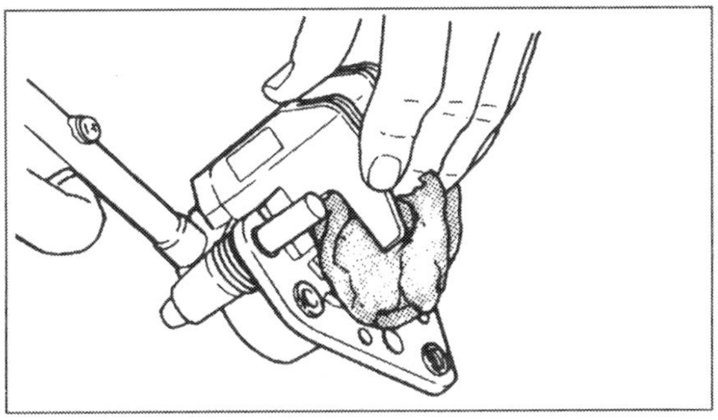

Bild 274
Bremskolben mit Druckluft ausdrücken

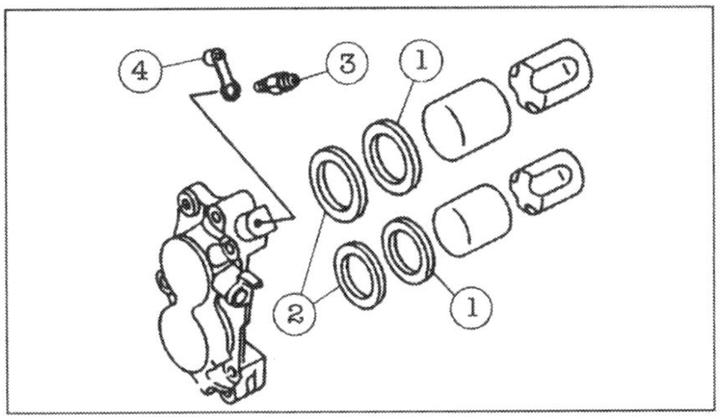

Bild 275
Bremssattelhälfte
1 Staubdichtungen
2 Kolbendichtringe
3 Entlüftungsventil
4 Staubkappe

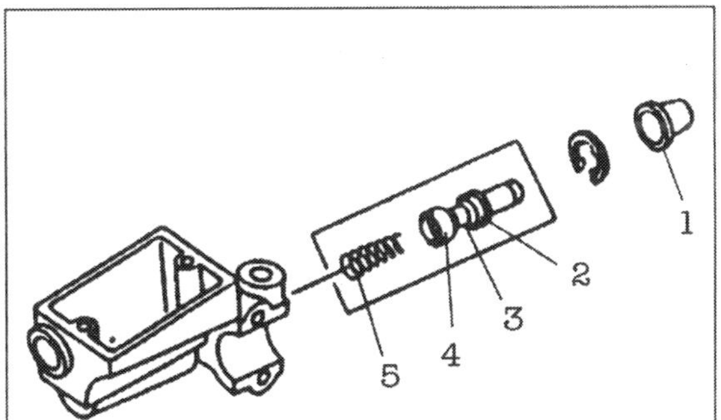

Bild 276
Einzelteile der Handpumpe
1 Staubkappe
2 Sekundärmanschette
3 Kolben
4 Primärmanschette
5 Rückholfeder

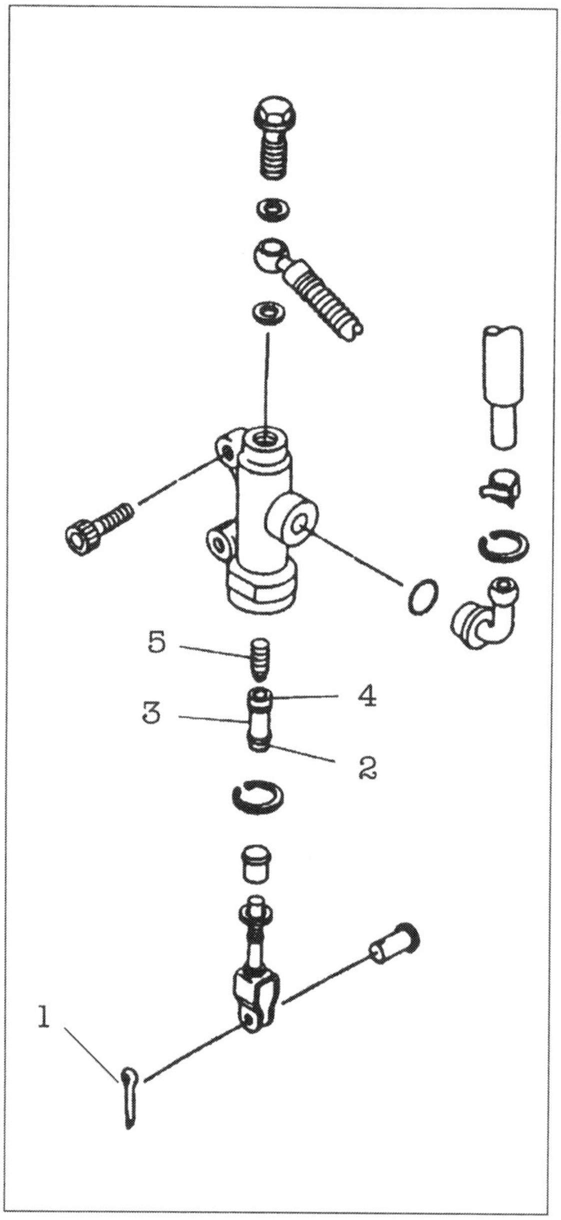

Bild 277
Einzelteile der Fusspumpe
1 Sicherungssplint
2 Sekundärmanschette
3 Kolben
4 Primärmanschette
5 Rückholfeder

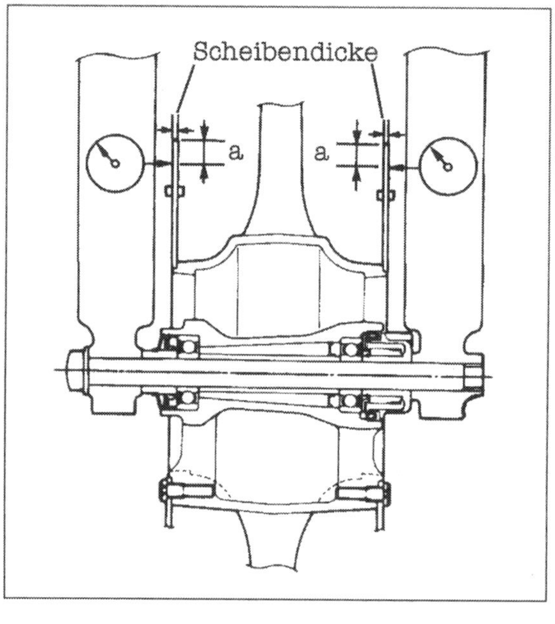

Bild 278
Scheibenschlag und -dicke vorn messen
Messpunkt a 1 – 3 mm

Handpumpe

- Bremshebel demontieren.
- Den Schlauchanschluss und Bremslichtanschluss trennen, Gehäusebefestigung lösen und Zylinder von Lenker abnehmen.
- Staubkappe ① Bild 276 mit zarter Spitzzange «herauspopeln» und Seegerring mit entsprechender Zange entfernen. Dabei Kolben gegen Feder eindrücken.
- Kolben und Feder entnehmen.

Fusspumpe

- Sicherungssplint ① Bild 277 aufbiegen, entfernen und Druckstange vom Pedal abnehmen.
- Pumpe nach Ausdrehen der Befestigungsschrauben und Entfernen des Zulaufschlauchs, vom Rahmen abnehmen.
- Staubkappe mit zarter Spitzzange «herauspopeln» und Seegerring mit entsprechender Zange entfernen. Dabei Kolben gegen Feder eindrücken (Bild 277).
- Kolben und Feder entnehmen.

16.2 Prüfen und Vermessen

- Verschmutzte Bremsklötze reduzieren die Bremswirkung, deshalb wegwerfen.
- Verschmierte Bremsscheiben mit hochwertigem Entfettungsmittel reinigen.
- Stärke der Bremsscheiben mit Mikrometer messen (Bild 278). Verschleissgrenze vorn: 3,5 mm, hinten: 5,5 mm.
- Verzug der Bremsscheibe mit Messuhr messen (Verschleissgrenze: 0,30 mm).
- Pumpenzylinder und -Kolben dürfen keine Riefen oder Kratzer aufweisen.
- Kolben und Zylinder der Bremssättel auf Riefen oder Beschädigungen untersuchen.
- Dichtmanschetten (oder Kolbenringe) der Bremskolben müssen in einwandfreiem Zustand sein. Nach Ausbau grundsätzlich Neuteile verwenden!

16.3 Montage

- ⚠ Einmal ausgebaut, müssen Kolben- und Staubdichtringe des Bremssattels und der Handpumpe grundsätzlich durch neue ersetzt werden.
- Vor Zusammenbau alle Teile der hydraulischen Bremsanlage (Bilder 280 und 281) mit sauberer Bremsflüssigkeit reinigen und anfeuchten.
- Dicht- und Staubdichtringe (Bild 282) in Bremszylinder einsetzen. Darauf achten, dass Dichtlippen beim Einsetzen der Kolben nicht umgewendet werden.

● Kolben so einbauen, dass offene Seite auf Bremsbeläge gerichtet ist.

● Wärmeisolatoren ② Bild 283 in Kolben einsetzen und Bremssattelhälften mit neuen O-Ringen ① montieren (Vorderradbremse). Anzugsmoment der Verbindungsschrauben 21 Nm.

● Feder mit grossem Durchmesser nach innen in Handpumpe einsetzen (Bilder 284 und 285).

● Kolbensatz eindrücken und Seegerring mit entsprechender Zange einsetzen.

● Staubkappe aufziehen und Bremslichtschalter (Handpumpe) anbringen.

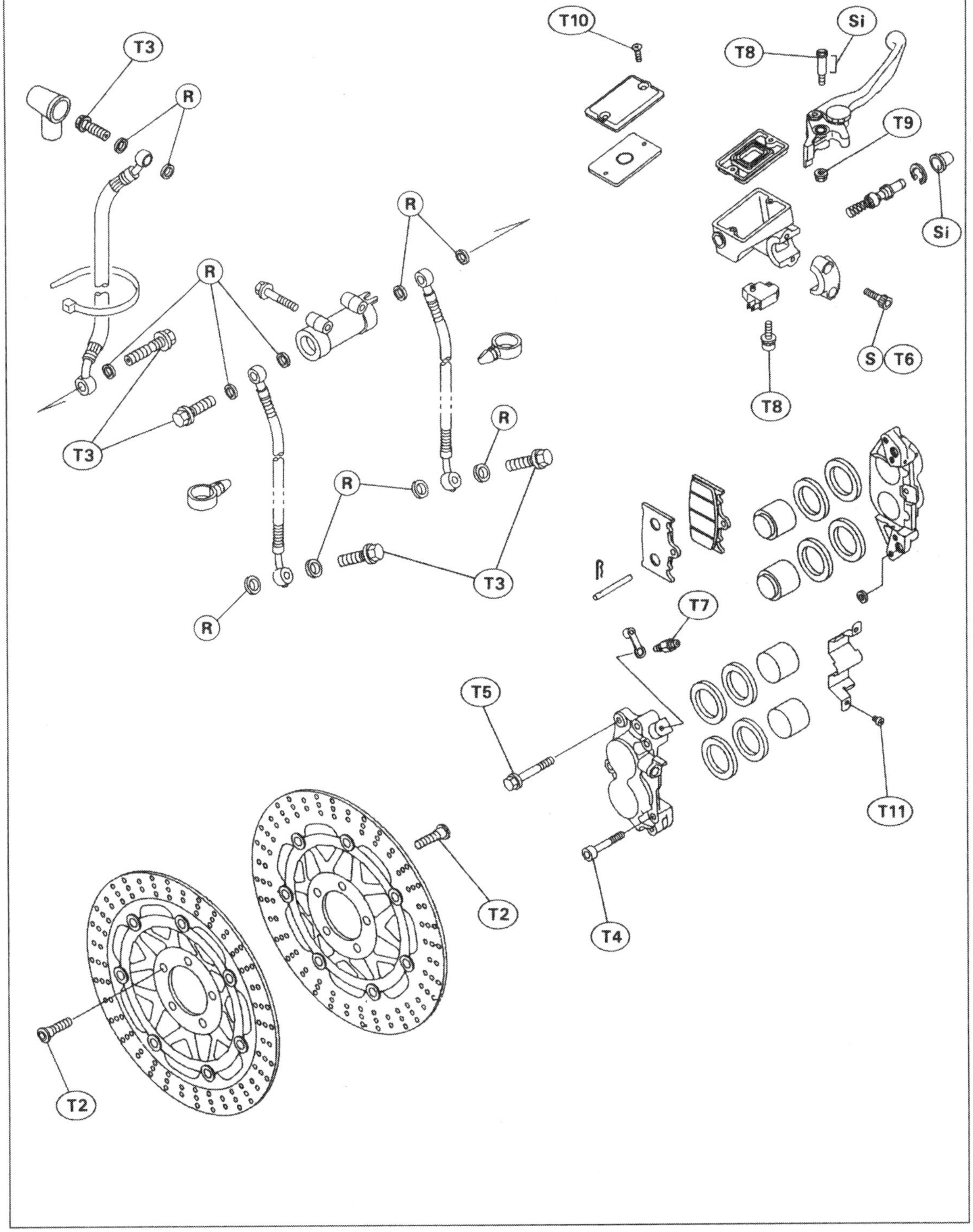

Bild 280
Bremsanlage vorn
T2 23 Nm
T3 25 Nm
T4 21 Nm
T5 34 Nm
T6 11 Nm
T7 18 Nm
T9 5,9 Nm
T10 1,5 Nm
T11 2,9 Nm
Si Silikondichtstoff
S Anzugsreihenfolge beachten
R Neuteile verwenden

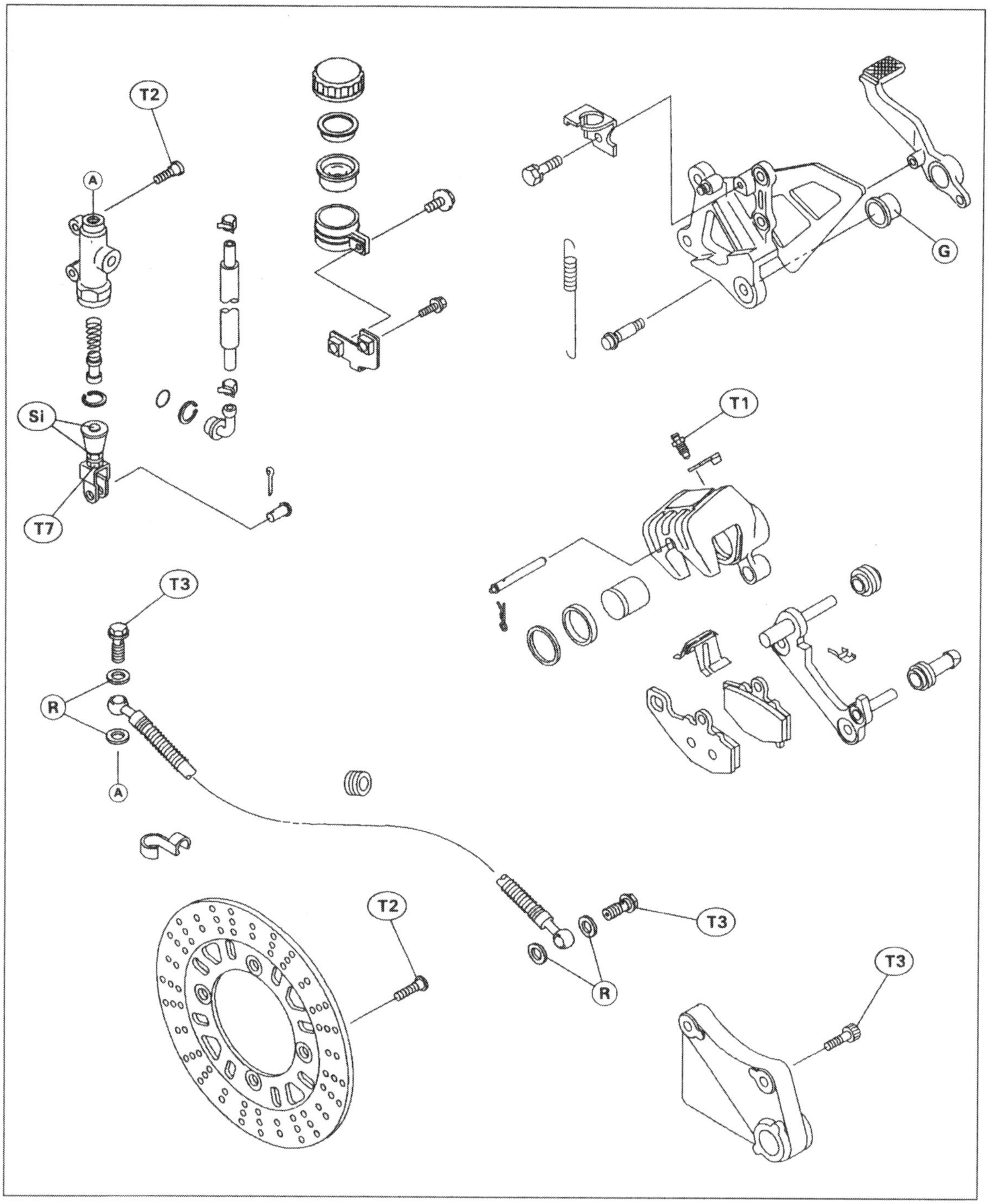

Bild 281
Bremsanlage hinten
T1 7,8 Nm
T2 23 Nm
T3 25 Nm
T7 18 Nm
Si Silikondichtstoff auftragen
S Anzugsreihenfolge beachten
R Neuteile verwenden
G Fett auftragen

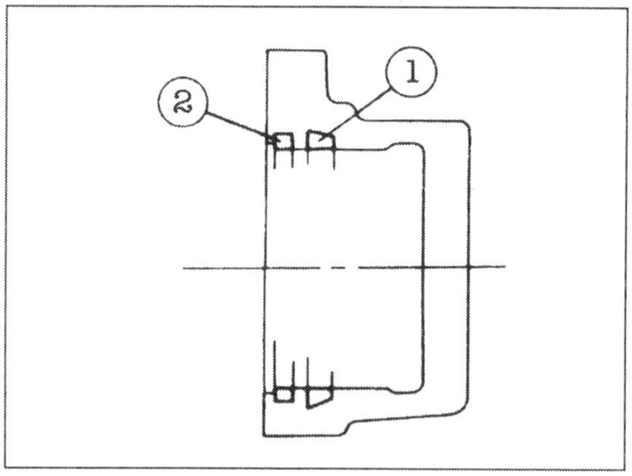

Bild 282
Vorderer Bremssattel
1 Dichtring
2 Staubdichtung

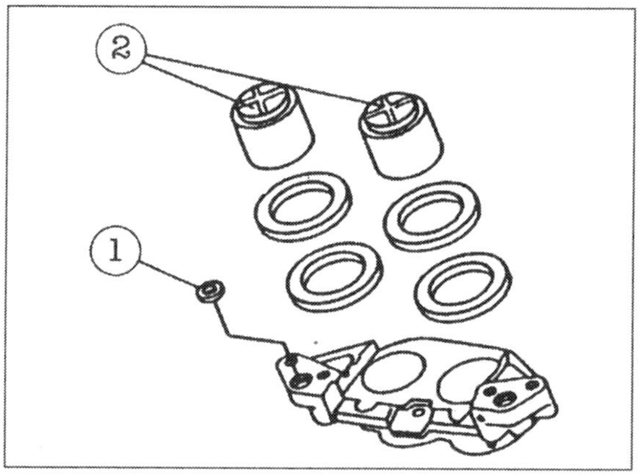

Bild 283 ➤
Vorderer Bremssattel
1 O-Ring
2 Wärmeisolatoren

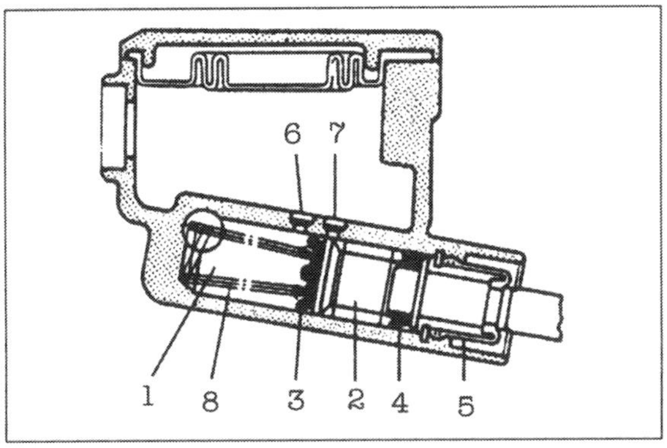

- Handpumpe am Lenker anbringen. Zuerst obere Befestigungsschraube ganz anlegen, dann untere anziehen (11 Nm).
- Fusspumpe am Rahmen anbringen.
- Belagfeder und Beläge installieren wie in Kapitel 3.11 beschrieben.
- Sämtliche Bremsschlauchverbindungen mit neuen Dichtscheiben installieren und anziehen (25 Nm).
- Beim Befüllen des Hydrauliksystems abweichend vom im Wartungskapitel angegebenen Schema nach dem im Bild 287 gezeigten Ablauf vorgehen. Dabei Entlüftungsschlauch in mit Bremsflüssigkeit befülltes Gefäss enden lassen.

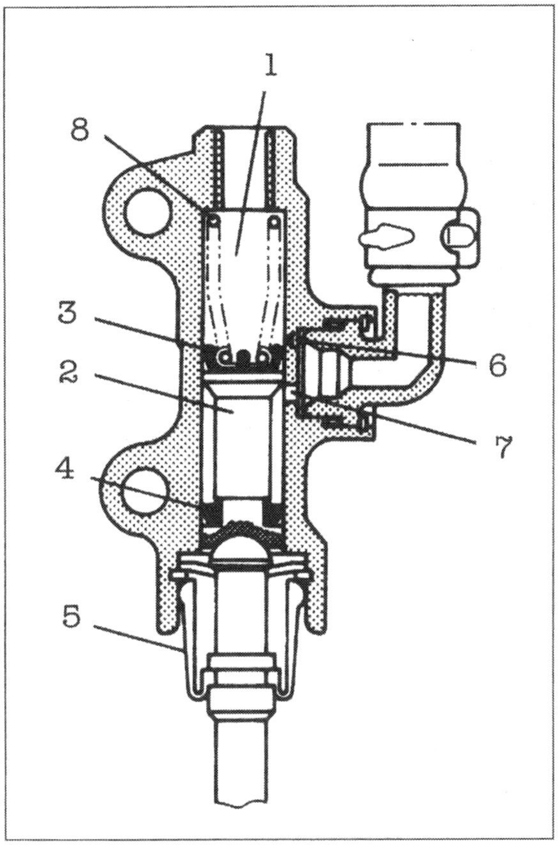

◄ **Bild 284**
Handpumpe
1 Zylinder
2 Kolben
3 Primärmanschette
4 Sekundärmanschette
5 Staubkappe
6 Ausgleichsbohrung
7 Zulaufbohrung
8 Rückholfeder

Bild 285
Fusspumpe
1 Zylinder
2 Kolben
3 Primärmanschette
4 Sekundärmanschette
5 Staubkappe
6 Ausgleichsbohrung
7 Zulaufbohrung
8 Rückholfeder

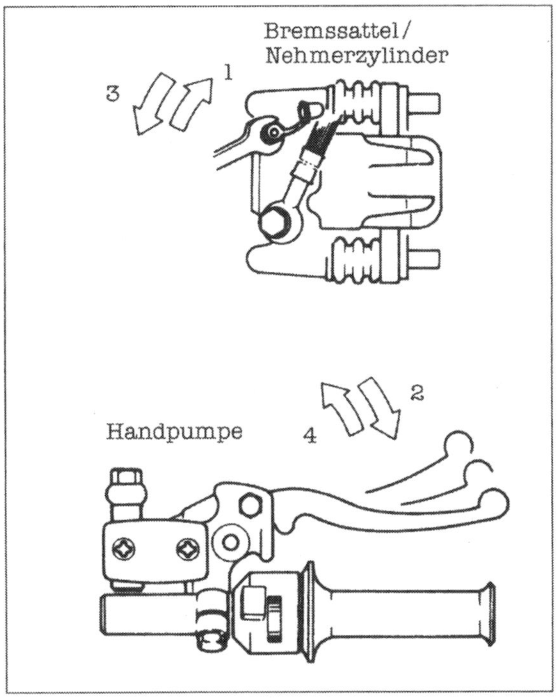

Bild 287
Befüllungsschema für «trockene» Bremsanlage
1 Entlüfterventil öffnen
2 Hebel/Pedal anziehen
3 Entlüfterventil schliessen
4 Hebel/Pedal herauslassen

17 Frontpartie

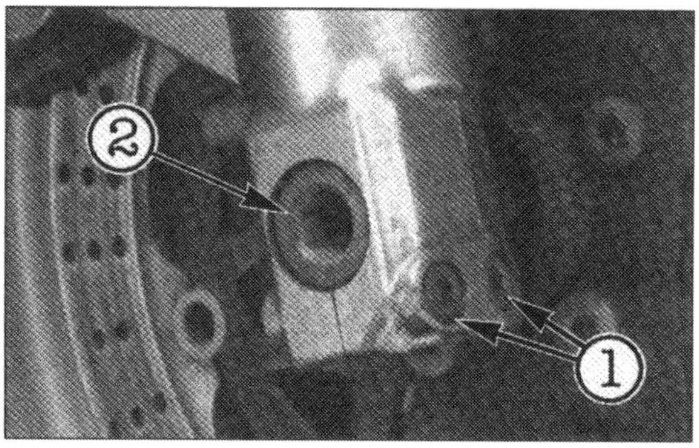

Bild 288
Vorderrad aus- und einbauen
1 Achsklemmschrauben
2 Achse

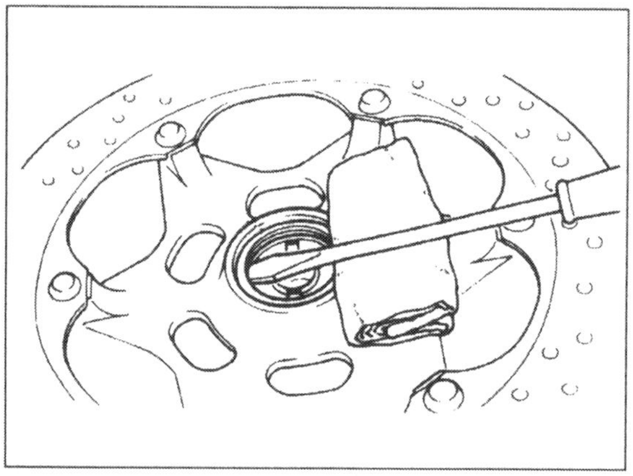

Bild 289
Wellendichtring aushebeln

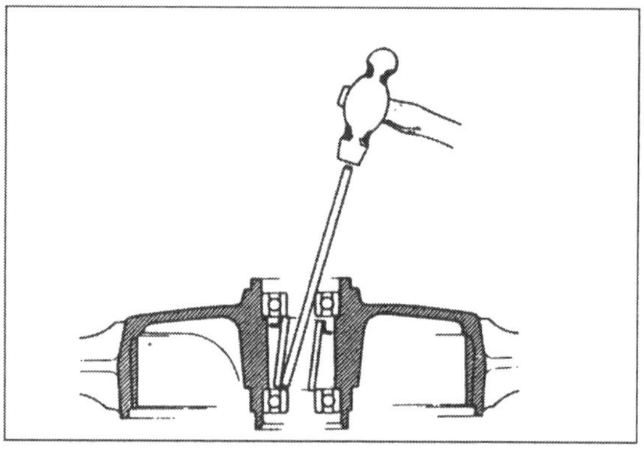

Bild 290
Radlager austreiben
(Prinzipdarstellung)

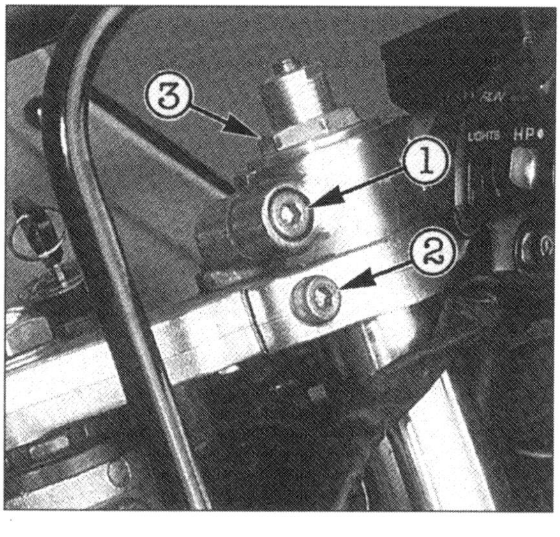

Bild 291
1 Lenkerklemmschraube
2 Obere Gabelklemmschraube
3 Obere Gabelverschlussschraube

17.1 Ausbau

Laufrad

- Zum Ausbau des Vorderrads müssen beide Bremssättel ausgebaut sein.
- ⚠ Radlager nur bei Beschädigung oder Verschleiss ausbauen (siehe Kapitel 17.2).
- Tachowelle: Überwurfmutter ausdrehen und Welle ausziehen.
- Rechts Achsklemmschrauben ① Bild 288 lösen und Achse ② ausdrehen. Rad entnehmen.
- Links Tachoschnecke abnehmen.
- Rechts auf Verbleib des Distanzstücks achten.
- Bremsscheiben nach Ausdrehen von sechs Innensechskantschrauben abnehmen.
- Wellendichtringe mit passendem Schraubendreher und Unterlage (Lagersitzschutz) ausheben (Bild 289).
- Sicherungsfeder aus Nut ausfedern.
- Radlager schrittweise über Kreuz austreiben, um Aufweiten der Lagersitze zu vermeiden (Bild 290).

Teleskopgabel

- Einstellung der Gabel siehe Wartungskapitel.
- Gabelbeine müssen zum Wechsel des Gabelöls ausgebaut werden.
- «Schutzblech» abbauen.
- Federvorspannungs-Einsteller auf geringste Vorspannung einstellen (ganz herausdrehen).
- Lenkerstummel-Befestigungsschraube oben auf Gabelbrücke ausdrehen.
- Lenkerklemmschraube ① Bild 291 und obere Gabelklemmschraube ② lockern.
- Untere Gabelklemmschrauben (Bild 292) lockern.
- TIP Bevor Gabelbein aus Gabelbrücken herausgezogen wird, obere Verschlussschraube ③ Bild 291 bei angezogener unterer Klemmung lockern (noch nicht ganz ausdrehen).
- Gabelbein nach unten aus Gabelbrücken entnehmen.
- Obere Verschlussschraube/Einstellereinheit ausdrehen und Einstellereinheit nach oben ziehen.
- Gabel umdrehen und Gabelöl in geeignetes Gefäss ablassen.
- Gegenmutter ① Bild 292a lösen und Einstellereinheit mit Gabelschlüssel ② ausdrehen.
- Federsitz und Feder entnehmen.
- Gabelbein umdrehen, Dämpferstange mindestens zehnmal ganz ausziehen und wieder eindrücken, um Gabelöl aus Dämpferpatrone abzu-

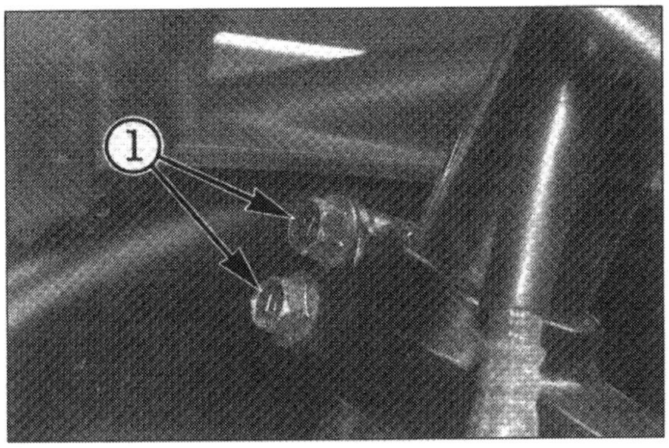

◄ **Bild 292**
1 Untere Gabelklemmschrauben

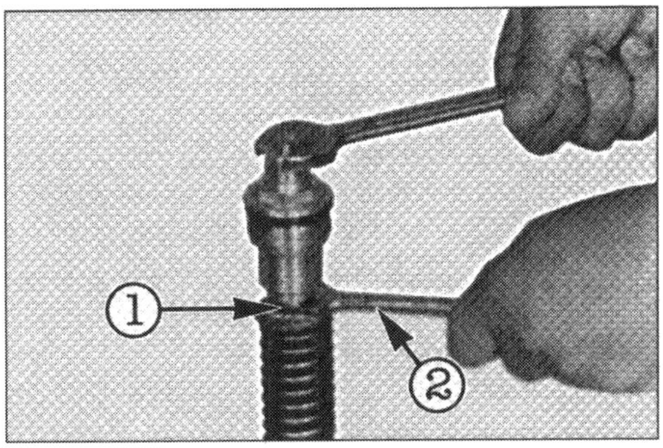

Bild 292a
Obere Gabel-verschlussschraube/ Einstelleinheit
1 Gegenmutter
2 Gabelschlüssel

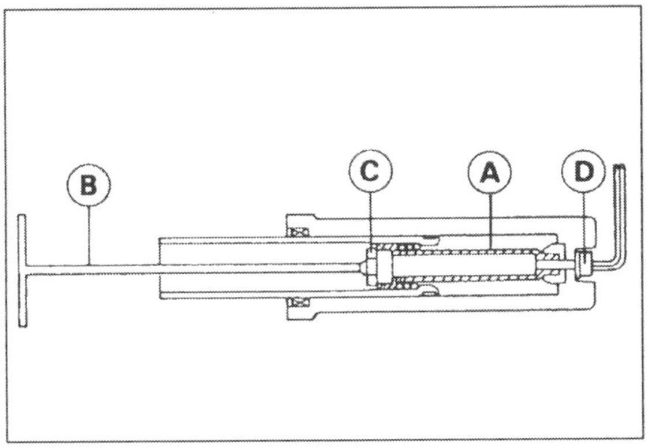

◄ **Bild 293**
Gabeldemontage
A Dämpferstange
B Haltestange
C Spezialwerkzeug
D Innensechskant

Bild 294
Federring aushebeln

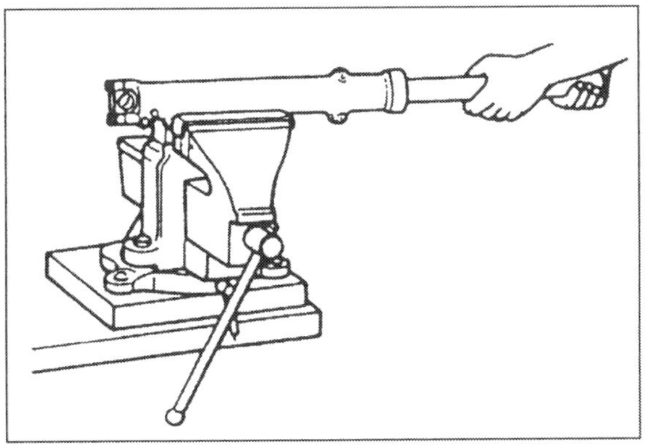

◄ **Bild 295**
Standrohr herausziehen

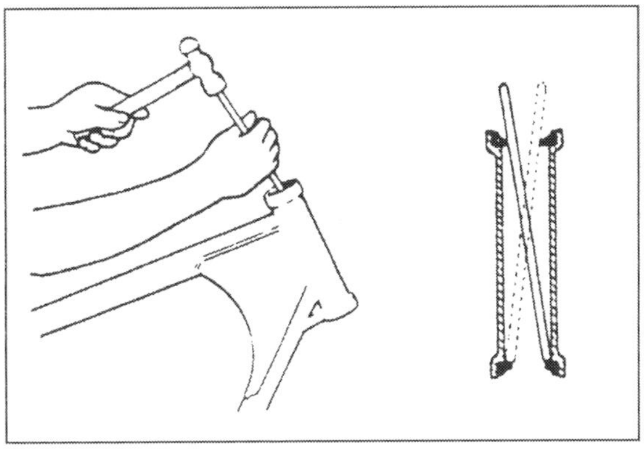

Bild 296
Lagerschalen herausschlagen

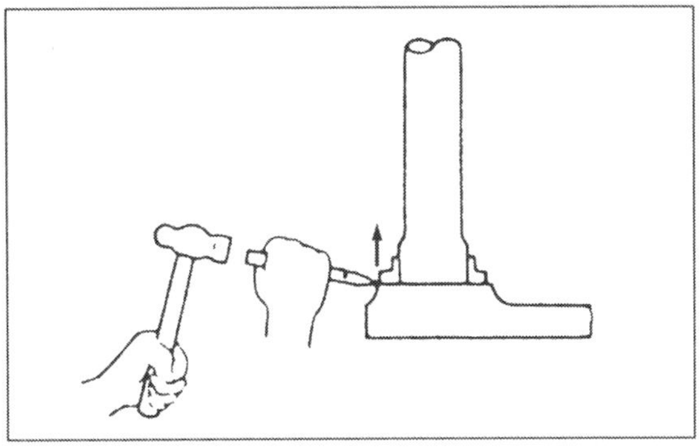

Bild 297
Laufring loshebeln

pumpen. Gabelöl in geeignetes Auffanggefäss ablassen.

- Untere Befestigungsschraube der Dämpferstange (Gabelverschlussschraube) ausdrehen. Dabei Dämpferstange mit KAWASAKI-Spezialwerkzeug 57001-1297 gegenhalten (Bild 293).
- Dämpferpatrone nicht weiter zerlegen.
- Staubmanschette mit kleinem Schraubendreher von Sitz loshebeln und Anschlag-Federring aushebeln (Bild 294).
- Tauchrohr gut geschützt in Schraubstock spannen.
- Standrohr nach Ziehhammer-Prinzip unter kräftigen Ruckbewegungen samt Wellendichtring und dem Stützring ausziehen (Bild 295).
- Gleitbuchsen und Dämpferstange, die jetzt aus Tauchrohr rausgeschüttelt werden, lassen sich leicht von Hand abnehmen. Zur Sichtprüfung jedoch nicht nötig.

Lenkkopflager

- ⚠ Lagerschalen nur bei Beschädigung/Verschleiss ausbauen (siehe Kapitel 3.15).
- Einstellmutter ganz ausdrehen und untere Gabelbrücke samt Gabelschaftrohr nach unten entnehmen.
- Lagerschalen oben und unten im Lenkkopf mit entsprechend langem und kräftigem Dorn

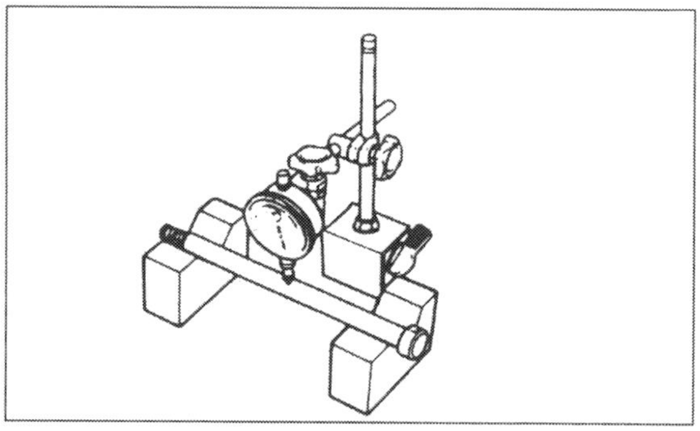

Bild 298
Achsschlag prüfen

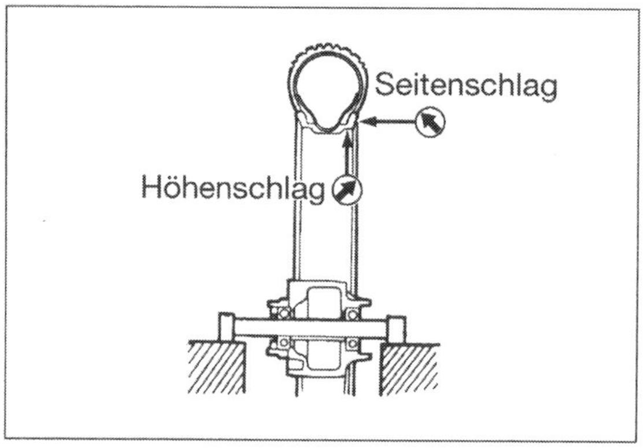

Bild 299
Seiten- und Höhenschlag prüfen

Bild 300
Improvisierte Felgenschlag-Messung

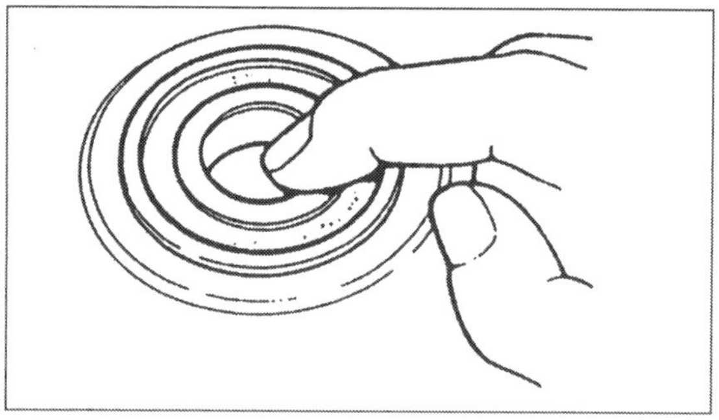

Bild 301
Fingerprobe an Radlagern

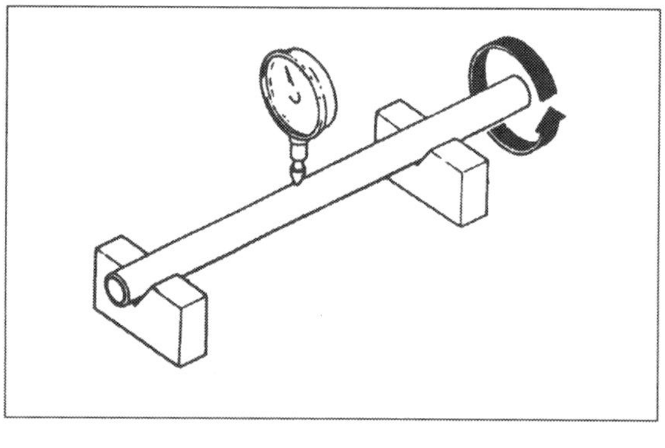

Bild 302
Schlag der Standrohre messen

von oben bzw. unten mit Stahlhammerschlägen schrittweise über Kreuz austreiben (Bild 296). Lager nicht verkanten und so Lagersitz aufweiten!

- Unteren Laufring mit Hammer und Meissel vom Sitz treiben (Bild 297).

17.2 Prüfen und Vermessen

Laufrad

- Radachsen in Prismenblöcke legen und Achsschlag mit Messuhr messen (Bild 298); Verschleissgrenze 0,20 mm. Bei Verzug Achse erneuern. Niemals versuchen, die Achse geradezurichten.
- ⚠ Räder auf Zentrierständer lagern, Seiten- und Höhenschlag mit Messuhr prüfen (Bild 299). Verschleissgrenze jeweils 2,0 mm.
- ⚠ Unrund laufende Räder nicht richten lassen, sondern ersetzen.
- Auf Zentrierständer auch Unwucht des Rades feststellen (einen solchen Stützbock kann man leicht improvisieren oder selbst herstellen. Ein stabiler Schraubstock reicht oft schon aus, um die verschraubte Radachse einzuspannen; Bild 300).
- ⚠ Wuchtung des Rades nach jedem Reifenwechsel prüfen.
- Manche Reifenhersteller markieren leichteste Stelle des Reifens mit Farbpunkt. Dieser muss genau in Höhe des Ventils stehen.
- ⚠ An Vorderradfelge nicht mehr als 60 Gramm Wuchtgewichte anbringen.
- Innenlaufringe der Radlager mit Finger auf geräuschlosen Lauf prüfen (Bild 301).
- Aussenlaufring muss fest in Nabe sitzen.

Teleskopgabel

- Gabelstandrohre in Prismenblöcke legen und mit Messuhr auf Schlag prüfen (Bild 302). Dabei beachten, dass tatsächlicher Schlag der Hälfte des gemessenen Wertes entspricht! Ab 0,1 mm Schlag Fachwerkstatt zu Rate ziehen, ob Standrohr wieder gerichtet werden kann.
- Freie Länge der Gabelfeder messen; Verschleissgrenze: 382 mm.
- Bauteile auf Kratzer, Riefen oder abnormalen Verschleiss untersuchen. Gleitbuchsen müssen ausgewechselt werden, wenn Beschichtung über mehr als Dreiviertel der Oberfläche abgenutzt ist.

Lenkkopflager

- Lenkkopflager in montiertem Zustand prüfen wie in Kapitel 3.15 beschrieben.
- Konuslaufringe des Lenkkopflagers auswechseln, wenn sie beschädigt sind oder Druckstellen und Vertiefungen aufweisen.

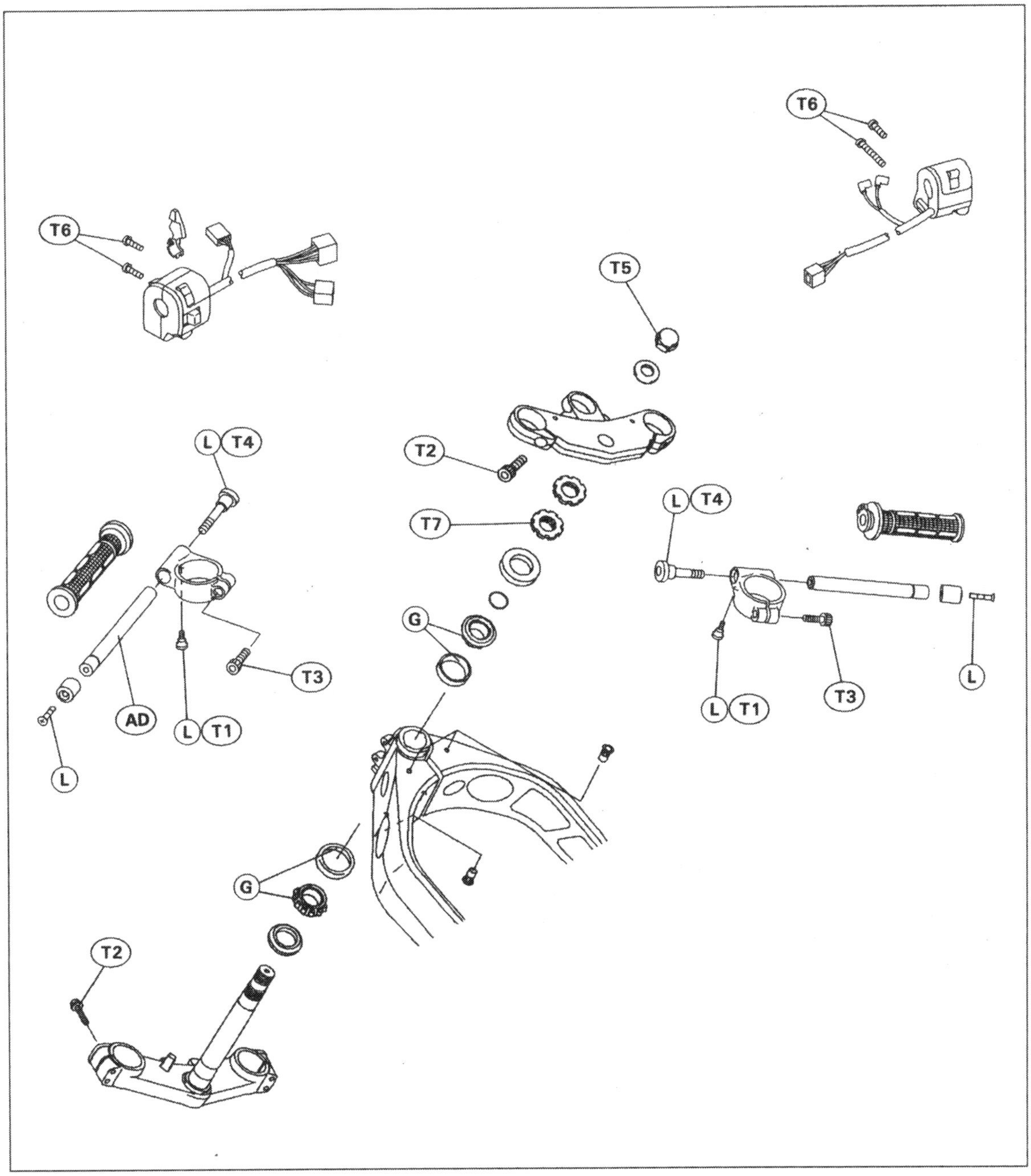

Bild 303
Lenker und Lenkkopf
T 1 9,8 Nm
T 2 20 Nm
T 3 23 Nm
T 4 34 Nm
T 5 49 Nm
T 6 3,4 Nm
T 7 4,9 Nm
AD Klebstoff auftragen
G Fett auftragen
L Flüssige Schraubensicherung auftragen

17.3 Montage

Lenkkopflager (Bild 303)

● Den unteren Lagerlaufring samt der Staubdichtung auf Lenkerschaftrohr mit passendem Rohrstück (nicht auf Lauffläche aufsetzen, sondern natürlich am innenliegenden Bund!) auftreiben, bis er rundum satt aufsitzt (Bild 304).

● TIP Erwärmen des Laufrings auf ca. 100°C erleichtert das Auftreiben.

● Lagerschalen in Lenkkopflagersitz mit passendem Rundmaterial eintreiben.

● TIP Besser mit Gewindestange und passenden Adaptern und Scheiben einziehen, wie in Bild 305 gezeigt.

● Darauf achten, dass Lagerschalen nicht verkanten und so Lagersitze aufweiten.

● Lagerlaufkörper gefettet in ursprüngliche

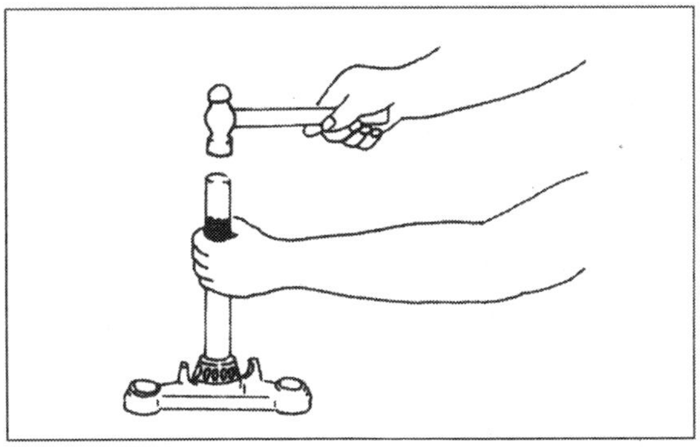

Bild 304
Lagerschale auftreiben

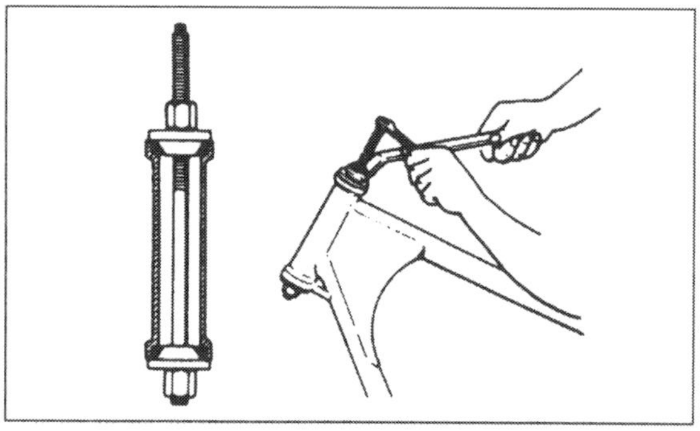

Bild 305
Lagerschalen einziehen

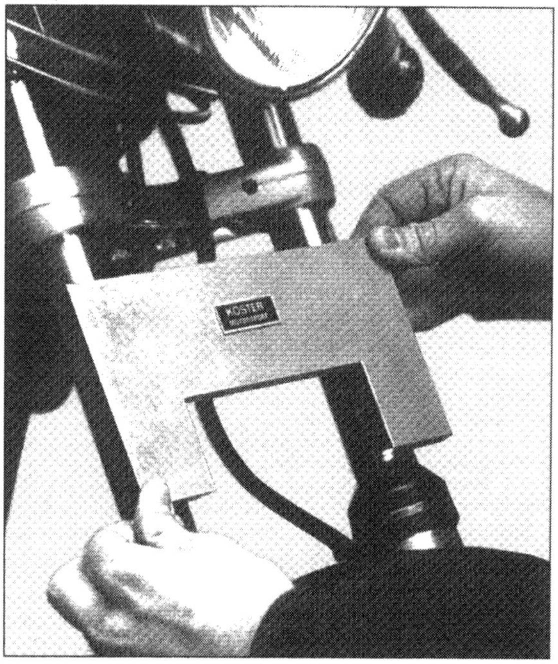

Bild 306
Standrohr-Parallelität mit geschliffener Platte prüfen

Lagerschale einsetzen.

- Die untere Gabelbrücke/Lenkschaftrohr von unten in Lenkkopf einführen.
- Lagerdeckel auflegen und Einstellmutter (abgestufte Seite weist nach unten) mit 39 Nm anziehen.
- Lenkkopf mehrmals von Anschlag zu Anschlag schwenken (damit sich die Lagerschalen vollständig setzen).
- Anschliessend Einstellmutter wieder lösen.
- Einstellmutter anziehen, bis Lager spielfrei und leichtgängig ist (4,9 Nm).
- Gabelstandrohre provisorisch einsetzen.
- Obere Gabelbrücke aufsetzen.
- Bei leicht angelegten Gabelbrücken-Klemmschrauben der Standrohre mit geschliffener Platte Parallelität der Standrohre prüfen (Bild 306; Platte darf auf beide Standrohre aufgelegt nicht kippeln). Gegebenenfalls Standrohre vor endgültigem Festziehen der Klemmung ausrichten.
- Lenkschaftmutter anziehen (49 Nm).

Teleskopgabel (Bild 307)

- ⚠ Sämtliche Gabelteile (insbesondere die Dichtringe und Buchsen) mit frischem Gabelöl benetzen.
- Standrohrbuchse in zugehörige Nut am Standrohr einsetzen (Bild 307a).
- Es folgen Tauchrohrbuchse ② Bild 308, Sitzring und Wellendichtring.
- Dämpferpatrone von oben durch Standrohr durchstecken und Öldichtstück auf Ende der Dämpferpatrone aufsetzen (Bild 309).
- Standrohr mit Buchsen und Scheiben so vormontiert in Tauchrohr einschieben.
- Untere Gabelverschluss-Schraube mit flüssiger Schraubensicherung versehen und mit neuem Kupferdichtring eindrehen (39 Nm; Bild 293 Seite 101).
- TIP Falls sich Dämpferpatrone mitdreht, und Kawasaki-Spezialwerkzeug (Bild 293) nicht zur Verfügung steht, Gabelfeder und obere Gabelverschlussschraube provisorisch montieren und so Patrone am Mitdrehen hindern.
- Tauchrohrbuchse (geölt) zusammen mit Sitzring gemeinsam entweder mit passendem Rohrmaterial *oder* schrittweise über Kreuz mit langem Dorn *oder* mit Kawasaki-Spezialwerkzeug mit Wellendichtring eintreiben.
- ⚠ Vorsicht – beim Eintreiben mit Dorn Standrohr-Oberfläche nicht zerschrammen!
- Es folgt Wellendichtring. Diesen mit Gabelöl benetzen und mit Beschriftung nach oben wie Sitzring/Tauchrohrbuchse entweder mit passendem Rohrmaterial oder schrittweise über Kreuz mit Dorn eintreiben.
- Sicherungsring in Nut des Tauchrohrs einsetzen und dessen einwandfreien Sitz in seiner Nut kontrollieren.
- Staubdichtung leicht gefettet mit kleinem Gummihammer o.ä. eintreiben oder aufdrücken.
- Standrohr bis zum Anschlag in Tauchrohr einschieben und Gabelöl (10er Viskosität) einfüllen.

Füllmenge
Nach Zerlegen pro Gabelbein 381 ± 4 cm^3
Nur Ölwechsel pro Gabelbein 325 ± 4 cm^3

- Gabelrohre und Dämpferstange mehrmals (mindestens zehn mal) auf- und abpumpen, bis keine Luftbläschen mehr auftauchen und so Dämpferpatrone entlüften.
- ⚠ Dämpferstange nur langsam bewegen, da sonst Gabelöl oben aus Stange in hohem Bogen herausspritzt.
- Gabelrohre zusammenschieben und Ölstand ohne Feder von Oberkante des Standrohrs aus messen; Sollwert 150 ± 2 mm.
- Unbedingt darauf achten, dass Ölstand in beiden Gabelbeinen gleich ist (Gabel ganz zu-

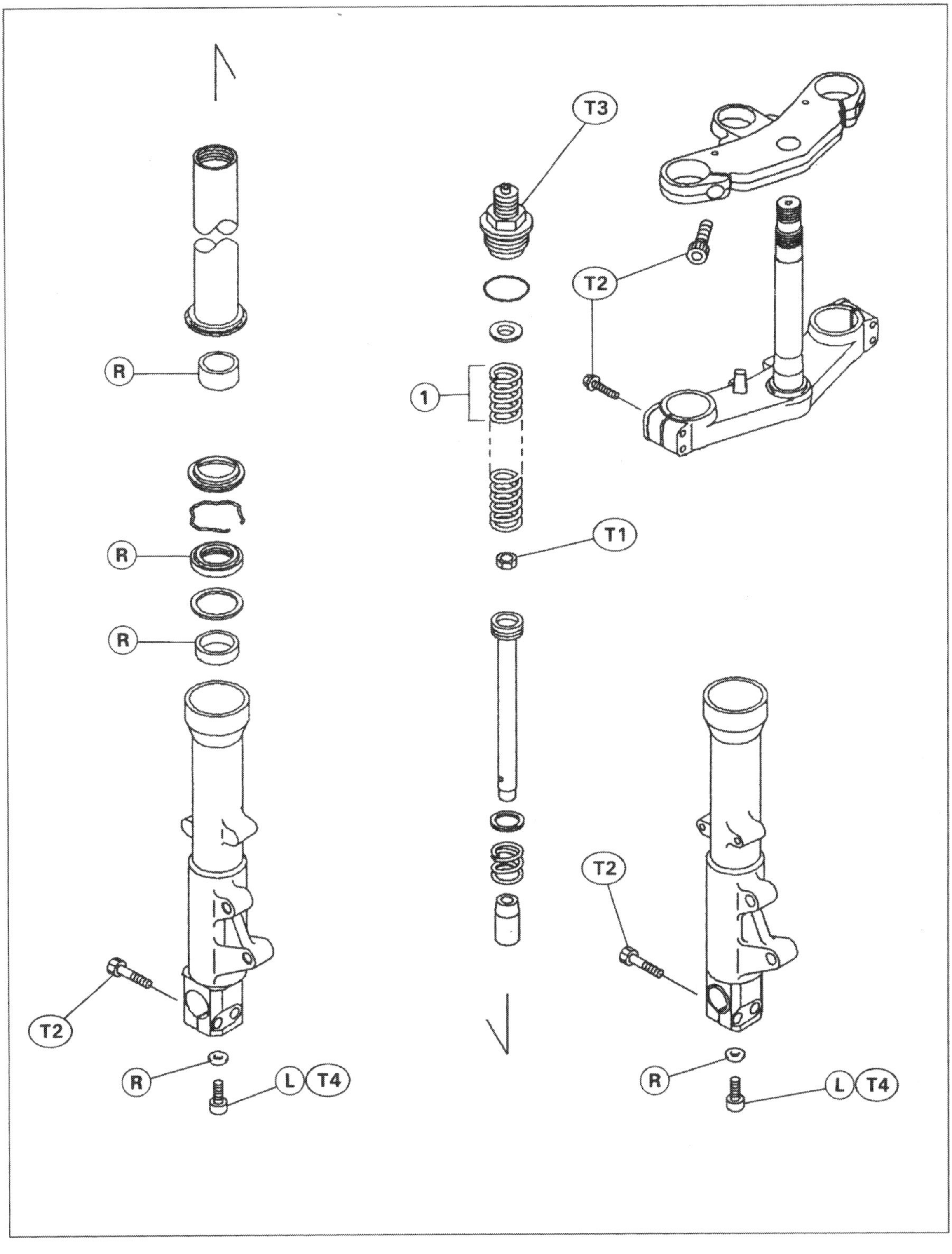

Bild 307
Teleskopgabel
1 Enge Windungen nach oben
T1 15 Nm
T2 20 Nm
T3 23 Nm
T4 39 Nm
L Flüssige Schraubensicherung auftragen
R Neuteile verwenden

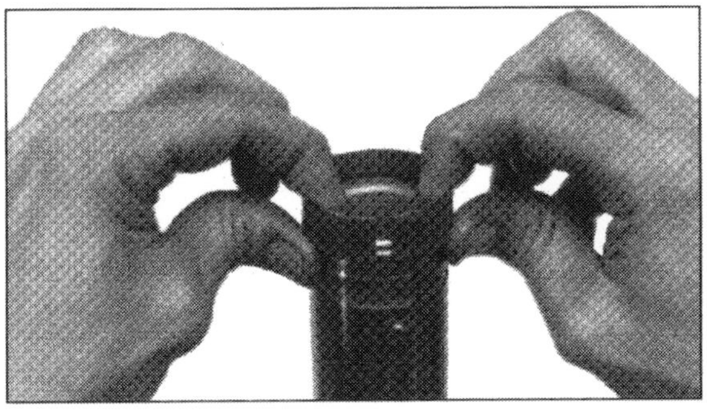

◄ Bild 307a
Buchse von Hand montieren

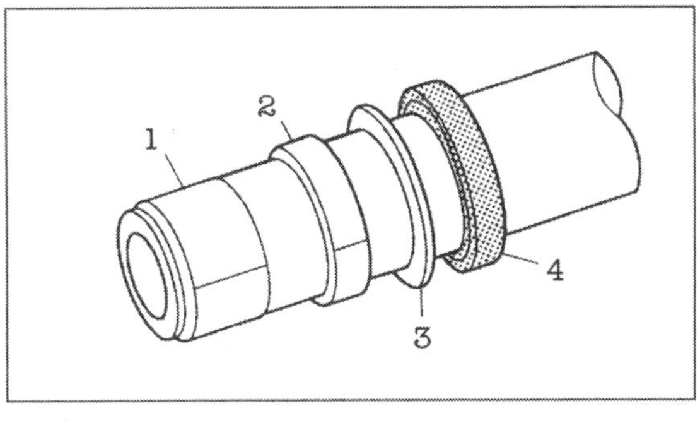

Bild 308
Gabelmontage
1 Standrohrbuchse
2 Tauchrohrbuchse
3 Sitzring
4 Dichtring

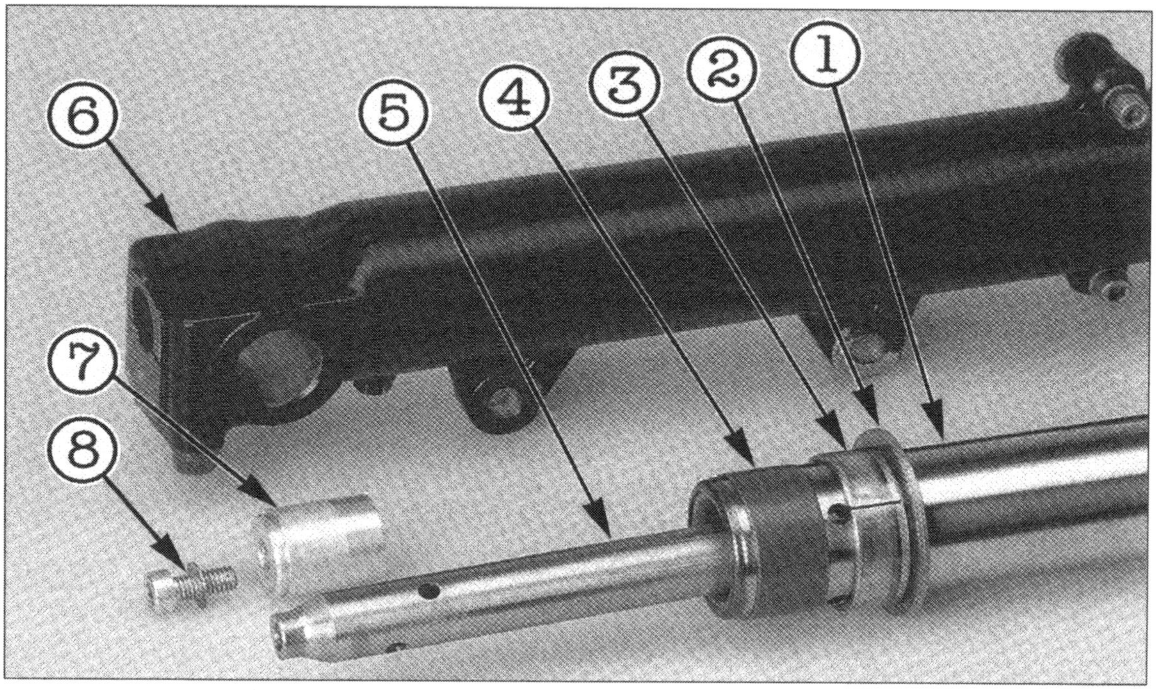

Bild 308a
Standrohr vormontieren
1 Standrohr
2 Sitzring
3 Tauchrohrbuchse
4 Standrohrbuchse
5 Dämpferpatrone
6 Tauchrohr
7 Öldichtstück
8 Untere Gabelverschluss-schraube mit Kupfer-Dichtring

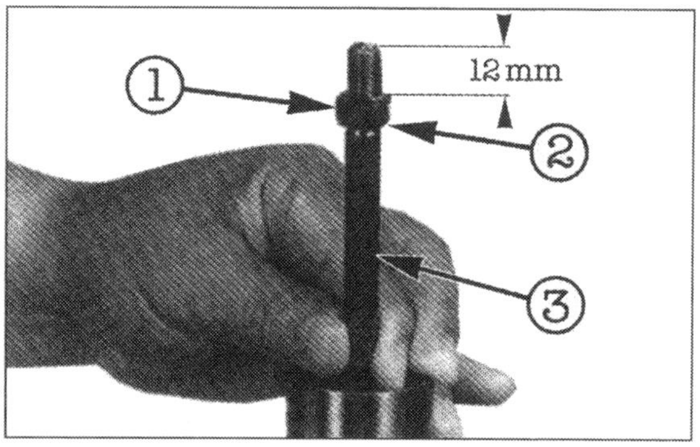

Bild 309
Dämpferpatrone entlüften und vormontieren
1 Gegenmutter
2 Abgeschrägte Seite
3 Dämpferstange

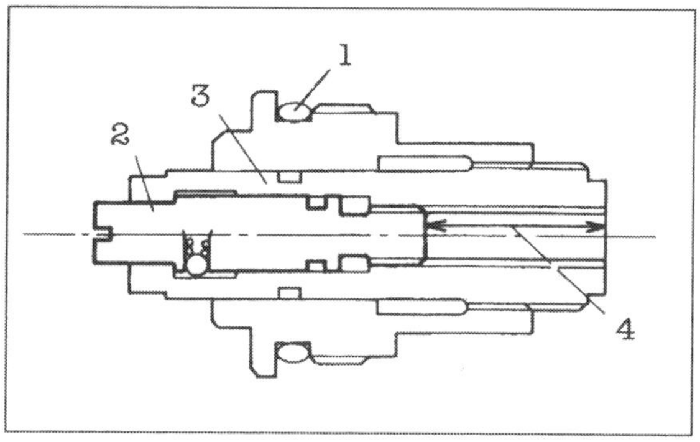

➤ **Bild 310**
Gabelverschlussschaube
1 O-Ring
2 Dämpfungseinsteller
3 Vorspannungseinsteller
4 Abstand 25 mm

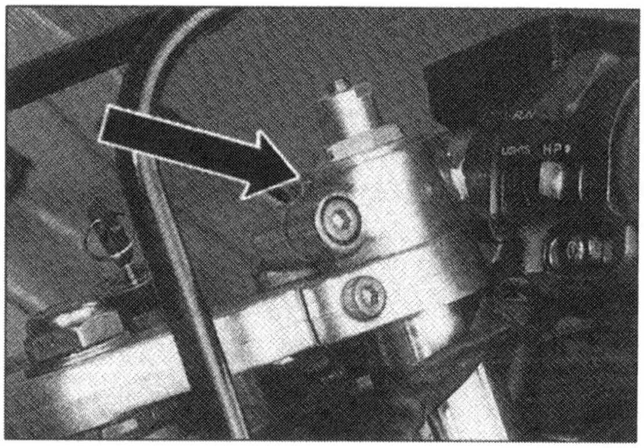

Bild 310a
Standrohr schliesst bündig mit Lenkerbefestigung ab

sammengeschoben ohne Feder).

- Dämpferstange mit Draht o.ä. hochziehen und Gegenmutter so aufdrehen, dass abgeschrägte Seite nach unten weist.
- Gegenmutter soweit aufdrehen, dass Gewinde über mindestens 12 mm freisteht (Bild 309a).
- Gabelfeder in Standrohr einführen (grosser Windungsabstand nach unten weisend). Es folgt Federsitz.
- Dämpfungseinsteller an oberer Gabelverschlussschraube (Einstellereinheit) soweit ausdrehen, dass Abstand ④ Bild 310 25 mm beträgt. Einstellereinheit auf Dämpferstange vollständig aufdrehen und Gegenmutter anziehen (15 Nm; Bild 309a).
- Obere Gabelverschluss-Schraube mit geöltem O-Ring eindrehen (23 Nm; Bild 310).
- Gabelbein mit Drehbewegung soweit in Gabelbrücken und Lenkerstummel einschieben, bis Standrohroberkante mit Oberkante der Lenkerbefestigung fluchtet (Bild 310a).
- Lenkerklemmschraube, obere und untere Gabelklemmschrauben anziehen.
- «Schutzblech» montieren.

Laufrad (Bild 311)

- Einbau der Lager und Staubdichtungen wie Lenkkopflager einziehen. Zuerst linkes Lager (fettgefüllt) einziehen, Distanzhülse einsetzen, dann rechtes Lager einziehen.
- Dichtringe mit passender Nuss einschlagen. Gegebenenfalls Lager nur am Aussenring mit passender Nuss oder Rundmaterial nachsetzen.
- Bremsscheibe montieren.
- ⚠ Befestigungsschrauben mit flüssiger

Schraubensicherung anziehen (23 Nm).

- Tachogetriebe-Mitnehmer (Tachoschnecke) einfetten und so einsetzen, dass seine Zungen in Schlitze der Naben einspuren (Bild 312).
- Bremsscheibe mit hochwertigem Entfettungsmittel (Bremsscheibenreiniger) reinigen.
- Rad mit Distanzhülsen rechts und Tachoschnecke links zwischen Gabelbeine einsetzen. Darauf achten, dass Gehäuse der Tachoschnecke richtig an Tauchrohr anliegt (Bild 313).
- Achse einschieben und anziehen (100 Nm).
- Teleskopgabel mehrmals bei blockiertem Vorderrad zusammendrücken, um Achse aufzusetzen, dann Achsklemmschraube mit 23 Nm anziehen.
- ⚠ Beim Zusammendrücken der Gabel Rad nicht mit Bremse blockieren, sondern gegen Wand o.ä. drücken!

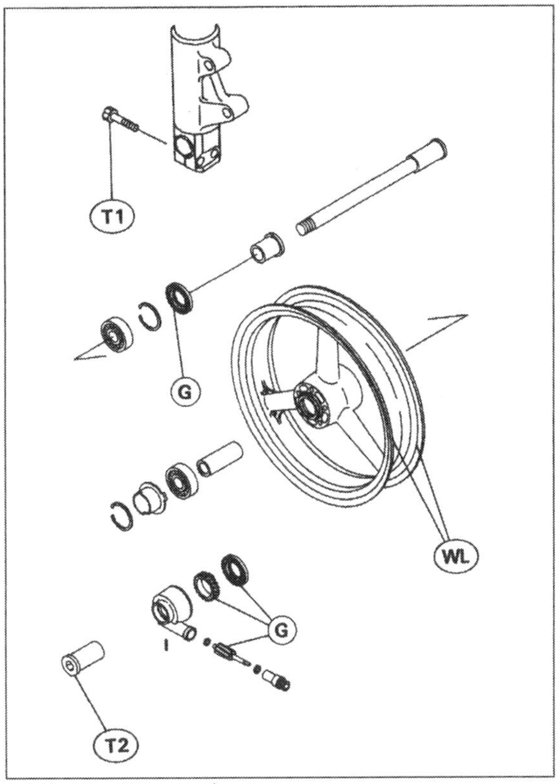

Bild 311
Vorderrad
T1 20 Nm
T2 110 Nm
G Fett auftragen
WL Seifenlösung auftragen

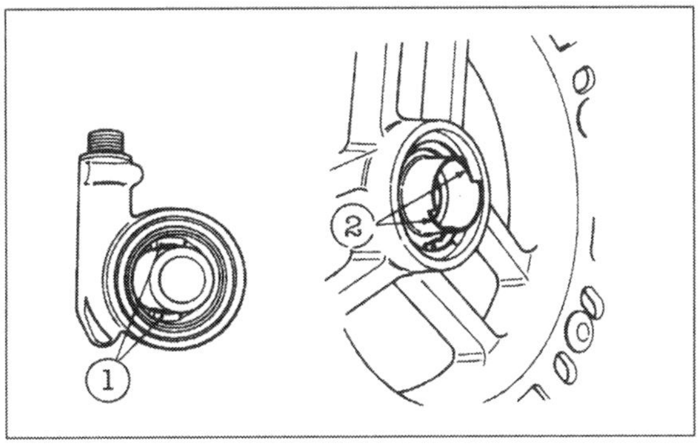

◄ Bild 312
Tachoschnecke auf Nabe setzen
1 Nasen
2 Naben-Aussparungen

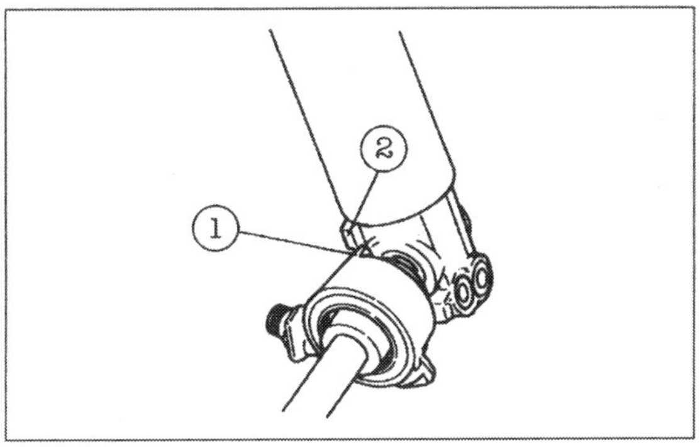

Bild 313
Tachoschnecke ausrichten
1 Gehäuse-Anschlag
2 Tauchrohr-Anschlag

18 Heckpartie

18.1 Ausbau

- ⚠ Motorrad so sichern, dass Maschine nicht kippen kann!
- Maschine mit hydraulischem Wagenheber o. ä. anheben, damit Hinterrad freikommt (Heber am Rahmen ansetzen, wenn Schwinge, Federbein oder Hebelei auch ausgebaut werden sollen).

Laufrad

- Kettendurchhang lockern. Beide Einstellmuttern um gleiche Anzahl von Umdrehungen herausdrehen.
- Bremssattel von Bremssattel-Halterung abnehmen (nicht zwingend, aber hilfreich).

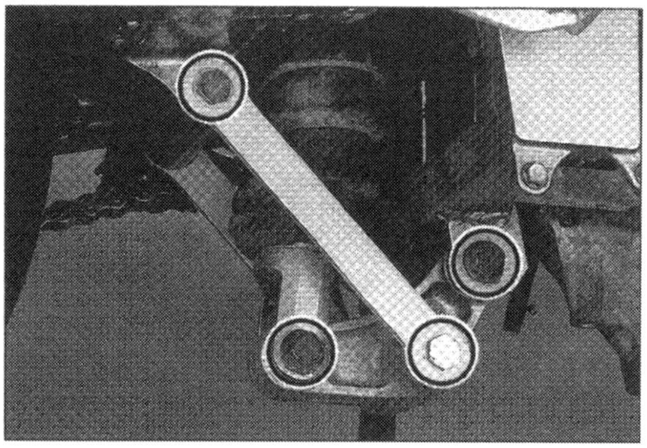

Bild 314
Bolzen der Federhebelei

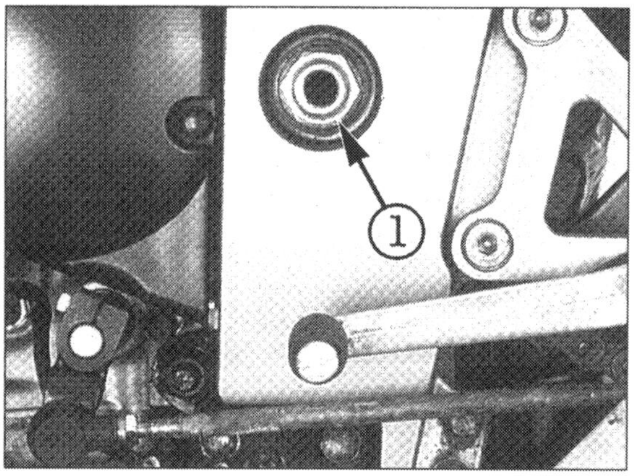

Bild 315
Schwingenachse
1 Achsmutter

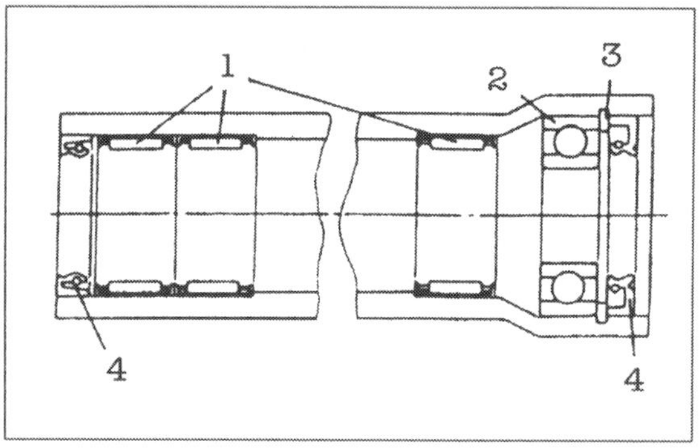

Bild 316
Schwingenlagerung
1 Nadelbüchse
2 Kugellager
3 Sicherungsring
4 Wellendichtring

- Sicherungssplint entfernen, Achsmutter ausdrehen, Hinterrad anheben und Achse ausziehen.
- Kette nach links von Kettenrad abnehmen. Auf Distanzhülse jeder Seite achten!
- Bremsscheibe nach Lösen von Befestigungsschrauben abnehmen.
- Zum Entfernen des Kettenblatts sechs Muttern lösen.
- Wellendichtringe mit Schraubendreher o.ä. aushebeln.
- TIP Zum Austreiben der Radlager Radnabe bzw. Abtriebflansch auf elektrischer Kochplatte anwärmen.
- ⚠ Einmal ausgebaut, gehören Radlager auf den Schrott!
- Distanzhülse zwischen den Radlagern aushebeln.
- Lager mit einem 10 mm-Dorn mit leichten Schlägen schrittweise über Kreuz austreiben.
- Nach Ausbau eines Lagers Distanzhülse entnehmen und gegenüberliegendes Lager austreiben.

Federbein und Hebelei

- Ausbau und Entsorgung des Federbeins ist im Kapitel 3.14, ab Seite 35 beschrieben.
Die Beseitigung eines verschlissenen Federbeins ist gegebenenfalls Sache der KAWASAKI-Werkstatt. Auf keinen Fall einfach auf den Müll werfen!
- Links Befestigungsmuttern der Bolzen (Bild 314) ausdrehen und Bolzen herausziehen.

Schwinge

- Sitze, Tank und untere Verkleidung abbauen.
- Hinterradbremssattel abnehmen und Bremsschlauch aus Führung (Oberseite der Schwinge) abnehmen.
- Zwei Kreuzschlitzschrauben ausdrehen und Kettenabdeckung abnehmen.
- Schalthebel abnehmen (Kapitel 3.14) und Kettengleitschutz nach Ausdrehen einer Kreuzschlitzschraube nach hinten von der Schwinge ziehen.
- Federbein ausbauen (Kapitel 3.14).
- ⚠ In diesem Montagezustand Spiel der Schwingenlagerung am Schwingenende prüfen (max. 1 mm Spiel am Schwingenende).
- Achsmutter ① Bild 315 ausdrehen, Schwinge entlasten und Schwingachse herausziehen.
- Gegebenenfalls mit bedachten Gummihammerschlägen nachhelfen, um festsitzende Achse zu lockern.
- Achse nach rechts herausziehen und Schwinge nach hinten aus Rahmen herausführen.
- ⚠ Auf Verbleib der Distanzbuchsen achten –

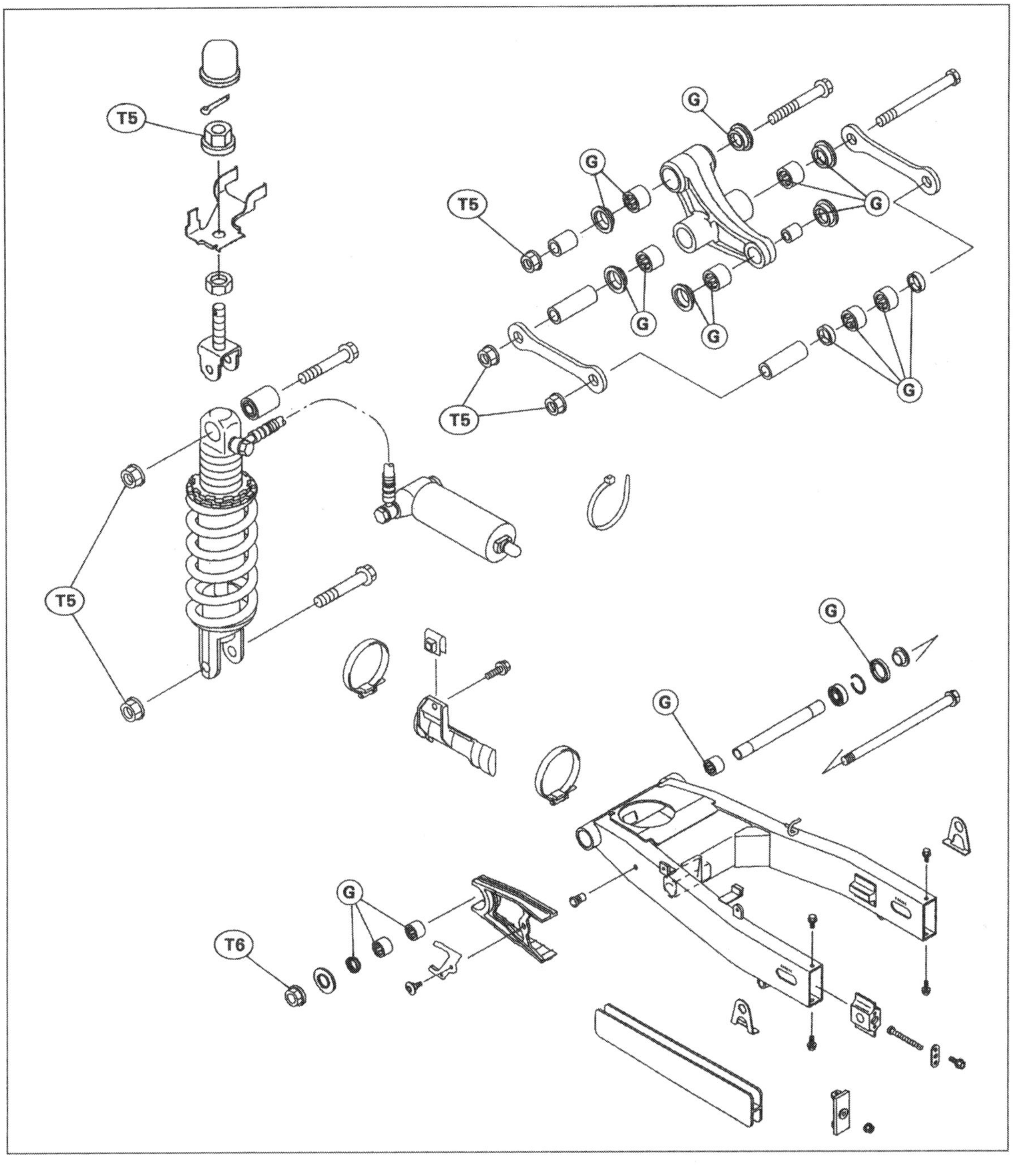

Bild 317
Schwinge, Hebelei und Federbein
T5 59 Nm
T6 110 Nm
G Fett auftragen

und auf deren Einbaulage.

- Distanzbuchsen und Staubschutzdeckel lassen sich von Hand entnehmen.
- Lagerkäfige mit passendem Abzieher nach «Ziehhammer-Prinzip» oder mit passendem Dorn austreiben, wobei diese zerstört werden – nur Neuteile montieren!

18.2 Prüfen und Vermessen

- Verschleissgrenzen Felgenschlag wie am Vorderrad Kapitel 17.2 prüfen.
- Schwinge auf Verzug oder Risse prüfen.
- Schwinge muss sich bei demontiertem Hinterrad und Stossdämpfer ohne Unregelmässigkeiten auf- und abbewegen lassen.
- Lagerspiel der Schwinge (seitliches und Höhenspiel) durch Hin- und Herdrücken der Schwinge kontrollieren: Toleranzbereich bis maximal 1 mm, gemessen am Schwingenende.
- Bei zu grossem Spiel zuerst Anzugsmoment der Schwinglagerbolzen und der Gegenmutter kontrollieren.
- Staubdichtungen der Schwingenlagerung, Umlenkhebelei und Federbeinbefestigung auf Beschädigung überprüfen.
- Druckdeckel und Buchsen dürfen keine Riefen oder Kratzer aufweisen.
- Federbein auf Ölaustritt an Dämpferstange untersuchen.

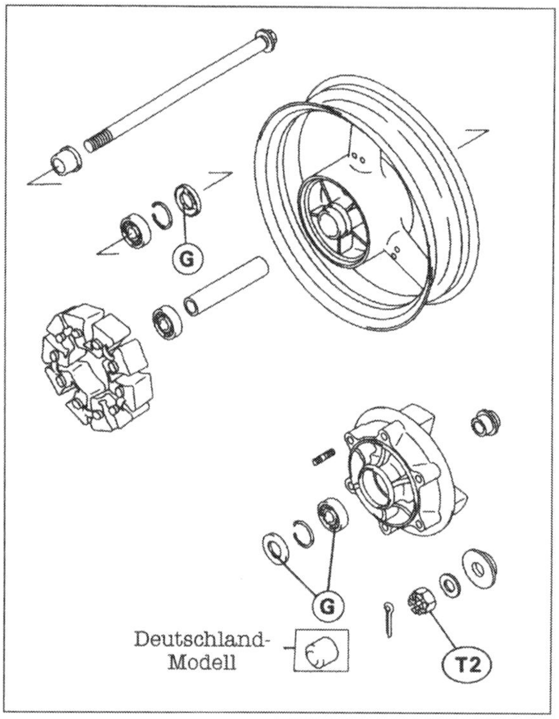

Bild 317a
Hinterrad
T2 110 Nm
G Fett auftragen
WL Seifenlösung auftragen

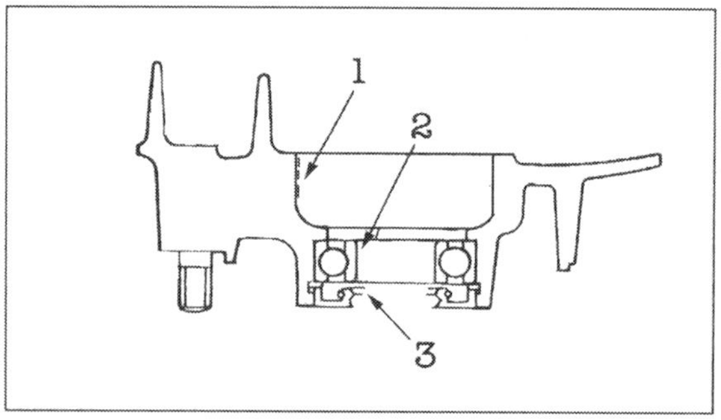

Bild 318
Antriebsflansch
1 Dämpfergummis
2 Kugellager
3 Dichtring

18.3 Montage

Schwinge, Hebelei und Federbein (Bild 317)

- Nadelbüchsen, Kugellager und Wellendichtring reichlich gefettet in Schwinge und Gelenkhebel mit passendem Dorn einpressen.
- TIP Erwärmen der Schwinge und Gelenkhebel auf ca. 100° C erleichtert Eintreiben der Nadelbüchsen und Lager.
- Kette über Schwinge fädeln, Kettenschutz anbringen und Schwinge in Rahmen einsetzen und auf Lagerbohrungen am Rahmen ausrichten. Schwingachse von rechts einschieben (Anzugsmoment 110 Nm).
- Federbein mit voreingestellter Federvorspannung und Zugstufendämpfung (siehe Wartung 3.14 Seite 33) an oberer Federbeinaufnahme anbringen.
- Befestigungsbolzen leicht fetten und anziehen (59 Nm).
- Gelenkhebel an Schwinge und Rahmen montieren.
- Verbindungsbolzen von rechts leicht gefettet (wasserabweisendes Radlagerfett) einschieben, Muttern links anziehen (59 Nm).

Laufrad (Bild 317a)

- ⚠ Ausgebaute Lager nicht wiederverwenden. Hier ist Sparsamkeit fehl am Platz.
- TIP Erwärmen von Nabe und Antriebsflanschlager auf ca. 100° C erleichtert das Eintreiben der Lager. Vor Erwärmen Bremsscheibe abnehmen!
- Lagerhohlräume des rechten Lagers mit Fett füllen und mit passendem Dorn oder Nuss so eintreiben, dass abgedichtete Seite aussen liegt. Beim Eintreiben sorgfältig darauf achten, dass Lager nicht verkantet, und sichergehen, dass es vollkommen aufsitzt.
- ⚠ Lager nur am Aussenring nachsetzen!
- Sicherungsring einfedern und Staubdichtung eintreiben.
- Distanzhülse in Radnabe einsetzen und linkes Lager so eintreiben (abgedichtete Seite nach aussen), dass Aussenseite bündig mit Nabenaussenseite ist.
- ⚠ Auf genaue Flucht der Distanzhülse achten, eventuell Achse provisorisch einschieben.
- Staubdichtungen mit Beschriftung nach aussen weisend und gefetteten Dichtlippen mit passendem Dorn oder Nuss eintreiben.
- ⚠ Dichtring nicht verkanten!
- Befestigungsschrauben der Bremsscheibe montieren (Anzugsmoment 23 Nm). Einbaurichtung der Scheibe beachten (Beschriftung zeigt nach aussen!).
- ⚠ Bremsscheibe mit hochwertigem Entfettungsmittel (Bremsscheibenreiniger) reinigen.
- Lagerhohlräume des Antriebsflanschlagers mit Fett füllen und von linker Seite (Kettenblattseite) wie Radlager einsetzen. Mit Dorn oder passender Nuss nachsetzen.
- Sicherungsring einfedern.
- Es folgt Staubdichtung.
- Kettenblatt anbringen (sechs Muttern SW 14, Anzugsmoment 74 Nm).
- Dämpfergummis in Radnabe einsetzen und Abtriebsflansch aufsetzen (Bild 318).
- Hinterrad einsetzen, Achse leicht gefettet einschieben und Achsmutter locker anlegen.
- Kettendurchhang einstellen (Kapitel 3.13).

19 Kabel und Züge

Für die dauerhafte Funktion der Bowdenzüge, Elektrokabel und Schläuche ist die richtige Verlegung die wichtigste Grundvoraussetzung. Geknickte Züge scheuern durch und brechen, verklemmte Kabel können Kurzschlüsse verursachen. Die folgenden Übersichtszeichnungen sollen helfen, Kabel, Schläuche und Züge exakt zu verlegen.

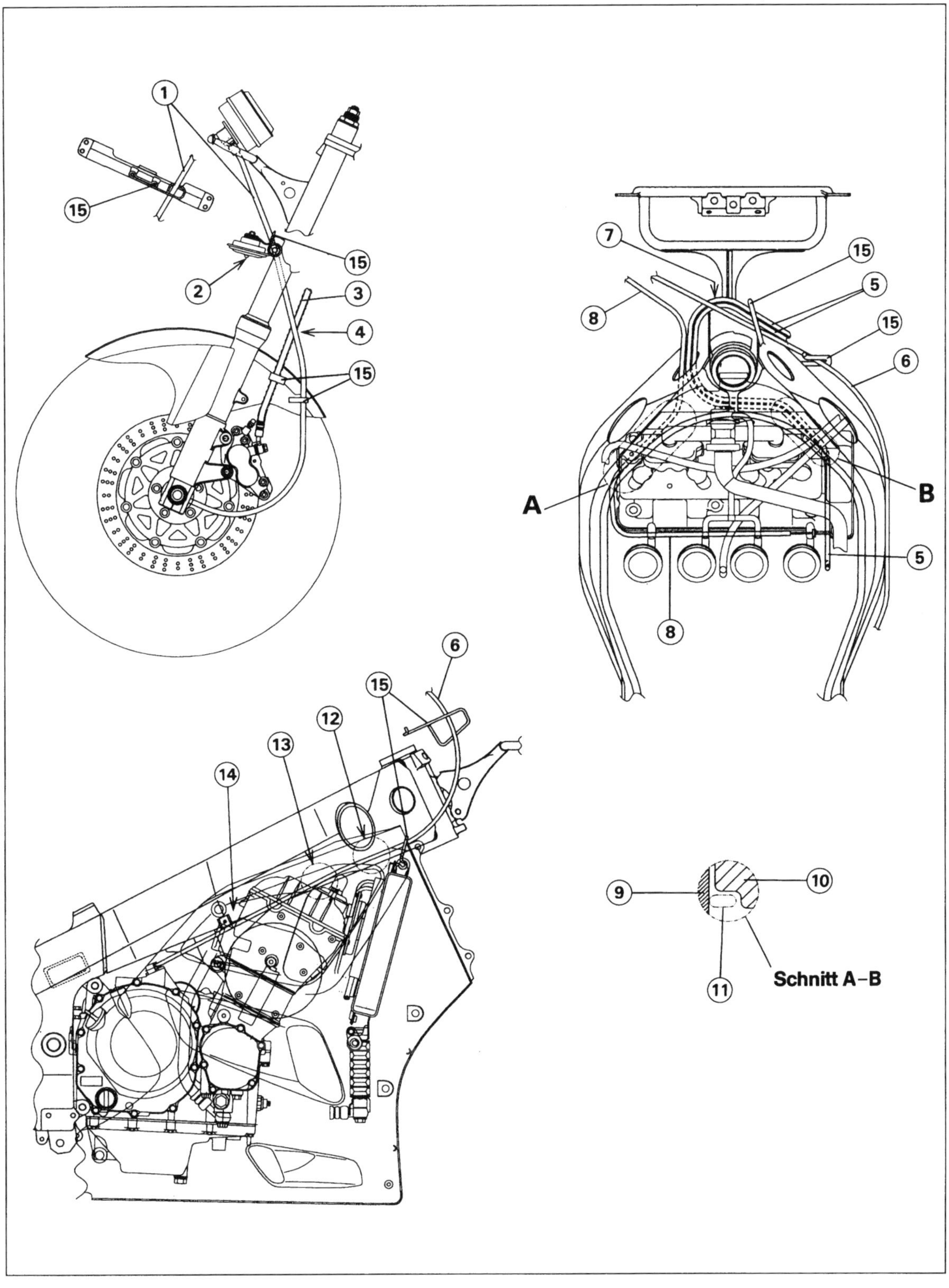

Bild 319
Kabel und Züge
1 Tachowelle
2 Tachowelle über Hupe verlegen
3 Bremsschlauch
4 Tachowelle über linkem Bremsschlauch verlegen
5 Gasseilzüge
6 Kupplungszug
7 Gasseilzüge über Kupplungszug verlegen
8 Chokezug
9 Rahmen
10 Luftfiltergehäuse
11 Züge und Schläuche zwischen Rahmen und Luftfiltergehäuse verlegen
12 Kupplungszug aussen am Rahmen verlegen
13 Kupplungszug über der Öffnung der unteren Verkleidung verlegen
14 Kupplungszug aussen am Motorhaltewinkel verlegen
15 Befestigungsschelle

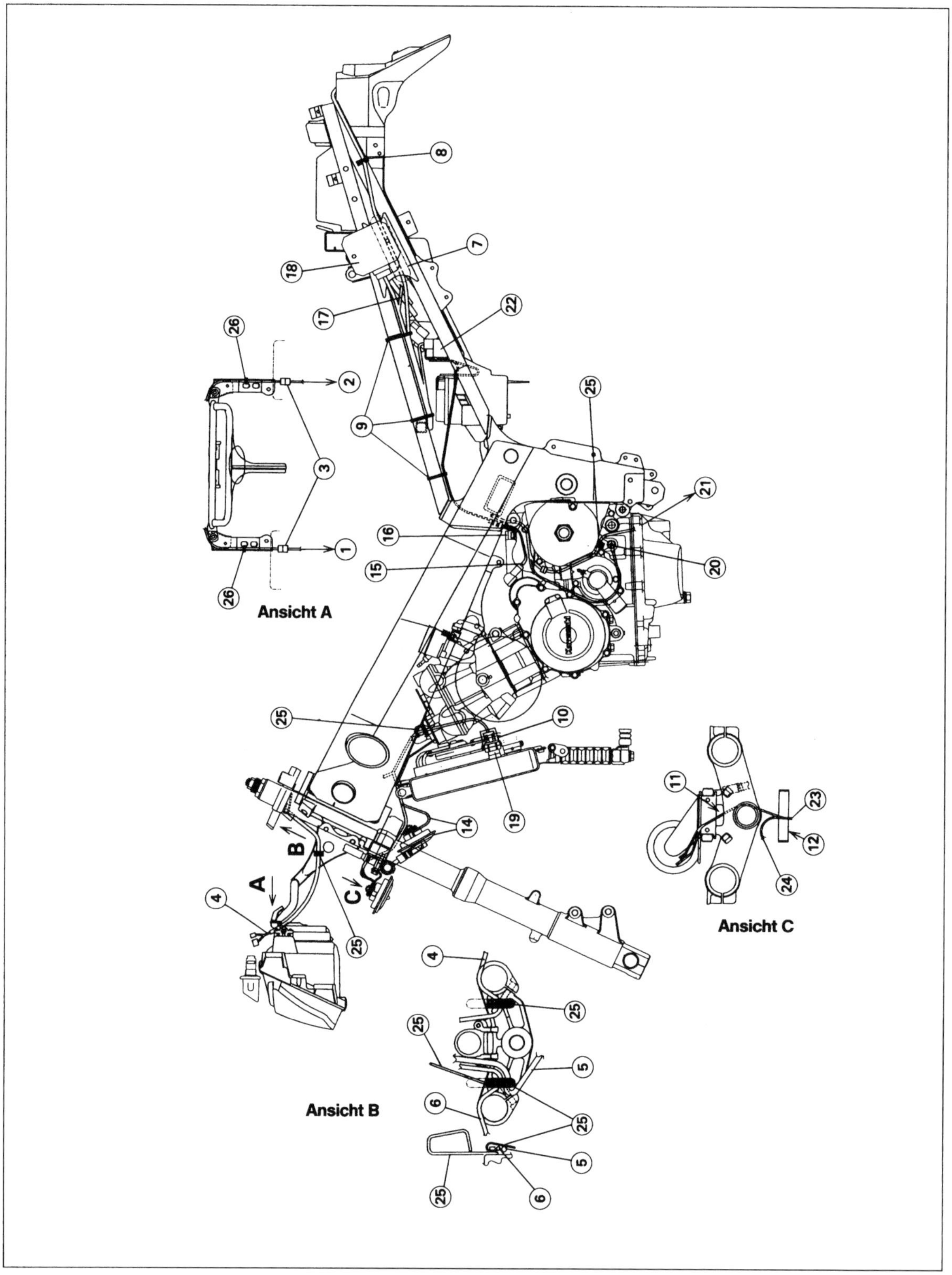

Bild 320
Kabel und Züge
1 Blinker links vorn
2 Blinker rechts vorn
3 Stecker unter Innenverkleidung positionieren
4 Kabel des linken Lenkerschalters
5 Zündschlosskabel
6 Kabel des rechten Lenkerschalters
7 Ausgleichsbehälterschlauch im Rahmen verlegen
8 Befestigungsschelle mit hinterer Radabdeckung festziehen
9 Halteband (mit Kühlmittel-Ausgleichsbehälterschlauch)
10 Schalterabdeckung so montieren, dass Bohrung nach unten zeigt
11 Hupenkabel zwischen Haltewinkel und Bremsschlauch-Fitting verlegen
12 Hupenkabel innerhalb der Halterung verlegen
13 Hupe
14 Hupe (Italien-Modell)
15 Starterkabel
16 Motormassekabel
17 Zum Blinkrelais
18 Regler/Gleichrichter
19 Kühlgebläseschalter
20 NEUTRAL-Anzeigeschalter
21 Seitenständerschalter
22 Startermagnetschalter
23 Hupenkabel
24 Hupenkabel (Italien-Modell)
25 Befestigungsschelle
26 Halteband

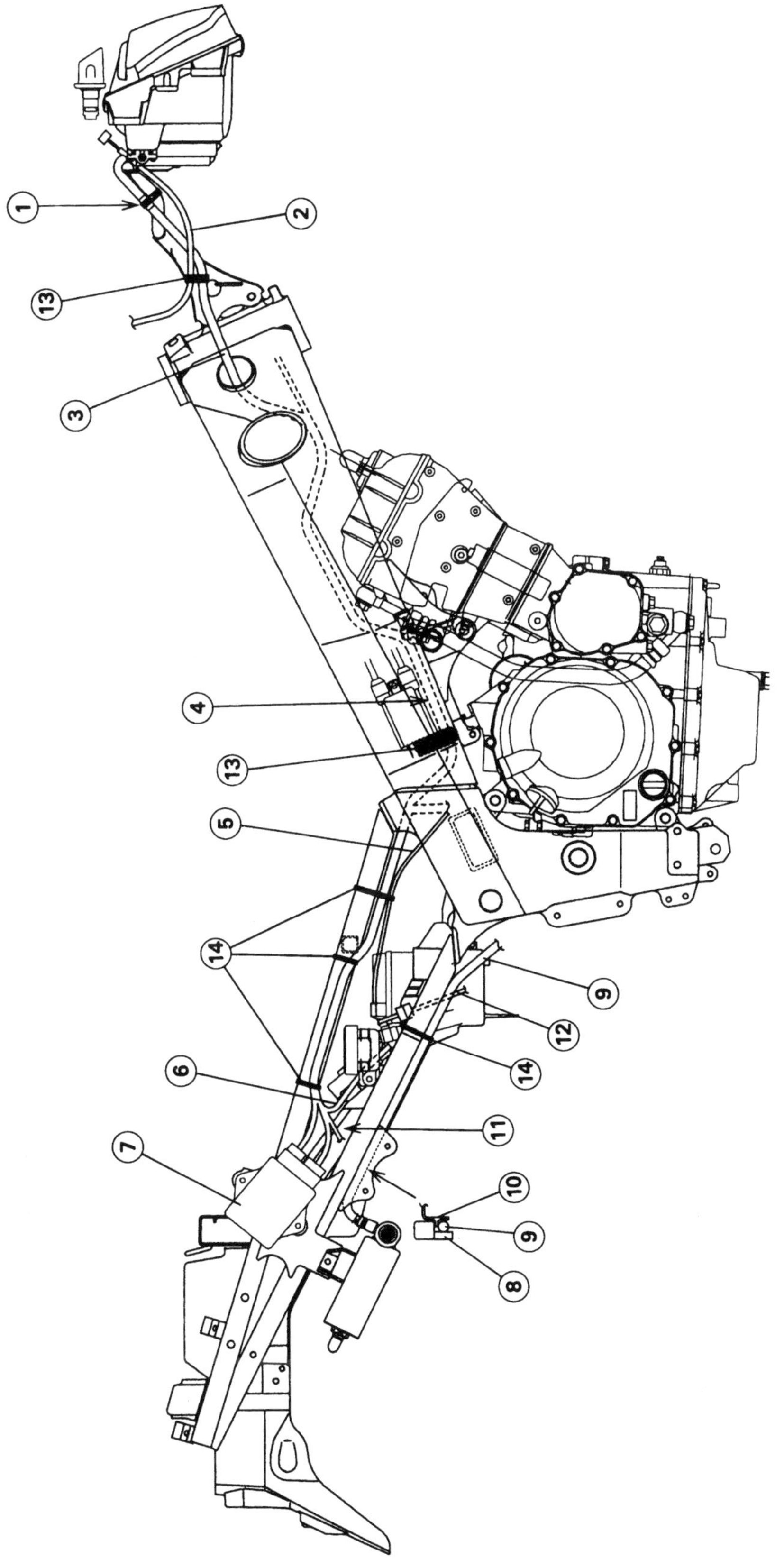

Bild 321
Kabel und Züge
1 Halteband (weisses Klebeband des Hauptkabelbaums und abgerundeter Punkt der Halterung)
2 Kabel des rechten Lenkerschalters
3 Hauptkabelbaum
4 Hauptkabelbaum unter Zündspule verlegen
5 Batterie-Massekabel (–)
6 Zum Verteilerkasten und Hinterrad-Bremslichtschalter
7 Zündbox
8 Rahmen
9 Schlauch des Ausgleichsbehälters des Federbeins
10 Hinterradabdeckung
11 Benzinpumpenrelais
12 Kabel des Hinterrad-Bremslichtschalters
13 Befestigungsschelle
14 Halteband

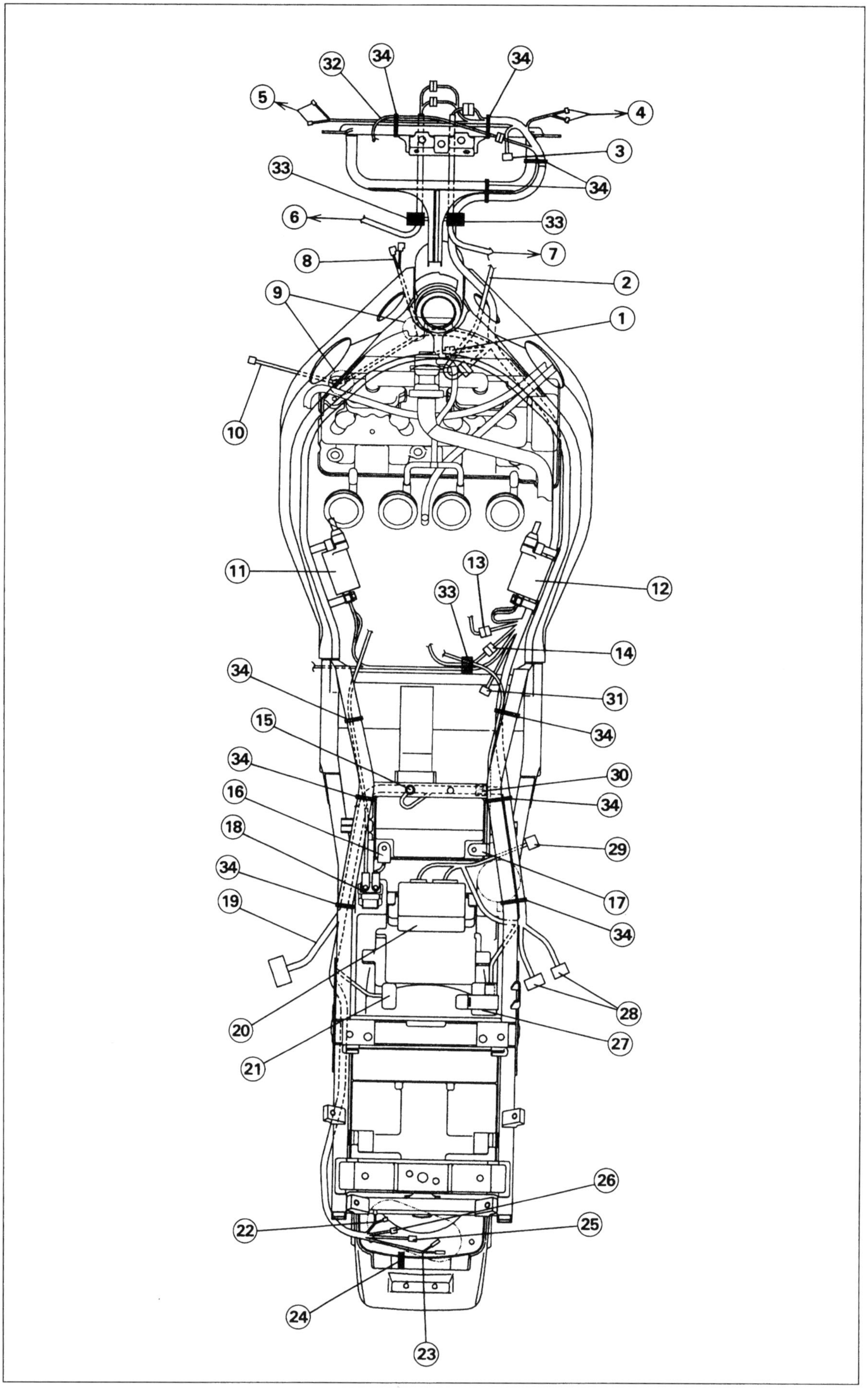

Bild 322
Kabel und Züge
1 Kühlgebläse-Stecker
2 Zündschlosskabel
3 Scheinwerferstecker
4 Blinker rechts vorn
5 Blinker links vorn
6 Lenkerschalter links
7 Lenkerschalter rechts
8 Hupenkabel
9 Kabel durch Öffnung des Leitblechs verlegen
10 Kabel des Kühlgebläseschalters
11 Zündspule #1 und #4
12 Zündspule #2 und #3
13 Stecker von Pickup (Impulsgeberspule), Öldruckschalter und Wassertemperatursensor
14 Generatorstecker
15 Rahmen-Massekabel mit Benzintank-Halterung festziehen
16 Batterie-Pluskabel (+)
17 Batterie-Minuskabel (–)
18 Startermagnetschalter
19 Regler/Gleichrichter-Kabel
20 Verteilerkasten
21 Blinkrelais
22 Kabel für Blinker hinten links
23 Kabel für Blinker hinten rechts
24 Befestigungsschelle mit linker Befestigungsschraube der Kennzeichenbeleuchtung festziehen
25 Kabel des Brems-/Rücklichts
26 Kabel der Kennzeichenbeleuchtung
27 Benzinpumpenrelais
28 Zündboxstecker
29 Kabel des Hinterrad-Bremslichtschalters
30 Hier weisses Klebeband anbringen
31 Benzinpumpen-Stecker
32 Kabel der Instrumente-Einheit
33 Befestigungsschelle
34 Halteband

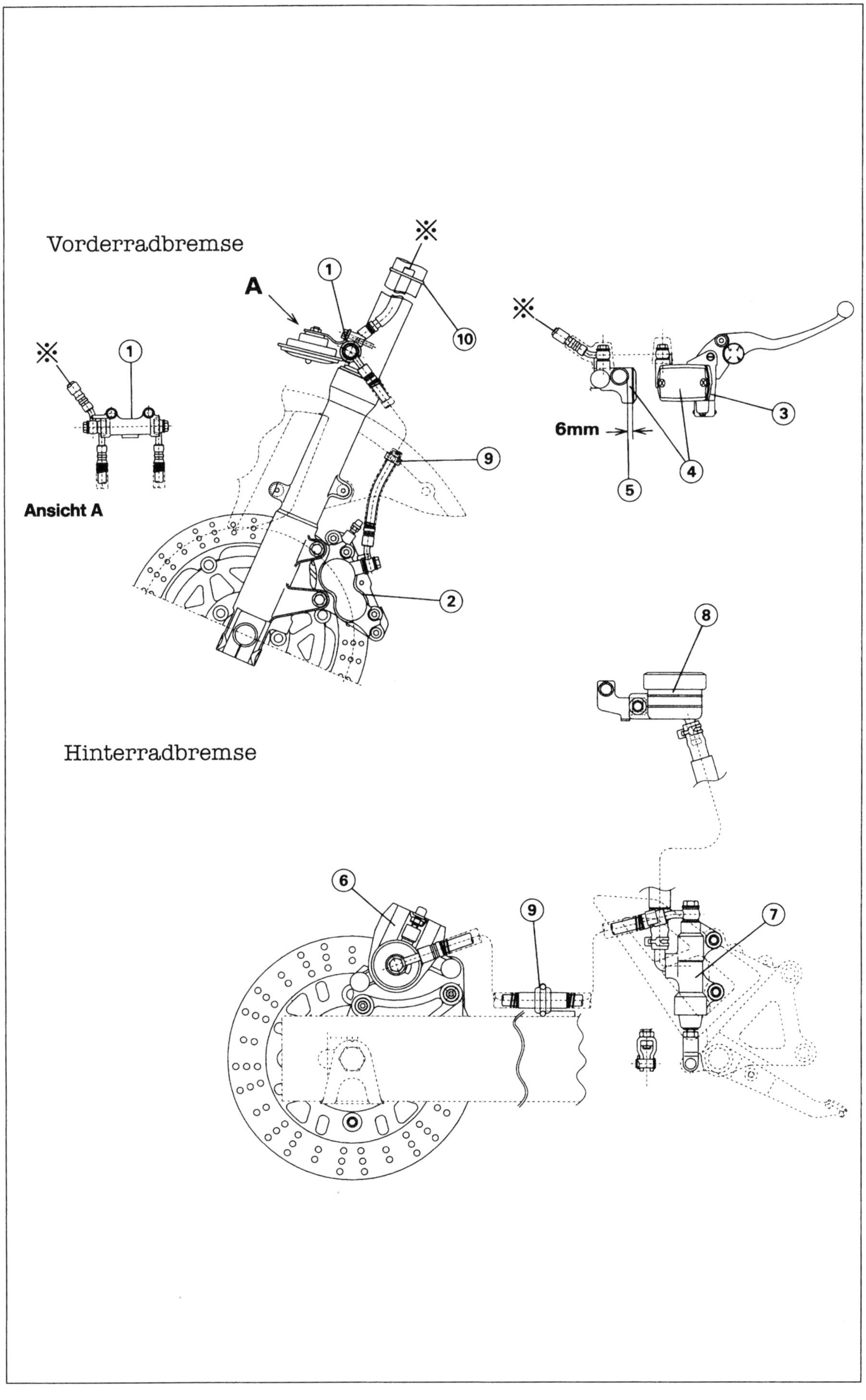

Bild 323
Kabel und Züge
1 Bremsschlauch-Fitting
2 Bremssattel
3 Handpumpe
4 Bremsflüssigkeit-Ausgleichsbehälter
5 MAX-Markierungslinie der Bremsflüssigkeit
6 Bremssattel
7 Fusspumpe
8 Bremsflüssigkeit-Ausgleichsbehälter
9 Befestigungsschelle
10 Halteband

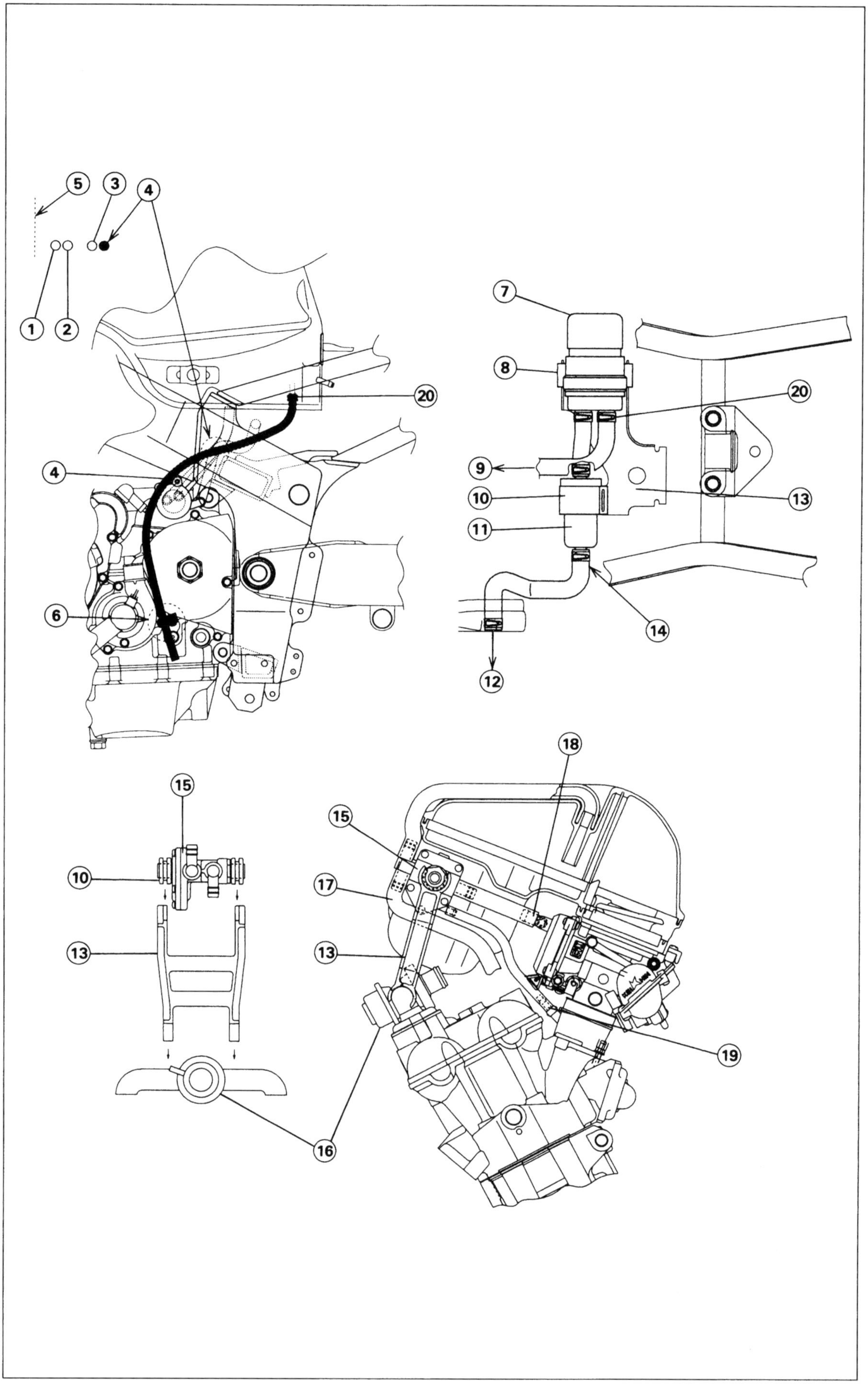

Bild 324
Kabel und Züge
1 Benzinschlauch ON
2 Benzinschlauch RES
3 Benzinfilterschlauch
4 Tank-Überlaufschlauch
5 Rahmenmitte
6 Befestigungsschelle (Tank-Überlaufschlauch und Luftfilter-Ablaufschlauch)
7 Benzinpumpe
8 Halter
9 Zum Vergaser
10 Dämpfer
11 Benzinfilter
12 Zum Benzinhahn
13 Haltewinkel
14 Farbmarkierung
15 Vakuumventil
16 Vakuumschaltventil
17 Zum Kanister (California-Modell)
18 Vergaser-Belüftungsanschluss
19 Vakuum- (Unterdruck-) Anschluss
20 Befestigungsschelle

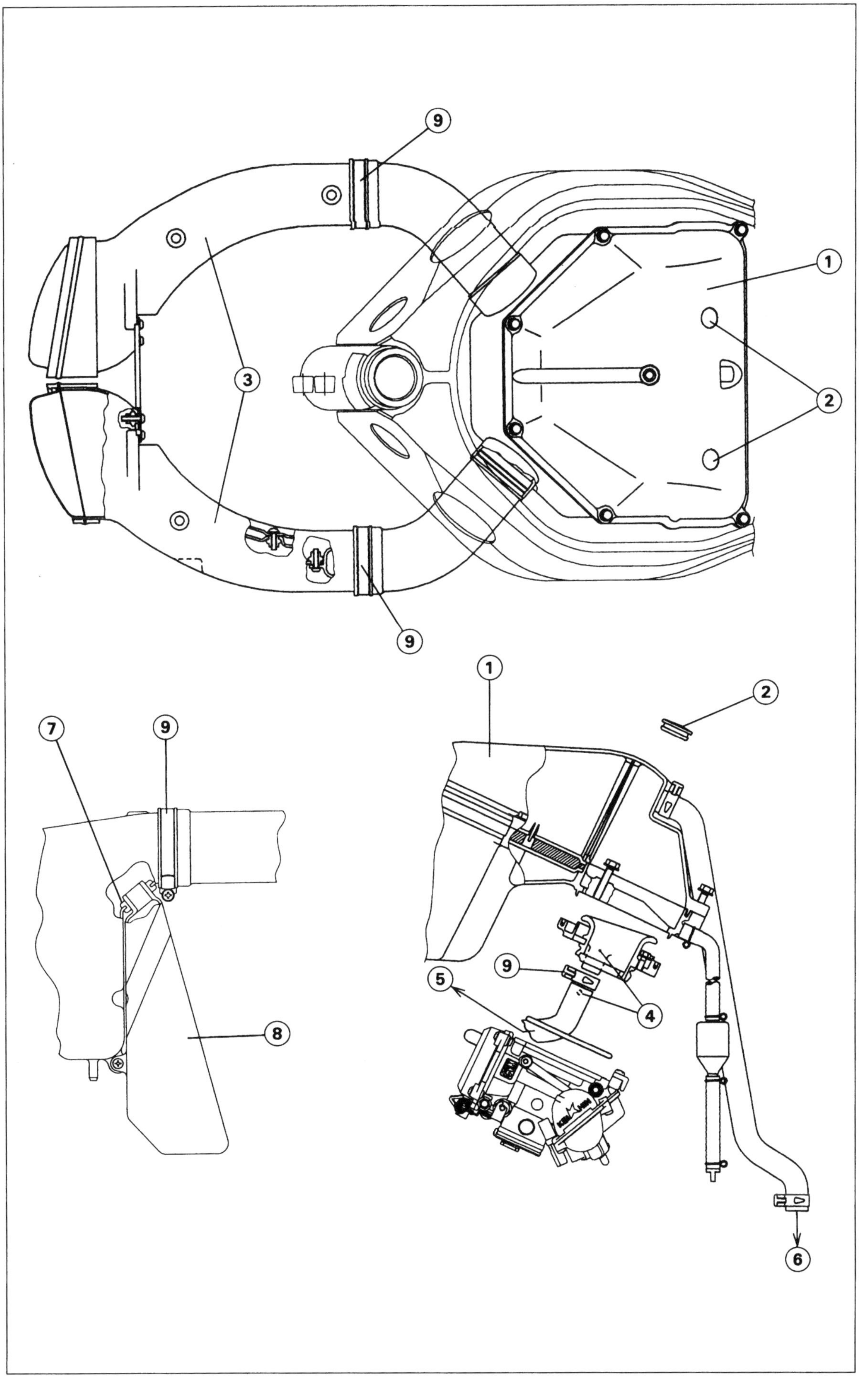

Bild 325
Kabel und Züge
1 Luftfiltergehäuse
2 Gummistopfen
3 Luftführungskanäle
4 Farbmarkierung auf Körnerpunkte ausrichten
5 Zum Vakuumschaltventil
6 Zum Kurbelgehäuse
7 Tülle
8 Resonatortank
9 Befestigungsschelle

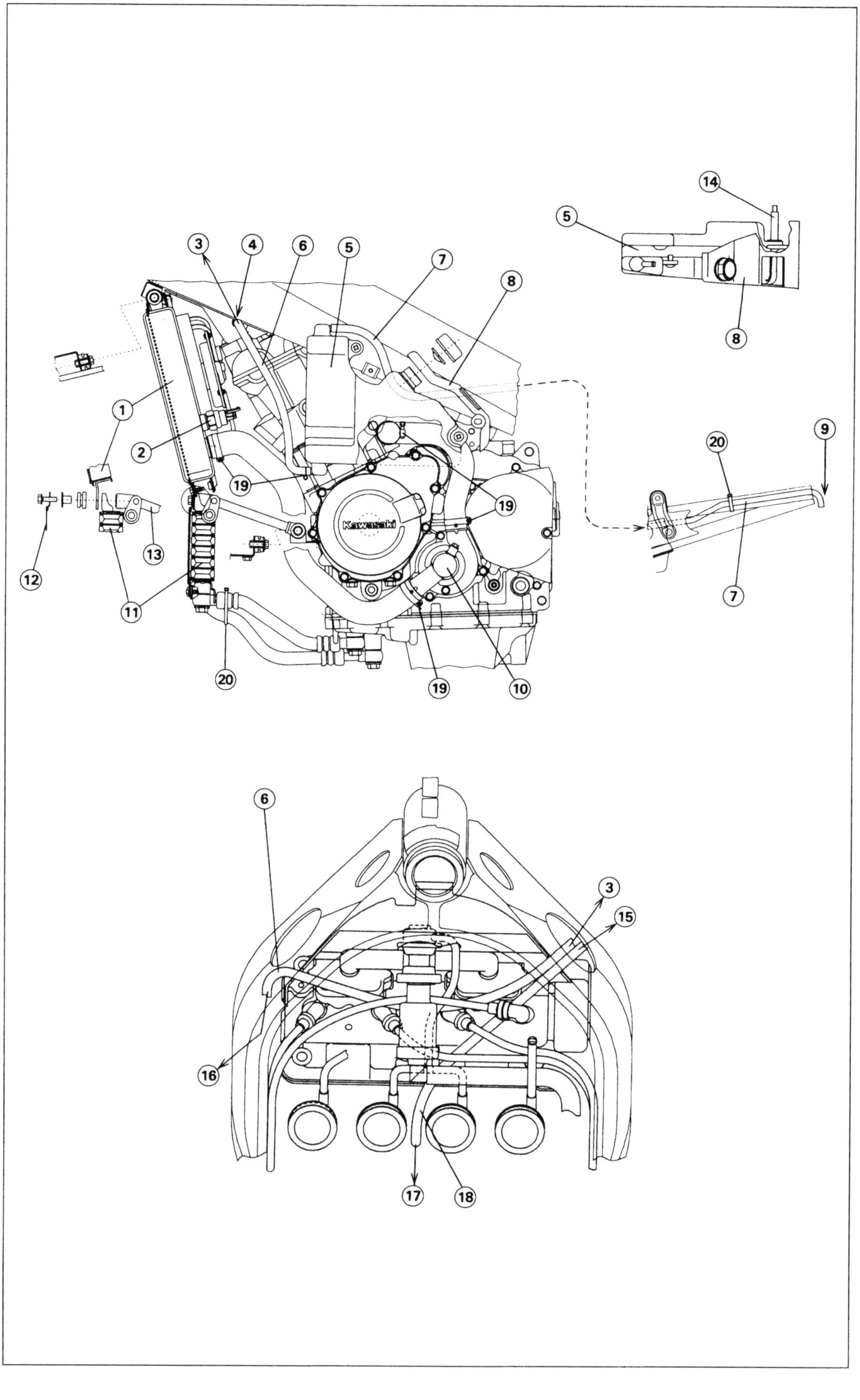

Bild 326
Kabel und Züge
1 Kühler
2 Kühlgebläseschalter
3 Zum Kühlerdeckel
4 Schlauch durch Öffnung des Leitblechs verlegen
5 Kühlflüssigkeit-Ausgleichsbehälter
6 Ausgleichsbehälterschlauch
7 Ausgleichsbehälter-Überlaufschlauch
8 Ausgleichsbehälterdeckel
9 Schlauch nach unten richten
10 Wasserpumpe
11 Ölkühler
12 Ölkühlerschutz
13 Haltewinkel
14 Bundbuchse
15 Zum Kühler
16 Zum Ausgleichsbehälter
17 Zum Kühlflüssigkeit-Bypassanschluss
18 Bypass-Schlauch
19 Befestigungsschelle
20 Halteband

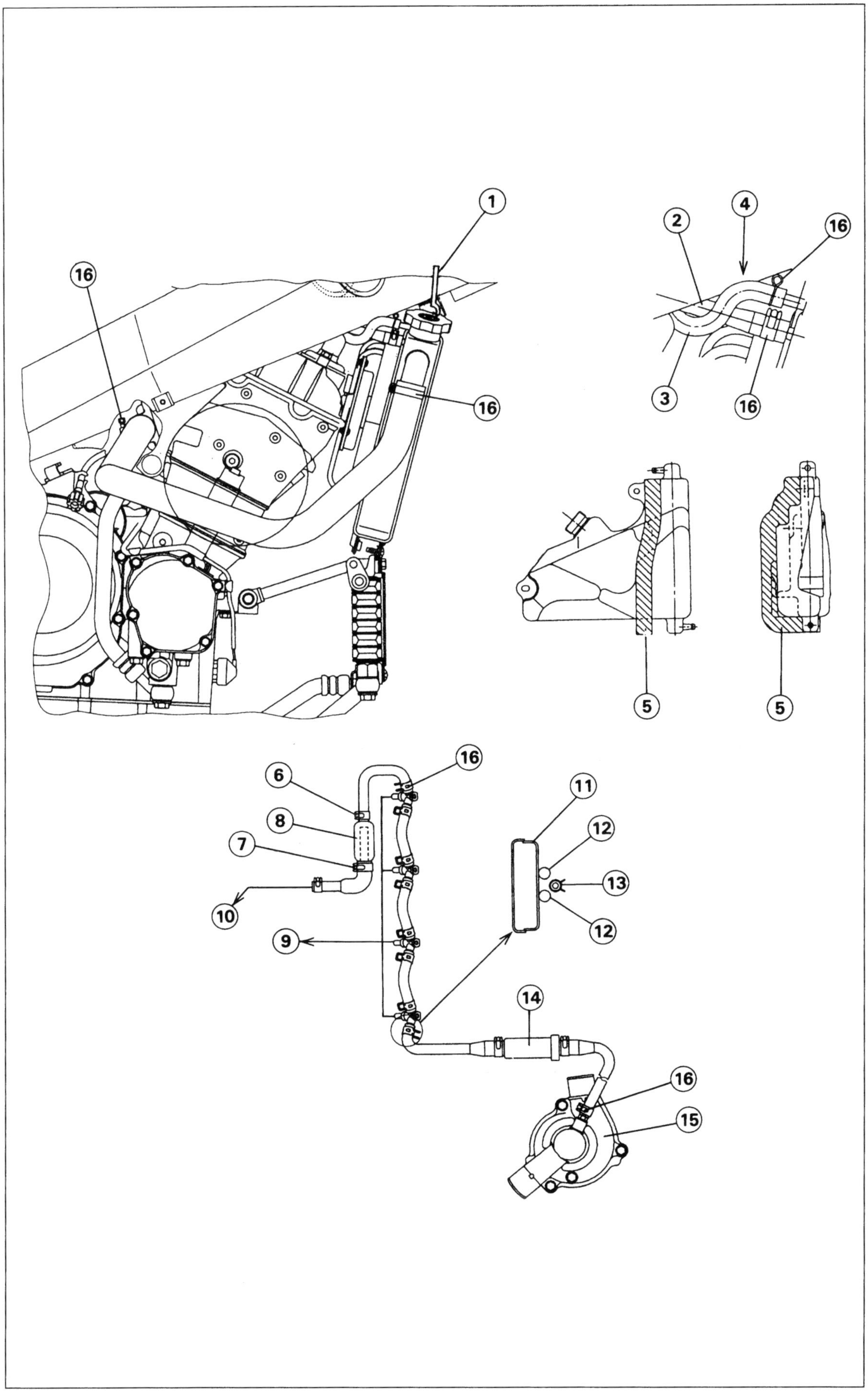

Bild 327
Kabel und Züge

1 Befestigungsschelle mit rechtem oberem Kühlerbolzen festziehen
2 Bypass-Schlauch (Kühlflüssigkeit)
3 Ausgleichsbehälter-Schlauch
4 Bypass-Schlauch aussen am Ausgleichsbehälter verlegen
5 Dämpfermaterial
6 Dünne Befestigungsschelle
7 Dicke Befestigungsschelle
8 Wasserfilter
9 Zum Vergaser
10 Zum Zylinder
11 Rahmen
12 Zündkabel
13 Clipenden weisen vom Rahmen weg
14 Kühlflüssigkeitsventil
15 Wasserpumpe
16 Befestigungsschelle

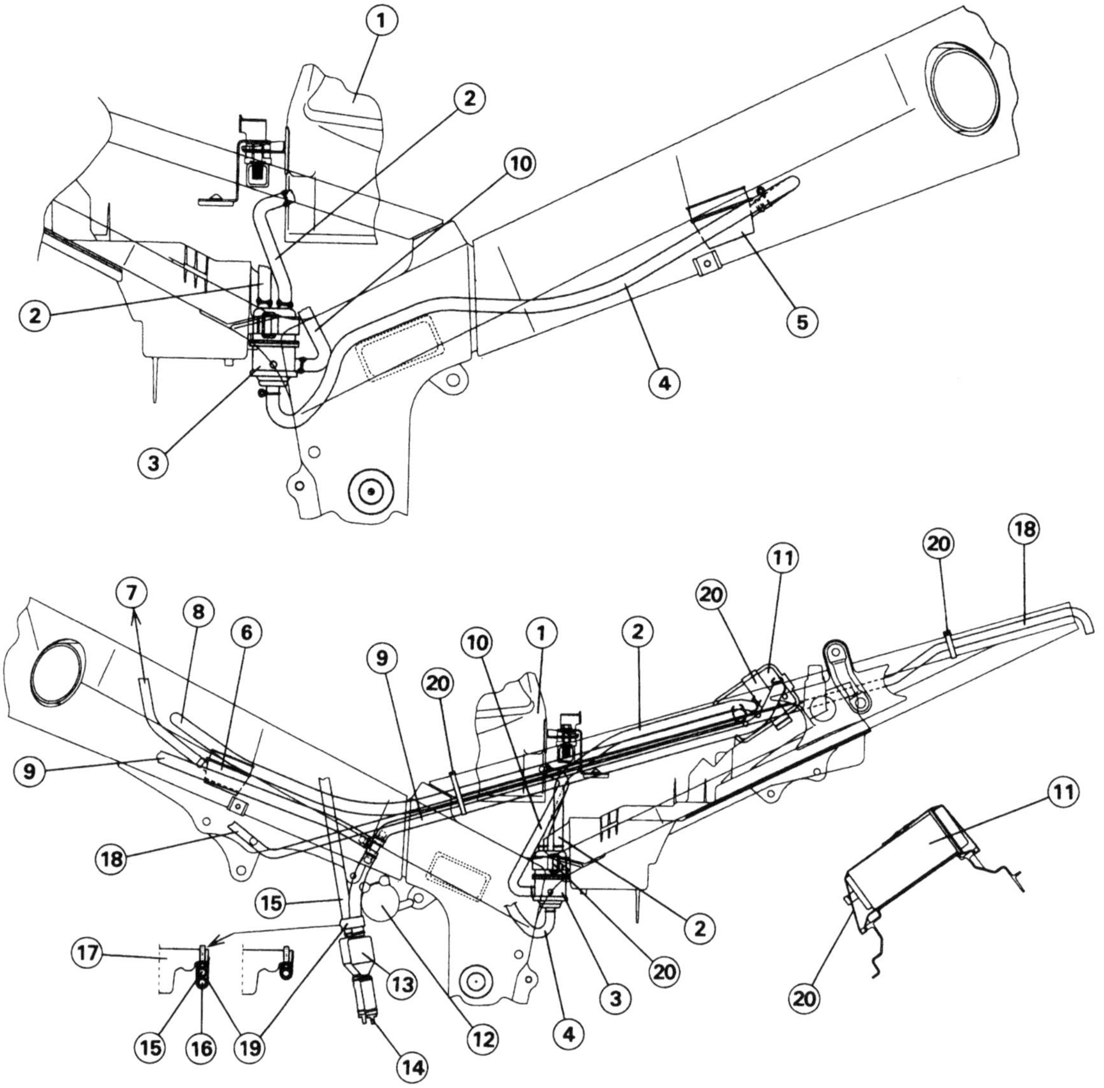

Bild 328
Kabel und Züge (mit Benzin-dunst-Abscheider des Kalifornien-Modells)

1 Benzintank
2 Belüftungsschlauch (blau)
3 Abscheider
4 Vakuumschlauch (weiss)
5 Vergaserhalter #4
6 Vergaserhalter #1
7 Unterdruckschlauch (zum Vakuumventil)
8 Spülschlauch
9 Vergaser-Belüftungsschlauch (gelb)
10 Rücklaufschlauch (rot)
11 Kanister
12 Benzinhahn
13 Auffangbehälter
14 Verschlussschraube
15 Ablaufschlauch (Luftfiltergehäuse)
16 Ablaufschlauch
17 Wasserpumpendeckel
18 Überlaufschlauch des Ausgleichsbehälters
19 Befestigungsschelle
20 Halteband

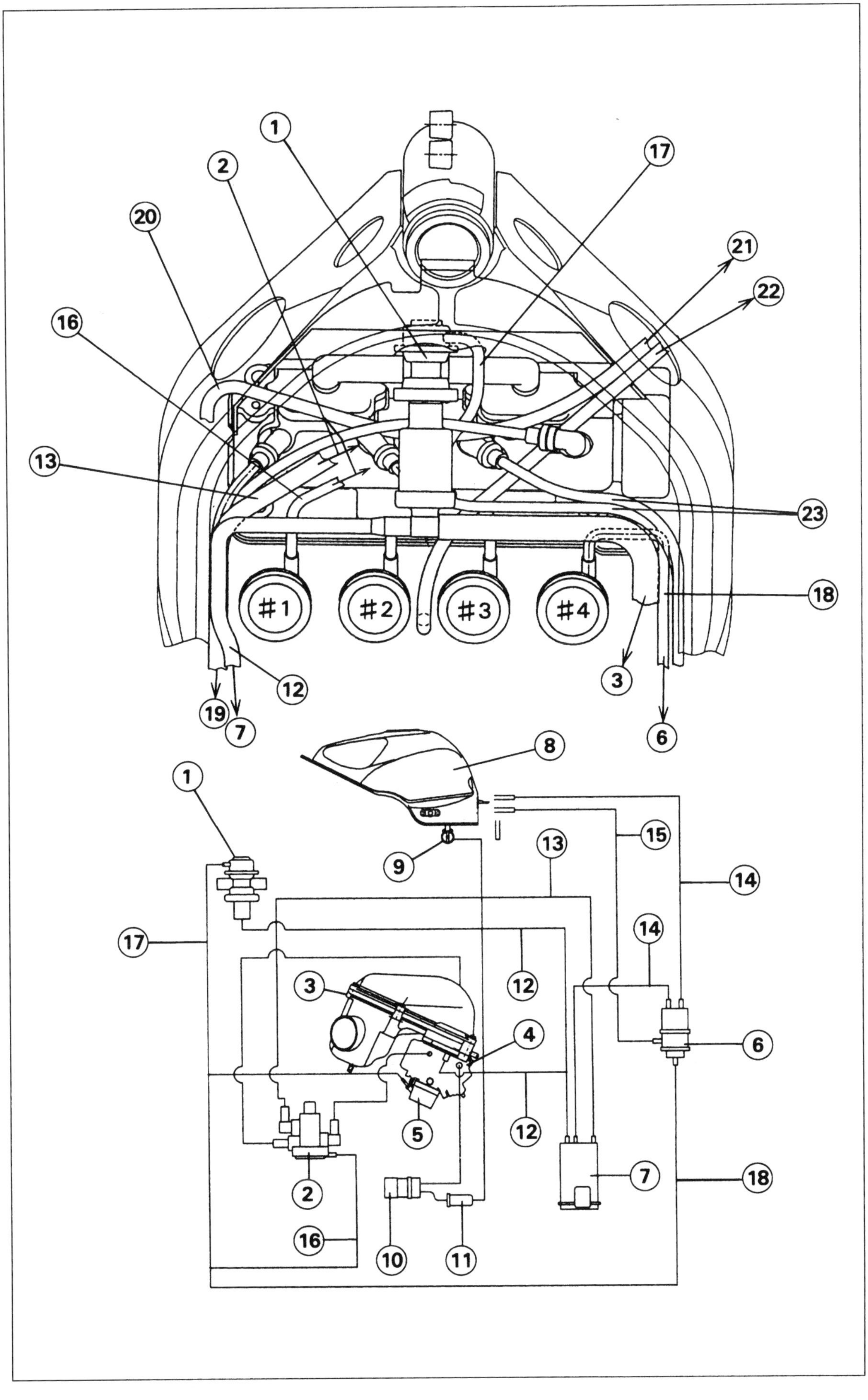

Bild 329
Kabel und Züge (mit Benzindunst-Abscheider des Kalifornien-Modells)

1 Vakuumschaltventil
2 Vakuumventil
3 Luftfiltergehäuse
4 Vergaser
5 Vergaserhalterung
6 Abscheider
7 Kanister
8 Benzintank
9 Benzinhahn
10 Benzinpumpe
11 Benzinfilter
12 Spülschlauch (grün)
13 Vergaserbelüftungsschlauch (gelb)
14 Belüftungsschlauch (blau)
15 Rücklaufschlauch (rot)
16 Unterdruckschlauch (Vergaser #1)
17 Unterdruckschlauch (Vergaser #2 und #3)
18 Unterdruckschlauch (Vergaser #4, weiss)
19 Zum Kanister-Anschluss
20 Ausgleichsbehälterschlauch
21 Zum Kühlerdeckel
22 Zum Kühler
23 Zündkabel

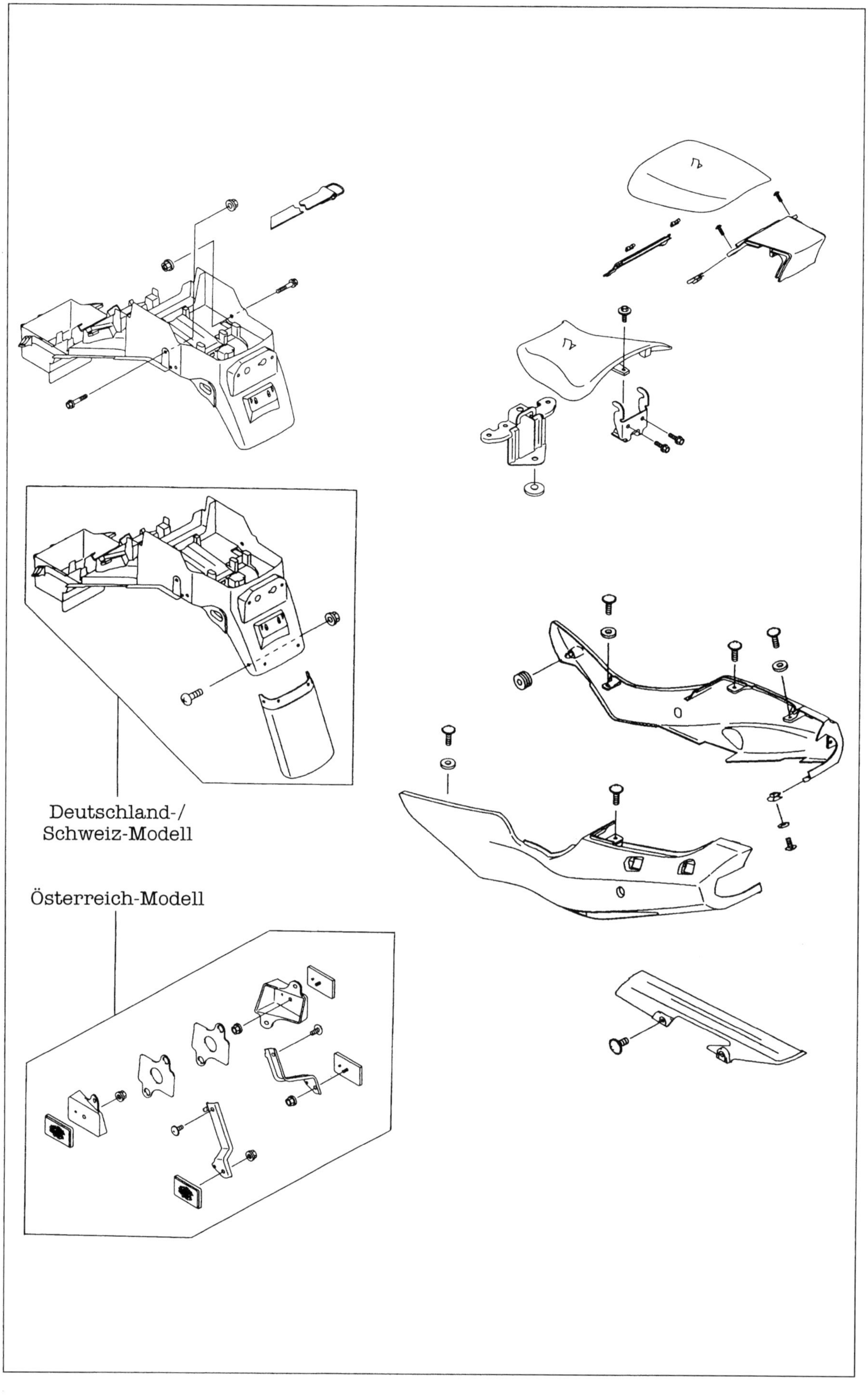

Bild 330
Anbauteile und
Verkleidung/Heckpartie

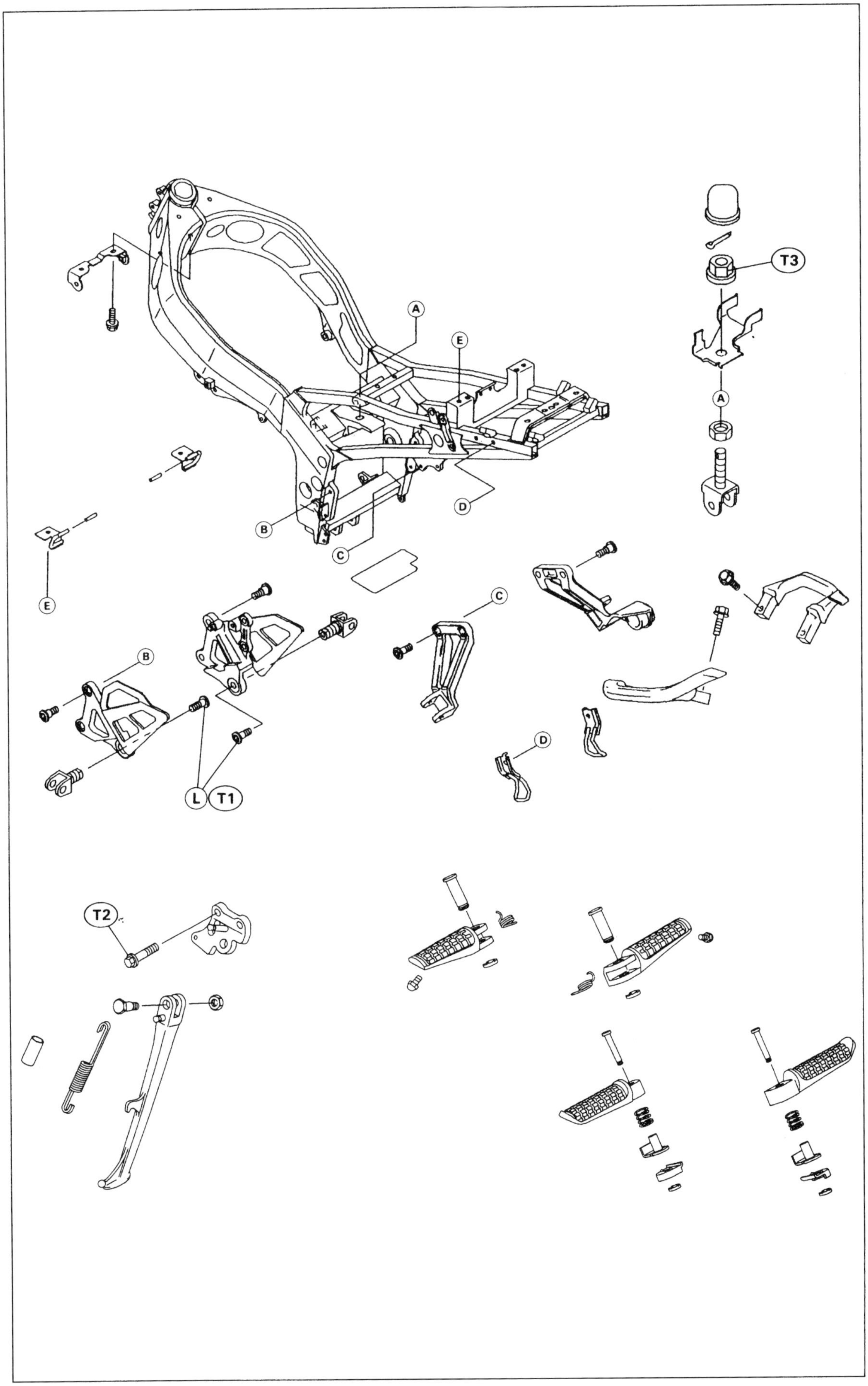

Bild 331
Anbauteile/Rahmen
T1 34 Nm
T2 49 Nm
T3 59 Nm
L Schraubensicherung beigeben
A – E Zuordnung der Bauteile an Einbaulage am Rahmen

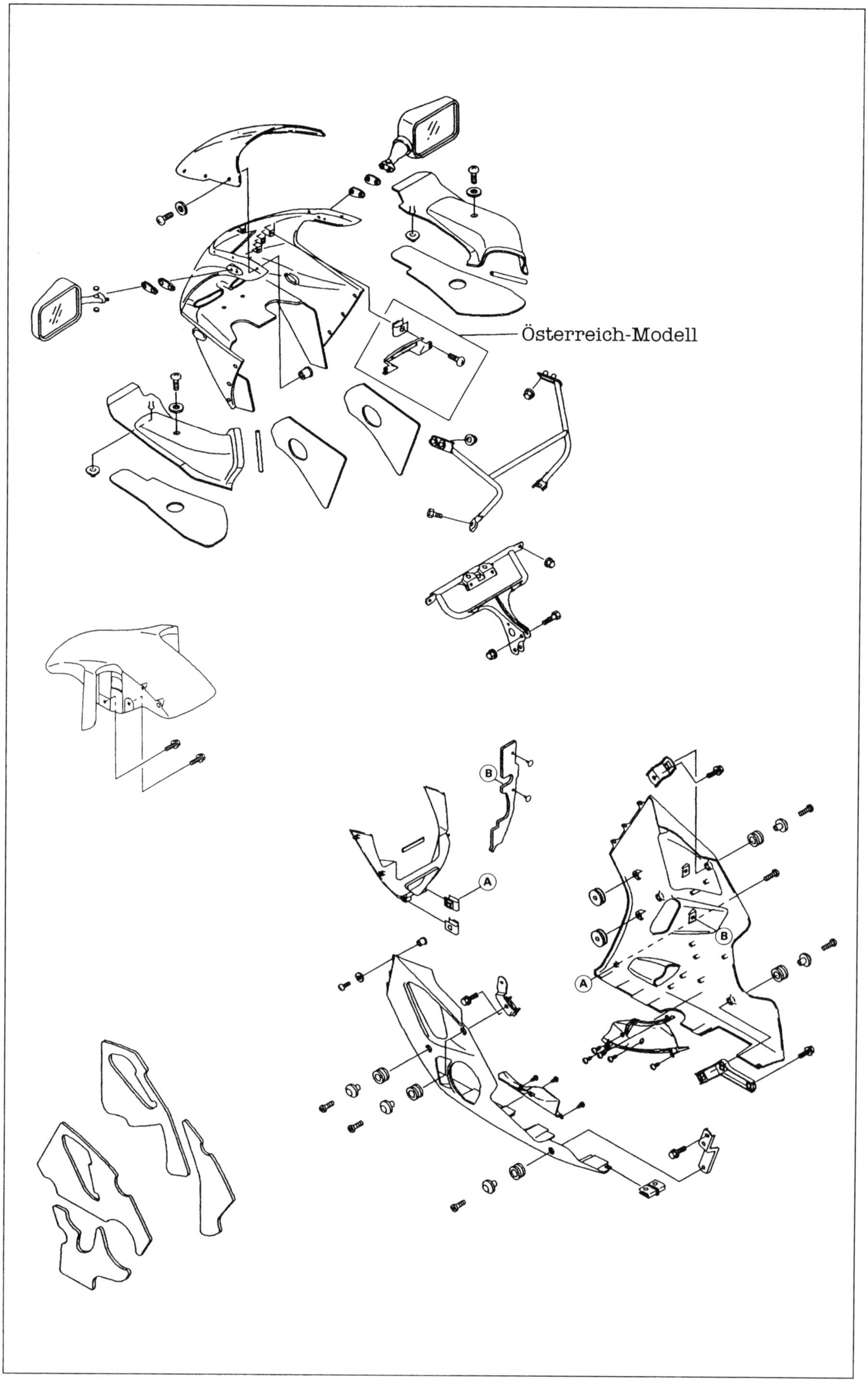

Bild 332
Anbauteile und Verkleidung/Frontpartie

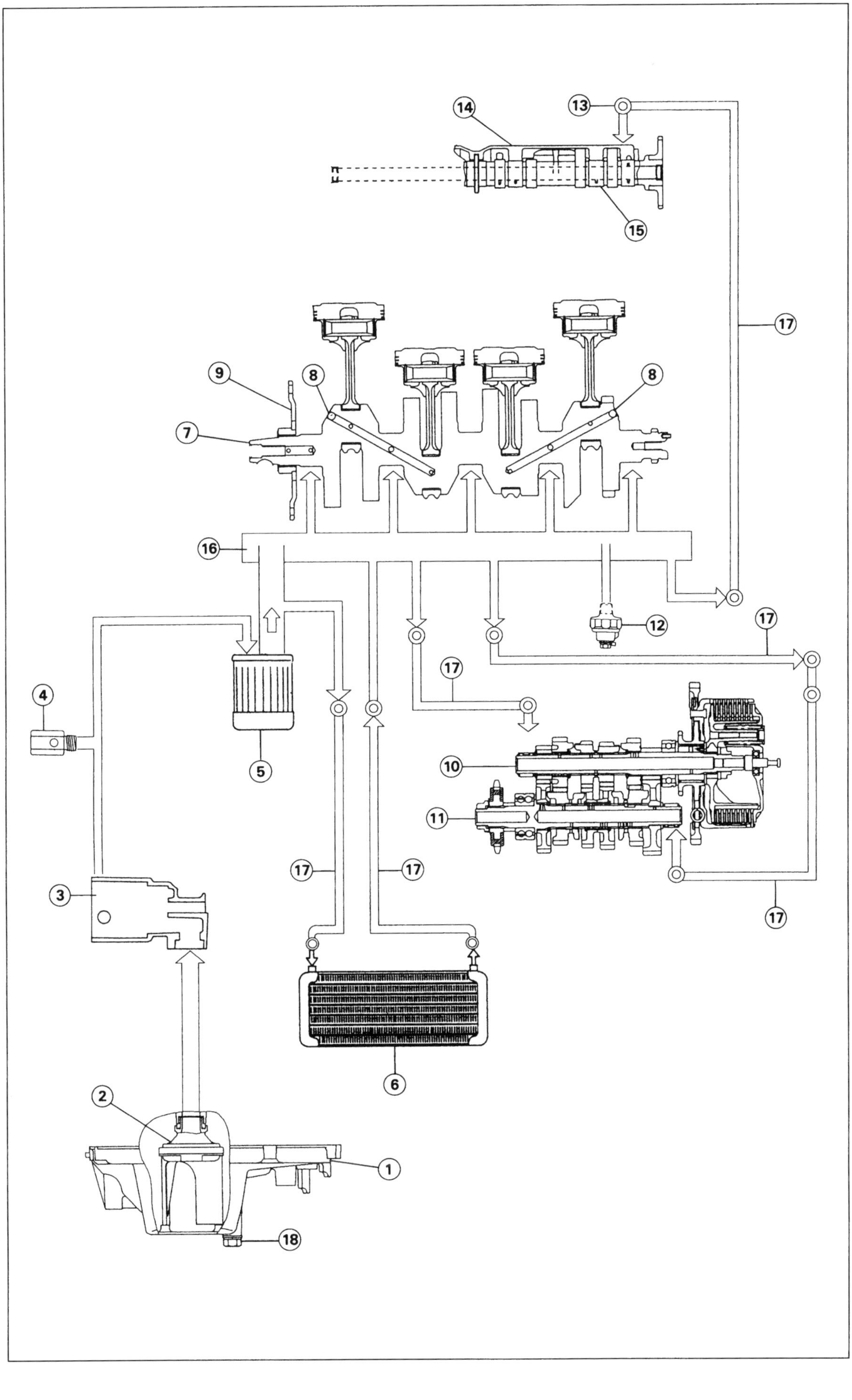

Bild 333
Ölkreislauf
1 Ölwanne
2 Ölsieb
3 Ölpumpe
4 Überdruckventil
5 Ölfilter
6 Ölkühler
7 Kurbelwelle
8 Zu den Pleuelzapfen
9 Starterkupplungszahnrad
10 Antriebswelle
11 Abtriebswelle
12 Öldruckschalter
13 Zylinderkopf
14 Nockenwellenlagerdeckel
15 Nockenwelle
16 Ölkanal
17 Ölrohr
18 Ölablassschraube

Technische Daten

Mass- und Einstell-daten

Allgemeine Fahrzeugdaten KAWASAKI ZX-6R Ninja (Bautyp ZX 600 F1) ab Baujahr 1995

Abmessungen und Leergewicht	Einheit: mm
Gesamtlänge	2115
Gesamtbreite	690
Gesamthöhe	1130
Radstand	1415
Bodenfreiheit	120
Sitzhöhe	810
Leergewicht	206 kg

Motor

Typ		4-Takt, Flüssigkeits-gekühlt, DOHC
Anzahl der Zylinder		4
Bohrung		66,0
Hub		43,8
Hubraum		599 cm^3
Verdichtungsverhältnis		11,8 : 1
Vergaser		Keihin CVKD 36 x 4
Luftfilter		Schaumstoff-Element
Starter		elektrisch
Schmiersystem		Nass-Sumpf/Druckumlauf
Steuerzeiten		
Einlass	öffnet	58° vor OT
	schliesst	78° nach UT
	Dauer	316°
Auslass	öffnet	66° vor UT
	schliesst	46° nach OT
	Dauer	292°

Getriebe

Kupplung	Mehrscheiben-Ölbadkupplung
Getriebe	6-Gang-Synchrongetriebe
Schaltschema	1 abwärts, 5 aufwärts
Primäruntersetzung	2,022 (89/44)
Enduntersetzung	2,666 (40/15)
Gesamtuntersetzung	5,843 (6. Gang)
Getriebestufung:	
1. Gang	2,923 (38/13)
2. Gang	2,062 (33/16)
3. Gang	1,631 (31/19)
4. Gang	1,380 (29/21)
5. Gang	1,217 (28/23)
6. Gang	1,083 (26/24)
Radantrieb	Rollenkette

Fahrgestell

Vorderradaufhängung	Teleskopgabel mit Schraubenfeder, ölgedämpft
Hinterradaufhängung	Federbein, voll einstellbar
Lenkkopfwinkel	24°
Nachlauf	87 mm
Vorderbremse	Hydraulisch betätigte Scheibenbremse mit Vierkolben-Festsattel

Hinterbremse	Hydraulisch betätigte Einkolben Schwimmsattelbremse
Vorderreifengrösse	120/60 ZR17 schlauchlos
Hinterreifengrösse	160/60 ZR17 schlauchlos
Teleskopgabelweg	120 mm
Hinterrad-Federweg	137 mm
Elektrische Anlage	
Zündung	Transistorzündung
Zündzeitpunkt	von 12,5° vor OT bei 1050/min bis 35° vor OT bei 5000/min
Zündkerze	NGK CR9E oder ND U27ESR-N
Batterie	12 V 10 Ah
Generator	Drehstrom
Nennleistung	24 A/14 V bei 8000/min
Hauptsicherung	30 A
Sicherung	10 / 10 / 10 / 10 A
Scheinwerfer	12 V 60/55 W
Blinklicht	12 V 21 W
Standlicht vorne	12 V 4 W
Brems-/Rücklicht	12 V 21/5 W
Füllmengen	
Kraftstofftank	18 Liter
Motoröl	
Ölwechsel	3,4 Liter
mit Filterwechsel	3,6 Liter
nach Überholung	4,0 Liter
Teleskopgabelöl je Holm	
bei Neubefüllung nach Montage	381 ± 4 cm^3
bei Wechsel	325 ± 4 cm^3

Technische Änderungen vorbehalten

Mass- und Einstell-daten

Wartungsdaten

Ventil und Führung

Einheit: mm

	Standard	Verschleissgrenze
Ventil		
Betätigungsspiel (bei kaltem Motor)		
Ein	0,15 – 0,24	
Aus	0,22 – 0,31	
Ventilschaftschlag		
Ein und Aus	–	0,05 Gesamtanzeige
Innendurchmesser der Ventilführung		
Ein und Aus	4,000 – 4,012	4,08
Ventilschaftdurchmesser		
Ein	3,975 – 3,990	3,96
Aus	3,955 – 3,970	3,94
Ventilführungsspiel (Schaft/Führung)		
Ein	0,020 – 0,080	0,22
Aus	0,070 – 0,140	0,27
Ventiltellerdicke		
Ein	0,5	0,25
Aus	0,8	0,50

Ventilsitzbreite		
Ein und Aus	0,5 – 1,0	
Ventiltellerschlag		
Ein und Aus		0,05 Gesamtanzeige
Ventilfederlänge (unbelastet)		
Auslass	49,5	48,1
Einlass Innenfeder	44,1	42,6
Einlass Aussenfeder	48,2	46,6
Ventilfräswinkel		
Ein und Aus	32°, 45°, 60°	

Nockenwelle und Zylinderkopf

Einheit: mm

	Standard	Verschleissgrenze
Nockenhöhe		
Ein	35,143 – 35,257	35,32
Aus	35,394 – 35,406	35,04
Nockenwellenlagerspiel		
Ein und Aus	0,038 – 0,081	0,17
Innendurchmesser des Nockenwellenlagers		
Ein und Aus	24,000 – 24,021	24,08
Durchmesser des Nockenwellenlagerzapfens		
Ein und Aus	23,940 – 23,962	23,91
Nockenwellenschlag		
Ein und Aus	–	0,10 Gesamtanzeige
Steuerkettenlänge (20 Nietbolzen)	127,0 – 127,4	128,9
Zylinderkopfverzug	–	0,05
Zylinderkompression (nutzbarer Bereich)	9,7 – 14,8 kg/cm^2	–

Zylinder, Kolben und Kolbenringe

Einheit: mm

	Standard	Verschleissgrenze
Kolbenlaufspiel	0,040 – 0,072	–
Zylinderbohrung	66,000 – 66,012	66,11
Kolbendurchmesser	65,942 – 65,957	65,79
Kolbenring-Stossspiel (eingesetzt)		
1./2. Ring	0,15 – 0,30	0,6
Spiel Kolbenring/Ringnut		
1. Ring	0,05 – 0,09	0,19
2. Ring	0,03 – 0,07	0,17
Breite der Kolbenringnut		
1. Ring	0,84 – 0,86	0,94
2. Ring	0,82 – 0,84	0,92
Kolbenringdicke		
1. Ring	0,77 – 0,79	0,7
2. Ring	0,77 – 0,79	0,7

Pleuel und Kurbelwelle

Einheit: mm

	Standard	Verschleissgrenze
Seitenspiel am Pleuelfuss	0,13 – 0,33	0,50
Pleuelfuss-Radialspiel	0,031 – 0,059	0,10
Kurbelwellen-Hubzapfendurchmesser		
keine Markierung	29,984 – 29,994	29,97
Markierung «O»	29,995 – 30,000	29,97

Pleuelfuss-Innendurchmesser		
keine Markierung	33,000 – 33,008	–
Markierung «O»	33,009 – 33,016	–
Dicke der Pleuelfuss-Lagerschalen		
rosa	1,474 – 1,479	
braun	1,479 – 1,484	
schwarz	1,484 – 1,489	
Kurbelwellenschlag	–	0,050 Gesamtanzeige
Kurbelwellenlagerspiel	0,014 – 0,038	0,07
Kurbelwellenlagerzapfen-Durchmesser		
Markierung «1»	29,995 – 29,994	
keine Markierung	29,984 – 29,994	
Lagerbohrung im Gehäuse		
keine Markierung	33,009 – 33,016	–
Markierung «O»	33,000 – 33,008	–
Dicke der Kurbelwellen-Lagerschalen:		
braun	1,491 – 1,495	
schwarz	1,495 – 1,499	
blau	1,499 – 1,503	
Kurbelwellenaxialspiel	0,050 – 0,25	0,40
Durchmesser der Gehäusebohrung		
Markierung «O»	31,008 – 31,016	
keine Markierung	31,017 – 31,024	

Kupplung

Einheit: mm

	Standard	Verschleissgrenze
Kupplungsseilzugspiel an Hebelspitze	10 – 15	
Reiblamellenstärke	2,72 – 2,88	2,2
Stahllamellenverzug	–	0,30
Kupplungsfederlänge (unbelastet)	82,1	78

Getriebe

	Standard	Verschleissgrenze
Schaltgabel-Nutbreite	6,05 – 6,15	6,25
Schaltgabeldicke	5,9 – 6,9	5,8
Führungsstift-Durchmesser	5,9 – 6,0	5,8
Walzennutbreite	6,05 – 6,20	6,3

Vergaser

Vergasertyp	Keihin CVKD 36
Bohrung	36 mm
Leerlaufdrehzahl	1050 ± 50/min
Hauptdüse	Zylinder #1 und #4 – #145 Zylinder #2 und #3 – #150
Leerlaufdüse	#35
Hauptluftdüse	#60
Düsennadel	N 1 VV
Leerlaufluftdüse	#100
Leerlaufschraube	2 Umdrehungen heraus
Chokedüse	#50
Schwimmerhöhe	17,0 ± 2 mm
Kraftstoffstand	9 ± 1 mm über Bezugslinie

Elektrische Anlage

	Spezifikation	Verschleissgrenze
Widerstand der Zündspule		
Primär (Pluspol – Minuspol)	2,6 – 3,2 Ω	
Sekundär (Kerzenstecker – Kerzenstecker)	13 – 17 kΩ	
Generator		
Freilaufspannung	mindestens 45 V	
Regelspannung	14 – 15 V	
Rotorspulenwiderstand	0,2 – 0,6 Ω	
Startermotor		
Kollektordurchmesser	28 mm	27 mm
Bürstenlänge	12 mm	8,5 mm
Batterie		
Typ	wartungsfrei	
Kapazität	12 V 10 Ah	
Spannung	min. 12,6 V	
Zündkerze		
Elektrodenabstand	0,7 – 0,8 mm	
Widerstand des Kerzensteckers	3,75 – 6,25 kΩ	
Benzinpumpe		
Pumpendruck	0,11 – 0,16 kg/cm²	
Schalter und Sensoren		
Hinterradbremslichtschalter	leuchtet nach 10 mm Hebelweg auf	
Öldruckschalter	Motor aus: Durchgang Motor an: kein Durchgang	
Gebläseschalter		
Steigende Temperatur	von OFF auf ON bei 93 – 103°C	
Sinkende Temperatur	von ON auf OFF bei 91°C	
Widerstand es Temperatursensors	47 – 57 Ω bei 80°C 25 – 30 Ω bei 100°C	

Wattzahlen

HI (Fernlicht)	60 W
LO (Abblendlicht)	55 W
Standlicht	5 W
Rück-/Bremslicht	21/5 W x 2
Kennzeichenbeleuchtung	5 W
Blinklicht	21 W
Drehzahlmesserbeleuchtung	1,7 W x 2
Tachometerbeleuchtung	1,7 W x 2
Blinkeranzeige	3,4 W
Fernlichtanzeige	3,4 W
NEUTRAL-Anzeige	3,4 W
Öldruckanzeige	3,4 W
Temperaturanzeige	1,7 W x 2

Federung

Einheit: mm

	Standard	Verschleissgrenze
Teleskopgabelhub	120	
Länge der Teleskopgabelfeder (unbelastet)	389,9	382
Gabelölstand	150 ± 2	
Hinterradfederweg	137	
Schwingachsschlag	–	0,3

Bremse

		Einheit: mm	
		Standard	Verschleissgrenze
Bremspedalhöhe		etwa 43 mm unterhalb der Fussraste	
Bremsscheibenstärke	vorn	3,8 – 4,2	3,5
	hinten	5,8 – 6,2	5,5
Bremsscheibenschlag		–	0,3
Belagdicke			
vorn		4	1
hinten		5	1
Bremsflüssigkeit		DOT 4	

Räder und Antriebskette

Radfelgenschlag (vorn und hinten):		
Axial	–	0,5
Radial	–	0,8
Radachsschlag/100 mm		
vorn und hinten	–	0,20
Reifengrösse – vorn	120/60-ZR17 schlauchlos	
Reifengrösse – hinten	160/60-ZR17 schlauchlos	
Reifenprofiltiefe – vorn	je nach Hersteller	1,6
Reifenprofiltiefe – hinten	je nach Hersteller	3,0
Reifendruck bei kaltem Reifen		
Vorne	2,5 kg/cm^2	
Hinten	2,9 kg/cm^2	
Kettendurchhang	35 – 40	
Länge über 20 Glieder	317,5 – 318,2	323
Standardkette		
Fabrikat	DAIDO	
Typ	D.I.D525VB, endlos	
Gliederzahl	106	
Schlag des Kettenblatts	–	0,5

Kraftstoff und Öl

Kraftstofftyp	Bleifreies Benzin mit 85 – 95 Oktan oder höher verwenden
Kraftstofftank einschliesslich Reserve	18 Liter
Motoröltyp	SAE 10W/40, 10W/50, 20W40, 20W/50 API SE, SF oder SG
Motorölfüllmenge	
Wechsel (ohne Filter)	3,4 Liter
Mit Filterwechsel	3,6 Liter
Nach Überholung	4,0 Liter
Teleskopgabelöl	Gabelöl #10
Teleskopgabelöl je Holm	
bei Neubefüllung nach Montage	381 ± 4 cm^3
bei Wechsel	325 ± 4 cm^3
bei Wechsel	0,365 Liter

Mass- und Einstell-daten

Anzugsmomente

Motoroberteil

Motoroberteil	Einheit: Nm (Newtonmeter)
Zündkerzen	13
Membranventildeckel	13
Zylinderkopfdeckel	9,8
Pickupdeckel (Schraubensicherung beigeben)	12
Steuerkettenspanner-Gehäuse (Schraubensicherung beigeben)	12
Nockenwellen-Lagerdeckel	12
Wasserschlauch-Anschluss an Zylinder	12
Ölschlauch-Hohlschrauben	25
Zylinderkopfschrauben (Einzugsreihenfolge einhalten)	
10 mm (Öl auf Gewinde und Sitzfläche auftragen)	49
6 mm	12
Schraube Zylinderkopf-Kühlmantel (Schraubensicherung beigeben)	22
Zylinderkopf-Ablassschraube (Schraubensicherung beigeben)	
vorn	20
hinten	15
Steuerkettenführung	26
Motorseitendeckel	12
Vergaserhalterung	12
Umlenkblech	12
Auspuff und Auspuffrohr-Verbindungsstück	34
Auspuffrohr-Klemmschrauben	34

Kühlsystem

Schlauchschellen	2
Bypass-Nippel an Wasserpumpe (Schraubensicherung beigeben)	12
Ablassschraube an Wasserpumpe	12
Ablassschraube an Zylinder	12
Kühlgebläseschalter	18
Temperaturfühler (Silikon-Dichtmasse auf Gewinde geben)	7,8
Flügelrad	9,8
Pumpendeckel	12
Thermostat-Gehäusedeckel	6,9
Kühlmittel-Verschlussschraube	12

Kupplung

Kupplungsdeckel (Schraubensicherung bei zwei vorderen Schrauben beigeben)	12
Geräuschdämpfer im Deckel	5,9
Kupplungsfederschrauben	8,8
Kupplungsmutter (Neuteil verwenden)	130

Motorschmiersystem

Ölablassschraube	20
Ölfilterpatrone (Neuteil verwenden und Öl auf Sitz/O-Ring auftragen)	9,8
Ölfiltersockelschraube	25
Ölwannenschrauben	12
Ölrohrhalterung	12
Überdruckventil (Schraubensicherung beigeben)	15
Öldruckschalter (Silikon-Dichtmasse auf Gewinde geben)	15
Ölpumpendeckel	12
Pumpenantriebsrad	12
Ölkanal-Verschlussschraube (rechts; Silikon-Dichtmasse auf Gewinde geben)	15
Ölkanal-Verschlussschraube (links; Silikon-Dichtmasse auf Gewinde geben)	20

Motor aus- und einbauen

	Einheit: Nm (Newtonmeter)
Befestigungsschrauben und -muttern	44
Motorhaltewinkel	23
Klemmschrauben	23

Kurbelwelle und Getriebe

Kurbelgehäuseschrauben	
8 mm	31
7 mm	20
6 mm	12
Pleuellagermutter	siehe Kapitel 14
Zündpickup-Rotor	25
Generatorrotor	110
Starterfreilauf	33
Schraube am Schaltnockenanschlag	9,8
Motorritzel	125
Kettenrad	74

Fahrgestell

Vorderachsmutter	110
Vorderachsklemmschraube	20
Hinterachsmutter	110
Lenkkopfmutter	49
Standrohr-Klemmschraube oben und unten	20
Untere Gabelverschlussschraube (Schraubensicherung beigeben)	39
Lenker	34
Schwingachsmutter	110
Bremsscheiben vorn und hinten	23
Fussrasten (Schraubensicherung beigeben)	34
Seitenständer	49
Federhebelei	59
Federbein oben und unten	59
Bremsschlauch-Hohlschrauben	25
Vordere Bremssattel-Befestigungsschrauben	34
Hintere Bremssattel-Befestigungsschrauben	25
Bremshandpumpe	11
Bremsfusspumpe	18
Gegenmutter Fusspumpe/Einstellspindel	18

Allgemeine Anzugsmomente

Für oben nicht aufgeführte Schrauben und Muttern folgende Anzugsmomente verwenden:

Schraubendurchmesser (mm)	
5	3,4 – 4,9
6	5,9 – 7,8
8	14 – 19
10	25 – 34
12	44 – 61
14	73 – 98
16	115 – 155
18	165 – 225
20	225 – 325

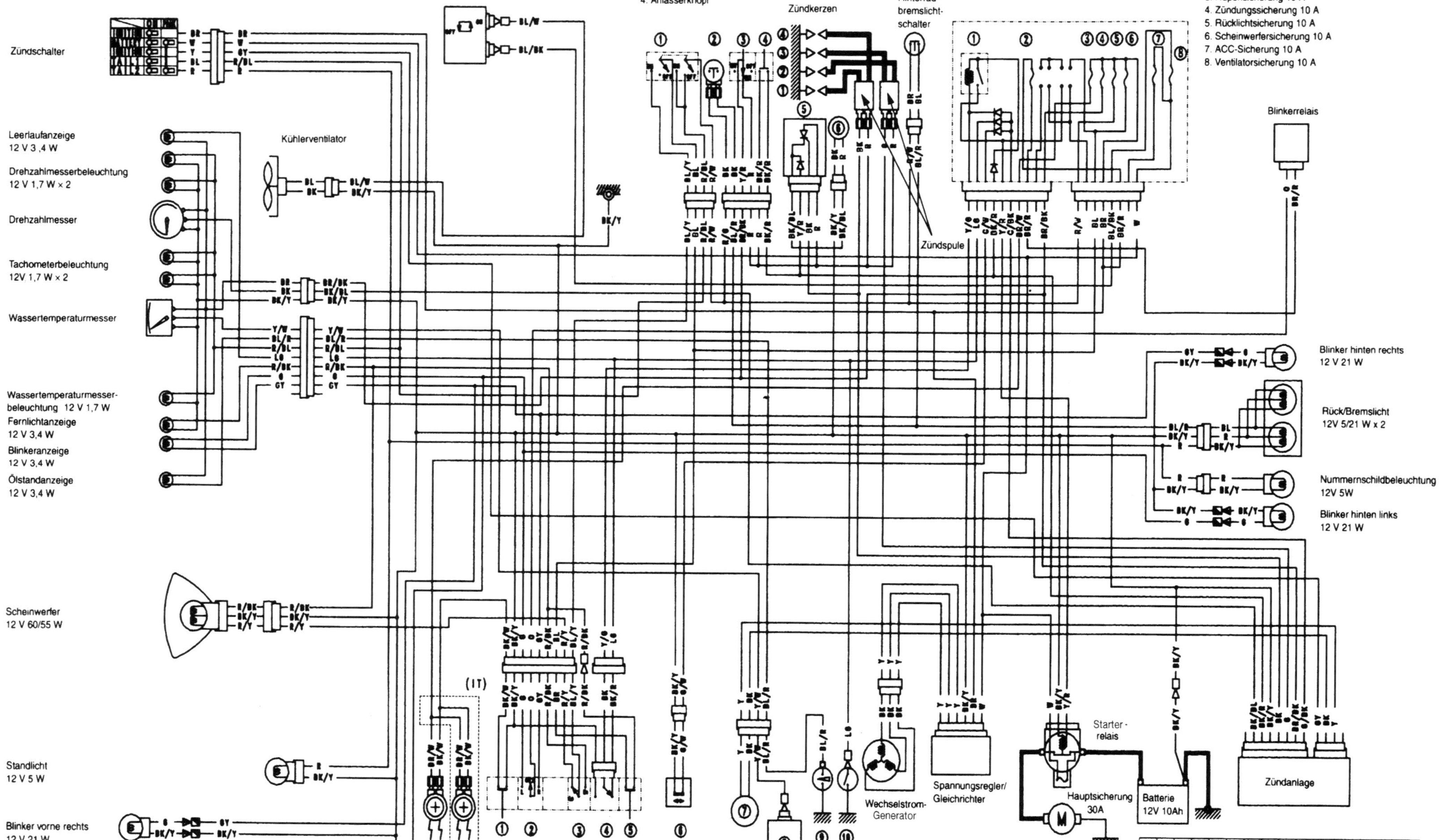

Farb-Kode	
BK	Schwarz
BL	Blau
BR	Braun
CH	Schokoladenfarbe
DG	Dunkelglün
G	Grun
GY	Grau
LB	Hellblau
LG	Hellgrun
O	Orange
P	Ro a
PU	Purpur
R	Rot
W	Weiss
Y	Gelb

FSC
www.fsc.org
MIX
Papier | Fördert gute Waldnutzung
FSC® C083411

Kolibri 360 GmbH
Ferdinand-Jühlke-Straße 7
99095 Erfurt, Deutschland
produktsicherheit@kolibri360.de